电 业 工 人 技 术 问 答 丛 书

锅炉运行技术问答

华东电业管理局 编

U0662281

中国电力出版社
CHINA ELECTRIC POWER PRESS

内 容 提 要

本书根据部颁《电力工人技术等级标准》和《火力发电运行岗位规范》的要求编写，适合在岗工人培训提高使用。全书共分基础知识、锅炉设备、锅炉燃料及制粉设备、锅炉运行、事故处理、调整与试验、直流锅炉、其他有关专业知识等八个部分，共计803题。

图书在版编目（CIP）数据

锅炉运行技术问答/华东电业管理局编. —北京：中国电力出版社，1997.6（2020.9重印）

（电业工人技术问答丛书）

ISBN 978-7-80125-353-8

Ⅰ. 锅… Ⅱ. 华… Ⅲ. 锅炉运行-问答 Ⅳ. TK227-44

中国版本图书馆 CIP 数据核字（97）第 05066 号

中国电力出版社出版、发行

（北京市东城区北京站西街 19 号 100005 http://www.cepp.sgcc.com.cn）

北京雁林吉兆印刷有限公司印刷

各地新华书店经售

*

1997 年 6 月第一版 2020 年 9 月北京第十七次印刷

787 毫米 × 1092 毫米 32 开本 10.75 印张 215 千字

印数 58061—59560 册 定价 **29.80** 元

前　言

本书是根据部颁《电力工人技术等级标准》及《火力发电运行岗位规范》要求编写的。全书共分基础知识、锅炉设备、锅炉燃料及制粉设备、锅炉运行、事故处理、调整与试验、直流锅炉、其他有关专业知识等八个部分。

本书由淮北发电厂魏文山、马兴国、湛大炯、赵玉伦、陆远萍、锅炉热力试验组及洛河发电厂吴跃明共同编写，淮北发电厂曹凤祥、曹省我、娄兰君、邓玉华、生技科专工、锅炉分场有关人员以及铜陵发电厂赵文华、马林等审稿。

本书的出版得到华东电管局人教处鲍永新同志、安徽省电力局教育处王四知同志及有关领导的指导、帮助，山东电力高等专科学校李维全、丁立新老师还仔细审阅了书稿并对书稿进行了整理，在此一并致谢。

由于编写时间仓促，经验不足，加以编写人员水平有限，不妥之处在所难免，请读者批评指正。

淮北发电厂

1994 年 4 月 20 日

目　录

前言

一、基　础　知　识

1. 什么叫工质？火力发电厂常用的工质是什么？ ·············· 1
2. 什么叫工质的状态参数？工质的状态参数是由什么确
   定的？ ·············· 1
3. 工质的状态参数有哪些？其中哪几个是最基本的状态
   参数？ ·············· 1
4. 确定工质的状态需要几个状态参数？ ·············· 1
5. 什么叫温度？什么叫摄氏温度？什么叫热力学温度？ ········ 2
6. 热力学温度与摄氏温度的关系如何？ ·············· 2
7. 什么叫压力？什么叫大气压力？什么叫标准大气压？ ········ 2
8. 什么叫绝对压力？什么叫表压力？什么叫真空度？ ·········· 3
9. 绝对压力与表压力有什么关系？ ·············· 3
10. 为什么热力计算中不用表压力而是用绝对压力？ ·········· 3
11. 什么叫理想气体？什么叫实际气体？什么叫混合气体和
    组成气体？ ·············· 3
12. 理想气体与实际气体有什么区别？ ·············· 4
13. 理想气体的状态方程式是什么？ ·············· 4
14. 什么叫比热容？ ·············· 4
15. 何谓热容量？ ·············· 5
16. 什么是比容、密度？它们之间的关系如何？ ·············· 5
17. 什么是内能？内能是不是工质的状态参数？为什么？ ······· 5
18. 内能、热量和功三者之间有何联系和区别？ ·············· 5
19. 什么是标准状态？ ·············· 6

1

20. 什么是饱和状态？什么叫饱和蒸汽和过热蒸汽？ ………… 6

21. 过热蒸汽的产生需要经过哪几个过程？ ………… 6

22. 什么叫汽化？汽化有哪两种方式？ ………… 7

23. 什么叫蒸发和沸腾？ ………… 7

24. 什么叫湿蒸汽的干度与湿度？ ………… 7

25. 饱和温度和饱和压力有什么关系？ ………… 7

26. 为什么水和水蒸气的饱和压力随饱和温度的升高而
    增高？ ………… 7

27. 什么叫临界状态？ ………… 8

28. 什么叫过热度？ ………… 8

29. 什么叫焓？为什么说它是一个状态参数？ ………… 8

30. 什么叫水的欠焓？ ………… 8

31. 什么叫熵？熵的意义及特性有哪些？ ………… 9

32. 什么是热力学第一定律？ ………… 9

33. 什么叫热力循环？ ………… 9

34. 朗肯循环是由哪几个热力过程组成的？ ………… 10

35. 为提高朗肯循环的热效率，主要可采用哪几种热力循环
    方式？ ………… 10

36. 卡诺循环是由哪几个过程组成的？ ………… 10

37. 卡诺循环热效率的大小与什么有关？ ………… 10

38. 卡诺循环对实际循环有何指导意义？ ………… 10

39. 在火力发电厂存在着哪三种形式的能量转换过程？ ………… 10

40. 热量传递的三种基本方式是什么？ ………… 11

41. 物体传递热量的多少是由哪几方面因素决定的？ ………… 11

42. 什么是传热过程？ ………… 11

43. 什么是对流换热？ ………… 11

44. 对流换热系数的大小与哪些因素有关？ ………… 11

45. 什么是热辐射？ ………… 12

46. 辐射换热与哪些因素有关？ ………… 12

47. 热导率的基本概念是什么？ ………… 12

48. 热导率的大小与哪些因素有关？ ……………………… 12

49. 什么是热阻？ ……………………………………… 13

50. 热导率、对流、换热系数、传热系数之间有何区别？它们
   相应的热阻如何表示？ ……………………………… 13

51. 传热系数的大小取决于哪些因素？ ………………… 14

52. 辐射换热有什么特点？ ……………………………… 14

53. 什么是稳定导热？ …………………………………… 14

54. 什么是不稳定导热？火电厂热力设备在什么情况下处于
   不稳定导热？ ………………………………………… 14

55. 什么叫黑体？ ………………………………………… 15

56. 炉膛发射率（黑度）ε_c 指的是什么？ ………………… 15

57. 什么是辐射出射度？ ………………………………… 15

58. 什么是沸腾换热？沸腾换热的主要特点是什么？ …… 15

59. 什么是凝结？ ………………………………………… 16

60. 简述影响凝结换热的因素主要有哪些方面？ ……… 16

61. 水蒸气凝结换热的特点是什么？ …………………… 16

62. 什么叫流体？ ………………………………………… 16

63. 什么是质量流速？ …………………………………… 16

64. 什么叫质量流量？ …………………………………… 17

65. 液体和气体有何不同？ ……………………………… 17

66. 什么是流体的压缩性？ ……………………………… 17

67. 什么是流体的膨胀性？ ……………………………… 17

68. 什么是表面力？ ……………………………………… 17

69. 什么是质量力？ ……………………………………… 17

70. 作用在流体上的力有哪些？ ………………………… 18

71. 何谓流体的粘性？ …………………………………… 18

72. 影响流体粘性的主要因素是什么？ ………………… 18

73. 流体静力学的基本方程式是什么？ ………………… 18

74. 什么是等压面？ ……………………………………… 18

75. 什么是层流和紊流？ ………………………………… 18

76. 在流体力学中判断管中液体流动类型的标准是什么？ … 19

77. 什么是位置水头？ … 19

78. 什么叫水击？它有何危害？如何防止？ … 19

79. 何谓液体静压力？液体静压力有哪些特征？ … 20

80. 什么是平均静压力和点静压力？ … 20

81. 实际液体伯诺里方程式的含义是什么？ … 20

82. 什么是动力粘度？运动粘度？它们与哪些因素有关？ … 21

83. 碳素钢的分类方法主要有哪些？ … 21

84. 优质碳素钢按含碳量分类可分为哪几种？ … 21

85. 碳素钢按用途可分为哪几种？ … 22

86. 什么叫珠光体？什么叫珠光体球化？ … 22

87. 什么是金属的疲劳损坏？ … 22

88. 什么叫金属的疲劳强度？ … 22

89. 什么叫金属强度？ … 22

90. 什么叫金属的塑性？ … 23

91. 什么叫金属的腐蚀？锅炉腐蚀分哪几种？ … 23

92. 什么是锅炉的侵蚀？ … 23

93. 什么是金属材料的工艺性能？主要有哪些？ … 23

94. 什么叫持久强度？ … 23

95. 金属材料的物理性能指的是什么？ … 23

96. 哪些钢材在低温使用中应注意其低温脆性？ … 24

97. 什么叫金属的蠕变现象？ … 24

98. 锅炉有哪些常用钢材？它们的允许使用温度及应用范围
是什么？ … 24

99. 锅炉承压部件钢材的使用寿命与运行温度有什么
关系？ … 25

100. 锅炉受热面用钢最常用的有哪些？分别用在哪些受热
面上？ … 26

101. 金属金相检查的目的是什么？ … 26

102. 钢材中含碳量对其机械性能有何影响？ … 26

103. 钢材允许温度是如何规定的？ ⋯⋯⋯⋯⋯ 26

二、锅 炉 设 备

1. 什么叫自然循环锅炉？ ⋯⋯⋯⋯⋯⋯⋯⋯ 28

2. 什么叫锅炉的循环回路？ ⋯⋯⋯⋯⋯⋯⋯ 28

3. 自然循环锅炉的蒸发系统由哪些设备组成？ ⋯⋯ 28

4. 水冷壁为什么要分若干个循环回路？ ⋯⋯⋯⋯ 28

5. DG670/140-4 型锅炉的炉膛侧墙后循环回路是如何
   布置的？ ⋯⋯⋯⋯⋯⋯⋯⋯⋯⋯⋯⋯⋯⋯ 28

6. SG400/140-50410 型锅炉共有多少个循环回路？如何
   布置？ ⋯⋯⋯⋯⋯⋯⋯⋯⋯⋯⋯⋯⋯⋯⋯ 29

7. 汽包的作用主要有哪些？ ⋯⋯⋯⋯⋯⋯⋯ 29

8. 电站锅炉的汽包内部主要有哪些装置？它们的布置位
   置和作用怎样？ ⋯⋯⋯⋯⋯⋯⋯⋯⋯⋯⋯ 29

9. 旋风分离器的结构及工作原理是怎样的？ ⋯⋯ 30

10. 百页窗（波形板）分离器的结构及工作原理是
    怎样的？ ⋯⋯⋯⋯⋯⋯⋯⋯⋯⋯⋯⋯⋯⋯ 30

11. 左右旋的旋风分离器在汽包内如何布置？为什么要如此
    布置？ ⋯⋯⋯⋯⋯⋯⋯⋯⋯⋯⋯⋯⋯⋯⋯ 31

12. 清洗装置的作用及结构如何？ ⋯⋯⋯⋯⋯⋯ 31

13. 平孔板式清洗装置的工作原理是怎样的？ ⋯⋯ 32

14. 连续排污管口一般装在何处？为什么？排污率为
    多少？ ⋯⋯⋯⋯⋯⋯⋯⋯⋯⋯⋯⋯⋯⋯⋯ 32

15. 汽包内锅水加药处理的意义是什么？ ⋯⋯⋯⋯ 32

16. 定期排污的目的是什么？排污管口装在何处？ 33

17. 水冷壁的型式主要有哪几种？ ⋯⋯⋯⋯⋯⋯ 33

18. 采用膜式水冷壁的优点有哪些？ ⋯⋯⋯⋯⋯ 33

19. 折焰角是怎样形成的？其结构如何？ ⋯⋯⋯⋯ 33

20. 折焰角的作用有哪些？ ……………………………… 35

21. 冷灰斗是怎样形成的？其作用是什么？ ………… 35

22. 底部蒸汽加热装置的结构如何？ ………………… 35

23. 自然循环的原理是怎样的？ ……………………… 35

24. 什么叫循环倍率？ ………………………………… 36

25. 什么叫循环水速？ ………………………………… 36

26. 什么叫自然循环的自补偿能力？ ………………… 37

27. 自然循环的故障主要有哪些？ …………………… 37

28. 水循环停滞在什么情况下发生？有何危害？ …… 37

29. 水循环倒流在什么情况下发生？有何危害？ …… 37

30. 汽水分层在什么情况下发生？为什么？ ………… 38

31. 大直径下降管有何优点？ ………………………… 38

32. 下降管带汽的原因有哪些？ ……………………… 38

33. 下降管带汽有何危害？ …………………………… 38

34. 防止下降管带汽的措施有哪些？ ………………… 39

35. 按传热方式分类，过热器的型式有哪几种？ …… 39

36. 按介质流向分类，对流过热器的型式有哪几种？ … 39

37. 按布置方式分类，过热器有哪几种型式？ ……… 39

38. 对流式过热器的流量—温度（即热力）特性如何？ … 40

39. 辐射式过热器的流量—温度（即热力）特性如何？ … 40

40. 半辐射式过热器的流量—温度（即热力）特性如何？ …… 41

41. 什么是联合式过热器？其热力特性如何？ ……… 41

42. 立式布置的过热器有何特点？ …………………… 41

43. 卧式布置的过热器有何特点？ …………………… 41

44. 什么叫换热器？换热器有哪几种型式？ ………… 42

45. 什么叫换热器的顺流布置？有何特点？ ………… 42

46. 什么叫换热器的逆流布置？有何特点？ ………… 43

47. 双逆流和混合流布置的换热器有何特点？ ……… 43

48. DG670/140-4 型锅炉过热器的蒸汽流程是怎样的？ ……… 43

49. SG400/140-50410 型锅炉过热器的蒸汽流程是

怎样的？ ……………………………………………… 44

50. SG220/100—I 型锅炉过热器的蒸汽流程是怎样的？ …… 44

51. 什么叫屏式过热器？它的作用如何？ …………………… 44

52. 联箱的作用有哪些？ …………………………………… 45

53. 在过热蒸汽流程中为什么要进行左右交叉？ ………… 45

54. 减温器的型式有哪些？各有何特点？ ………………… 45

55. 喷水式减温器结构如何？ ……………………………… 45

56. 喷水式减温器的工作原理是怎样的？常用什么减
温水？ …………………………………………………… 47

57. 为什么顶棚过热器属于辐射式过热器？ ……………… 47

58. DG670/140-4 型锅炉的竖井烟道是由哪些受热面构
成的？ …………………………………………………… 47

59. DG670/140-4 型锅炉炉膛的出口水平烟道的构成及
内部受热面的布置如何？ ……………………………… 48

60. DG670/140-4 型锅炉的低温对流过热器结构及布置
如何？ …………………………………………………… 48

61. 再热蒸汽的特性如何？ ………………………………… 48

62. 什么叫再热器？它的作用是什么？ …………………… 49

63. 再热器的工作特性如何？ ……………………………… 49

64. 再热蒸汽流量一般为多少？ …………………………… 49

65. DG670/140-4 型锅炉的再热蒸汽流程是怎样的？ …… 50

66. SG400/140-50410 型锅炉的再热蒸汽流程是怎样的？ … 50

67. 再热器一、二级旁路系统的流程一般是怎样的？ …… 50

68. 再热器为什么要进行保护？ …………………………… 50

69. 一、二级旁路系统的作用是什么？ …………………… 50

70. DG670/140-4 型锅炉再热汽温的调节方法是怎样的？ … 51

71. 烟道挡板布置在何处？其结构如何？ ………………… 51

72. 烟道挡板的调温原理是怎样的？ ……………………… 51

73. DG670/140-4 型锅炉的再热器结构及布置是怎样的？ … 52

74. SG400/140-50410 型锅炉的再热器结构及布置是

怎样的? ·· 52

75. 为什么再热蒸汽通流截面要比主蒸汽系统通流截面大? ·· 53

76. 再热器事故喷水和中间喷水减温装置的结构如何? ····· 53

77. 省煤器有哪些作用? ···························· 53

78. 什么叫非沸腾式省煤器? ························ 54

79. 现代大型锅炉为何多采用非沸腾式省煤器? ········ 54

80. 尾部受热面的磨损是如何形成的? 与哪些因素有关? ····· 54

81. 省煤器的哪些部位容易磨损? ···················· 55

82. 省煤器的局部防磨措施有哪些? ·················· 56

83. 省煤器再循环的工作原理及作用如何? ·········· 56

84. 省煤器再循环门在正常运行中内泄漏有何影响? ······ 57

85. 省煤器与汽包的连接管为什么要装特殊套管? ······· 57

86. 空气预热器的作用有哪些? ···················· 57

87. 空气预热器分为哪些类型? ···················· 58

88. 管式空气预热器的结构及布置如何? ············ 58

89. 受热面回转式空气预热器的结构如何? ·········· 58

90. 受热面回转式空气预热器的工作原理怎样? ······ 59

91. DGFYϕ8500—2型风罩回转式空气预热器的结构是怎样的? ··· 60

92. DGFYϕ8500—2型风罩回转式空气预热器的主轴及轴承结构特点如何? ···························· 60

93. 风罩回转式空气预热器的工作原理是怎样的? ·········· 61

94. DGFYϕ8500—2型风罩回转式空气预热器喉部密封的作用及结构如何? ···························· 61

95. DGFYϕ8500—2型风罩回转式空气预热器风罩与定子之间端面密封的结构及密封原理如何? ······ 62

96. 回转式空气预热器漏风的原因有哪些? 有何危害? ········ 62

97. 空气预热器的腐蚀与积灰是如何形成的? 有何危害? ······ 63

98. 省煤器下部放灰管的作用是什么? ·············· 64

99. 燃烧器的作用是什么？ …………………………………… 64

100. 燃烧器的类型有哪些？常见布置方式有几种？ ………… 64

101. 直流式燃烧器为什么要采用四角布置的方式？ ………… 64

102. 四角布置的直流燃烧器结构特点如何？ ………………… 65

103. 直流式燃烧器部分喷口为什么设计为可调式？ ………… 65

104. 什么叫射流的刚性？ …………………………………… 66

105. 为什么三次风喷口一般都布置在每角燃烧器的
    上部？ …………………………………………………… 66

106. 四角布置的直流燃烧器气流偏斜的原因及对燃烧的影
    响如何？ ………………………………………………… 66

107. 多功能直流煤粉燃烧器的结构怎样？ …………………… 67

108. 多功能直流煤粉燃烧器的特点如何？ …………………… 67

109. 轻油枪（即雾化器）的型式主要有哪些？ ……………… 68

110. 简单机械雾化器（不回油式）的结构如何？工作原理
    如何？ …………………………………………………… 68

111. 重油压力式雾化喷嘴型式有哪些？各有何优缺点？ …… 69

112. 泵的种类有哪些？ ……………………………………… 69

113. 离心泵的构造是怎样的？工作原理如何？ ……………… 70

114. 离心泵的出口管道上为什么要装逆止阀？ ……………… 70

115. 为什么有的泵入口管上装设阀门，有的则不装？ ……… 70

116. 为什么有的离心式水泵在启动前要加引水？ …………… 70

117. 离心式水泵打不出水的原因、现象有哪些？ …………… 71

118. 风机的类型有哪些？ …………………………………… 71

119. 离心式风机的结构及工作原理是怎样的？ ……………… 71

120. 风机叶片的类型及其特点如何？ ………………………… 72

121. 集流器（进风口）的型式有哪些？其作用是什么？ …… 72

122. 风机调节挡板的作用是什么？一般装在何处？ ………… 72

123. 风机型号所表示的意义是什么？ ………………………… 72

124. YOTC——$\frac{1000}{800}$调速型液力偶合器的结构及工作原理
    怎样？ …………………………………………………… 73

125. YOTC——$^{1000}_{800}$调速型液力偶合器的用途和特点如何？ ··· 73

126. 轴承按转动方式可分几类？各有何特点？ ·········· 74

127. 辅机轴承箱的合理油位是怎样确定的？ ·········· 75

128. 如何识别真假油位？如何处理？ ················ 76

129. 风机振动的原因一般有哪些？ ·················· 77

130. 轴流风机的工作原理如何？ ···················· 77

131. 风机启动时应注意哪些事项？ ·················· 78

132. 风机喘振后会有什么问题？如何防止风机喘振？ ······· 78

133. 除尘器的作用是什么？ ······················ 79

134. 除尘器的类型有哪些？ ······················ 79

135. 文丘里水膜式除尘器的结构及其特点怎样？ ········· 79

136. 文丘里水膜除尘器的工作原理是怎样的？ ·········· 79

137. 文丘里水膜除尘器的文丘里喷嘴的结构怎样？它由何

    处供水？ ······························ 80

138. 水膜除尘器水膜筒的环形喷水为何采用高位水箱

    供水？ ······························ 80

139. 电除尘器的特点如何？ ······················ 80

140. 电除尘器的组成部件有哪些？ ·················· 80

141. 电除尘器的工作过程分为几个阶段？ ·············· 81

142. 什么叫电晕放电？ ·························· 81

143. 电除尘器对电晕板的要求有哪些？ ··············· 81

144. 电除尘器的工作原理是怎样的？ ················ 81

145. 水力除灰系统的流程是怎样的？ ················ 82

146. 过热器和再热器向空排汽门的作用是什么？ ········· 82

147. 670t/h 锅炉为何不设省煤器再循环管？ ············ 83

148. 安全阀的作用是什么？一般有哪些种类？ ·········· 83

149. 弹簧式安全门的结构、动作原理如何？ ············ 83

150. 脉冲式安全阀由哪些部分组成？动作原理如何？ ······· 84

151. 阀门按结构特点可分为哪几种？ ················ 84

152. 按用途分类阀门有哪几种？各自的用途如何？ ········ 84

153. 为什么闸阀不宜节流运行？ …………………… 85

154. 什么叫阀门的公称压力、公称直径？ ………… 85

155. 膨胀指示器的作用是什么？一般装在何处？ … 85

156. 联合阀的结构及操作方法怎样？ ……………… 85

157. 水封或砂封的作用是什么？一般装在何处？ … 86

158. 锅炉排污扩容器的作用是什么？ ……………… 86

159. 炉膛及烟道防爆门的作用是什么？ …………… 87

160. 什么是减压阀？其工作原理如何？ …………… 87

161. 什么是减温减压阀？其工作原理如何？ ……… 88

162. 锅炉空气阀起什么作用？ ……………………… 88

163. 过热器疏水阀有什么作用？ …………………… 89

164. 电除尘器投入要具备哪些条件？ ……………… 89

165. 发电厂管道漆色有何规定？ …………………… 89

三、锅炉燃料及制粉设备

1. 什么是燃料？按其物态分为哪几种？ ………… 91

2. 什么是标准煤？ ………………………………… 91

3. 煤的成分分析有哪几种？ ……………………… 91

4. 煤的主要特性是指什么？ ……………………… 91

5. 煤中最主要的可燃元素是什么？ ……………… 91

6. 煤中单位发热量最高的元素是什么？ ………… 91

7. 什么叫发热量？什么叫高位发热量和低位发热量？ 91

8. 发热量的大小取决于什么？ …………………… 92

9. 煤粉细度指的是什么？ ………………………… 92

10. 煤粉的经济细度是怎样确定的？ ……………… 92

11. 煤粉品质的主要指标是什么？ ………………… 92

12. 动力煤依据什么分类？一般分为哪几种？ …… 92

13. 无烟煤有何特点？ ……………………………… 93

14. 煤的成分有哪几种不同的基准？分别用什么符号
　　表示？ ……………………………………………………… 93

15. 煤中的硫（S）由几部分组成？有何危害？ …………… 93

16. 什么叫煤的可磨系数？ ………………………………… 93

17. 什么是挥发分？是否包括煤中的水分？ ……………… 94

18. 不同煤的灰分的熔点是否相同？同一种煤的灰熔点是
　　否相同？为什么？ ……………………………………… 94

19. 火电厂锅炉主要燃用什么油？ ………………………… 94

20. 燃油的物理特性是什么？ ……………………………… 94

21. 什么叫油的闪点？ ……………………………………… 94

22. 什么叫油的燃点？ ……………………………………… 95

23. 什么叫油的凝固点？ …………………………………… 95

24. 什么是重油？它是由哪些成分组成的？ ……………… 95

25. 重油有哪些特点？ ……………………………………… 95

26. 什么叫油的粘度？ ……………………………………… 95

27. 什么叫煤的工业分析？ ………………………………… 96

28. 煤的工业分析成分有哪些？ …………………………… 96

29. 锅炉用燃油的特性指标怎样？ ………………………… 96

30. 重油的粘度主要与哪些因素有关？ …………………… 97

31. 燃料油燃烧为什么首先要进行雾化？ ………………… 98

32. 煤的挥发分对锅炉燃烧有何影响？ …………………… 98

33. 什么是燃料的燃烧？ …………………………………… 98

34. 什么是理论空气需要量？ ……………………………… 98

35. 什么是实际空气供给量？ ……………………………… 99

36. 什么是过量空气系数？ ………………………………… 99

37. 炉内过量空气系数指的是什么？什么是最佳过量空气
　　系数？ …………………………………………………… 99

38. 空气含湿量指什么？一般为多少？ …………………… 99

39. 什么是漏风系数？它与什么有关？ …………………… 99

40. 什么是烟气熔？用什么表示？ ………………………… 100

41. 煤粉在炉内的燃烧过程大致经历哪几个阶段？ …………… 100

42. 影响煤粉气流火焰传播速度的因素有哪些？ ……………… 100

43. 什么叫燃烧反应速度和燃烧程度？ ……………………… 100

44. 什么叫完全燃烧？什么叫不完全燃烧？ ………………… 100

45. 要使煤粉迅速而又完全燃烧，应满足哪些条件？ ……… 100

46. 按化学条件和物理条件对燃烧速度的影响不同，可将燃烧分为哪几类？ ……………………………………………… 101

47. 何谓动力燃烧？何谓扩散燃烧？何谓过渡燃烧？ ……… 101

48. 表示灰渣熔融特性的指标是哪三个温度？ …………… 101

49. 什么叫煤粉的自燃？ ……………………………………… 101

50. 什么叫炉膛容积热负荷？ ……………………………… 102

51. 烟气是由哪些成分组成的？ …………………………… 102

52. 油枪雾化性能的好坏，从哪几方面判断？ …………… 102

53. 油的强化燃烧有何措施？ ……………………………… 102

54. 制粉系统的任务是什么？ ……………………………… 102

55. 发电厂磨煤机如何分类？ ……………………………… 103

56. 直吹式制粉系统有哪两种形式？各有什么优缺点？ … 103

57. 中间储仓式制粉系统与直吹式制粉系统比较有哪些优缺点？ ………………………………………………………… 104

58. 锅炉常用给煤机有哪几种？ …………………………… 104

59. 振动式给煤机是怎样工作的？ ………………………… 105

60. 简述振动给煤机电磁振动器的工作原理？ …………… 105

61. 振动式给煤机有哪些优缺点？ ………………………… 105

62. 什么是皮带式给煤机？它有何优缺点？ ……………… 106

63. 简述木块分离器的结构及工作原理？ ………………… 106

64. 钢球磨煤机由哪些主要部件组成？ …………………… 106

65. 简述筒式球磨机的工作原理。 ………………………… 107

66. 磨煤机型号"DTM320/580"表示什么意思？ ………… 108

67. 什么是钢球磨的临界转速？ …………………………… 108

68. 球磨机的筒长、筒径与出力有什么关系？ …………… 108

13

69. 磨煤机的最佳装球量是怎样确定的？ …………………… 108

70. 球磨机为什么要选用不同直径的钢球？ ……………… 109

71. 选用钢球应考虑哪些因素？ …………………………… 109

72. 球磨机内的细小钢球及杂物有哪些害处？ …………… 110

73. 球磨机大牙轮应选用什么样的润滑剂？ ……………… 110

74. 球磨机的减速箱是怎样减速的？ ……………………… 110

75. DZM380/550型双锥型钢球磨有哪些特点？ ………… 111

76. 粗粉分离器的作用是什么？ …………………………… 112

77. 粗粉分离器有几种型式？ ……………………………… 112

78. 简述普通径向型离心式粗粉分离器的工作原理。 …… 112

79. 径向改进型粗粉分离器的工作原理是什么？ ………… 113

80. 离心式粗粉分离器中径向改进型和普通型相比有何

    特点？ …………………………………………………… 113

81. 简述轴向型粗粉分离器的工作原理。 ………………… 114

82. 轴向型粗粉分离器有何特点？ ………………………… 114

83. 简述旋风分离器的工作原理。 ………………………… 115

84. 制粉系统为什么要装防爆门？ ………………………… 115

85. 制粉系统再循环门的作用是什么？ …………………… 116

86. 制粉系统的吸潮管起什么作用？ ……………………… 116

87. 制粉系统中的锁气器起什么作用？ …………………… 116

88. 锁气器是怎样工作的？ ………………………………… 116

89. 锁气器为什么要串联使用？ …………………………… 116

90. 排粉机的作用是什么？ ………………………………… 117

91. 叶轮式给粉机由哪些主要部件组成？ ………………… 117

92. 简述叶轮式给粉机的工作原理。 ……………………… 117

93. 叶轮式给粉机的内外销起什么作用？ ………………… 118

94. 叶轮式给粉机有哪些优缺点？ ………………………… 118

95. 螺旋输粉机由哪些主要部件组成？ …………………… 118

96. 简述螺旋输粉机的工作原理。 ………………………… 118

97. 埋刮板给煤机由哪些主要部件组成？ ………………… 119

98. 埋刮板给煤机的工作原理怎样？ ················· 119

四、锅 炉 运 行

1. 新安装的锅炉在启动前应进行哪些工作？ ········· 120
2. 锅炉启动前上水的时间和温度有何规定？为什么？ ··· 120
3. 锅炉水压试验有哪几种？水压试验的目的是什么？ ··· 121
4. 水压试验时如何防止锅炉超压？ ··············· 121
5. 锅炉酸洗的目的是什么？怎样进行酸洗工作？ ······ 121
6. 锅炉冲管的目的是什么？怎样进行冲管？ ········· 122
7. 怎样才能放掉垂直过热器管内积水？ ············ 123
8. 什么叫锅炉的点火水位？ ··················· 123
9. 为什么在锅炉启动过程中要规定上水前后及压力在
   0.49MPa 和 9.8MPa 时各记录膨胀指示一次？ ······ 124
10. 使用底部蒸汽加热有哪些优点？ ·············· 124
11. 使用底部蒸汽加热应注意些什么？ ············· 124
12. 锅炉启动方式可分为哪几种？ ··············· 125
13. 什么是真空法滑参数启动？ ················· 125
14. 什么是压力法滑参数启动？ ················· 125
15. 滑参数启动有何特点？ ···················· 126
16. 锅炉启动前炉膛通风的目的是什么？ ··········· 126
17. 锅炉启动初期控制汽包水位为什么应以云母水位计和
    电接点水位计为准？ ····················· 127
18. 锅炉启动过程中何时投入和停用一、二级旁路系统？ ··· 127
19. 为什么锅炉点火前就应投入水膜式除尘器的除
    尘水？ ······························· 127
20. 为什么锅炉点火初期要进行定期排污？ ·········· 127
21. 锅炉启动初期为什么要严格控制升压速度？ ······· 128
22. 锅炉启动过程中如何控制汽包壁温差在规定范

围内？ ……………………………………………… 128

23. 为什么锅炉启动后期仍要控制升压速度？ ……… 129

24. 锅炉启动过程中如何调整燃烧？ ……………… 129

25. 锅炉启动过程中如何控制汽包水位？ ………… 130

26. 锅炉启动过程中，何时停助燃油？应注意什么？ … 130

27. 热态启动应注意事项？ ……………………… 131

28. 为什么热态启动时锅炉主汽温度应低于额定值？ … 131

29. 锅炉启动燃油时为什么烟囱有时冒黑烟？如何防止？ … 131

30. 锅炉启动过程中应如何使用一、二级减温器？ ……… 132

31. 在锅炉启动初期为什么不宜投减温水？ ……… 133

32. 为什么在热态启动一级旁路喷水减温不能投用时，主汽
    温度不得超过 450℃？ ………………………… 133

33. 锅炉冬季启动初投减温水时，汽温为什么会大幅度下降？
    如何防止？ ……………………………………… 133

34. 锅炉启动过程中，汽温提不高怎么办？ ……… 134

35. 母管制锅炉具备哪些条件可进行并汽？如何进行并汽
    操作？ …………………………………………… 134

36. 锅炉水压试验合格条件是什么？ ……………… 135

37. 为什么启动前要对主蒸汽管进行暖管？ ……… 135

38. 锅炉运行调整的主要任务和目的是什么？ …… 135

39. 锅炉运行中汽压为什么会发生变化？ ………… 136

40. 如何调整锅炉汽压？ …………………………… 136

41. 机组运行中在一定负荷范围内为什么要定压运行？ …… 137

42. 运行中汽压变化对汽包水位有何影响？ ……… 137

43. 锅炉运行时为什么要保持水位在正常范围内？ …… 138

44. 锅炉运行中汽包水位为什么会发生变化？ …… 138

45. 如何调整锅炉水位？ …………………………… 139

46. 为什么要定期冲洗水位计？如何冲洗？ ……… 139

47. 什么是"虚假水位"？ ………………………… 140

48. 当出现虚假水位时应如何处理？ ……………… 140

49. 锅炉启动时省煤器发生汽化的原因与危害有哪些？如何
    处理？ ……………………………………………………… 141

50. 水位计的平衡容器及汽、水连通管为什么要保温？ …… 141

51. 锅炉运行中为什么要控制一、二次汽温稳定？ ………… 141

52. 锅炉运行中引起汽温变化的主要原因是什么？ ………… 142

53. 什么叫热偏差？产生热偏差的原因有哪些？ …………… 143

54. 什么叫热力不均？它是怎样产生的？ …………………… 143

55. 什么叫水力不均？影响因素有哪些？ …………………… 143

56. 调整过热汽温有哪些方法？ ……………………………… 144

57. 调整再热汽温的方法有哪些？ …………………………… 144

58. 再热器事故喷水在什么情况下使用？ …………………… 145

59. 燃烧调整的主要任务是什么？ …………………………… 145

60. 什么叫锅炉的储热能力？储热能力的大小与什么
    有关？ ……………………………………………………… 145

61. 锅炉的储热能力对运行调节的影响怎样？ ……………… 145

62. 什么叫燃烧设备的惯性？与哪些因素有关？ …………… 146

63. 一、二、三次风的作用是什么？ ………………………… 146

64. 何谓热风送粉？有何特点？ ……………………………… 147

65. 热风再循环的作用是什么？ ……………………………… 147

66. 运行中如何保持和调整一次风压（指动压）？ ………… 147

67. 运行中如何防止一次风管堵塞？ ………………………… 148

68. 锅炉运行中怎样进行送风调节？ ………………………… 148

69. 一、二次风怎样配合为好？ ……………………………… 148

70. 一、二次风速怎样配合为好？ …………………………… 149

71. 如何判断燃烧过程的风量调节为最佳状态？ …………… 149

72. 运行中保持炉膛负压的意义是什么（设计为微正压炉
    除外）？ …………………………………………………… 150

73. 炉膛负压为何会变化？ …………………………………… 150

74. 什么叫风机的并联运行？并联运行的目的是什么？ …… 150

75. 风机并联运行时应注意哪些？ …………………………… 151

17

76. 为什么给水高压加热器停运后要限制负荷运行？ ········ 151

77. 钢球磨直吹式制粉系统运行时应注意什么？ ········ 151

78. 为什么有些锅炉改燃用高挥发分煤易造成一次风管烧红？如何处理？ ········ 152

79. 为什么要定期除焦和放灰？ ········ 153

80. 冷灰斗挡板开度过大会造成什么危害？ ········ 153

81. 炉膛结焦的原因是什么？ ········ 153

82. 炉膛结焦有何危害？ ········ 154

83. 如何防止炉膛结焦？ ········ 154

84. 为什么各岗位要定期巡视设备？ ········ 155

85. 为什么要定期切换备用设备？ ········ 155

86. 为什么要定期抄表？ ········ 156

87. 什么是单元机组的变压运行？ ········ 156

88. 变压运行有哪些优缺点？ ········ 156

89. 锅炉在变压运行时应注意什么？ ········ 157

90. 运行中怎样正确使用一、二级减温水？ ········ 157

91. 怎样从火焰变化看燃烧？ ········ 158

92. 煤粉气流着火点的远近与哪些因素有关？ ········ 158

93. 煤粉气流着火的热源来自哪里？ ········ 159

94. 煤粉气流着火点过早或过迟有何影响？ ········ 159

95. 为什么要调整火焰中心？ ········ 159

96. 运行中如何调整好火焰中心？ ········ 159

97. 运行中为什么要定期校对水位计？ ········ 159

98. 锅炉出灰、除焦时为什么要事先联系？应注意哪些事项？ ········ 160

99. 定期排污有哪些规定？ ········ 160

100. 燃烧自动调节或压力自动调节投运须注意什么？ ········ 161

101. 为什么燃烧器四角布置的锅炉应对角投用给粉机？ ······ 161

102. 为什么运行中给水泵故障，炉侧给水压力不到零？ ··· 161

103. 为什么给水高压加热器解列后，锅炉给水流量指示

会比实际值小? ………………………………………… 161

104. 中间储仓式制粉系统启停对汽温有何影响? ……… 162

105. 空气预热器漏风有何危害? ……………………… 162

106. 回转式空气预热器漏风的原因是什么? ………… 162

107. 防止回转式空气预热器漏风的措施有哪些? …… 163

108. 什么是乏气送粉? ………………………………… 163

109. 什么叫火焰中心? 火焰中心高低对炉内换热影响
怎样? …………………………………………… 163

110. 为什么要对锅炉受热面进行吹灰? ……………… 164

111. 燃煤水分对煤粉气流着火有何影响? …………… 164

112. 燃煤灰分对煤粉气流着火的影响? ……………… 164

113. 燃煤挥发分对煤粉气流着火的影响? …………… 165

114. 煤粉细度对煤粉气流的燃烧有什么影响? ……… 165

115. 按优质煤设计的锅炉改烧劣质煤时应采取哪些稳燃
措施? …………………………………………… 165

116. 低氧燃烧有何利弊? ……………………………… 166

117. 操作阀门应注意哪些事项? ……………………… 166

118. 什么叫锅炉的经济负荷? ………………………… 167

119. 锅炉的运行特性包括哪些? ……………………… 167

120. 影响锅炉静态特性的因素有哪些? ……………… 168

121. 锅炉停炉分为哪几种? …………………………… 170

122. 定参数停炉的步骤是什么? 应注意哪些事项? … 170

123. 滑参数停炉的步骤是什么? 应注意什么? ……… 171

124. 滑参数停炉有何优点? …………………………… 172

125. 停炉时何时投入旁路系统? 为什么? …………… 173

126. 在停炉过程中怎样控制汽包壁温差? …………… 173

127. 锅炉熄火后应做哪些安全措施? ………………… 173

128. 停炉时对原煤仓煤位和粉仓粉位有何规定? 为什么
要这样规定? …………………………………… 174

129. 停炉后为什么煤粉仓温度有时会上升? ………… 174

130. 停炉备用锅炉防锈蚀有哪几种方法？ …………… 175

131. 热炉放水如何操作？ ………………………… 175

132. 停炉过程中加入十八胺的作用是什么？如何操作？ …… 176

133. 锅炉停止运行后为什么要求汽机一、二级旁路再运
    行 10～15min？ ……………………………… 177

134. 汽机关闭一、二级旁路后，为什么要开启再热器冷
    段疏水和向空排汽？ ………………………… 177

135. 锅炉熄火后，为什么风机需继续通风 5min 后才能
    停止运行？ …………………………………… 177

136. 锅炉正常停运后，为什么要采用自然降压？ ……… 178

137. 锅炉停运后回转式空气预热器什么时候停运？ …… 178

138. 冬季停炉后防冻应采取哪些措施？ ……………… 179

139. 紧急停炉的步骤是什么？ ……………………… 179

140. 什么叫锅炉效率？ …………………………… 180

141. 什么叫锅炉机组热平衡？研究锅炉机组热平衡的目
    的是什么？ …………………………………… 180

142. 什么叫锅炉反平衡效率？发电厂为什么用反平衡法
    求锅炉效率？ ………………………………… 180

143. 锅炉的热损失有哪几项？其中哪一项损失最大？ …… 181

144. 什么是锅炉的净效率？ ………………………… 181

145. 影响锅炉排烟热损失 q_2 的主要因素有哪些？ ……… 181

146. 与锅炉效率有关的经济小指标有哪些？ ………… 181

147. 影响 q_3、q_4、q_5、q_6 的主要因素有哪些？ ……… 182

148. 为降低锅炉各项热损失应采取哪些措施？ ……… 182

149. 锅炉的输入热量主要来自哪些方面？有效利用热包
    括哪些？ ……………………………………… 183

150. 锅炉负荷变化时，其效率如何变化？为什么？ …… 183

151. 锅炉运行技术经济指标有哪些？ ………………… 183

152. 什么叫制粉电耗？ …………………………… 183

153. 什么叫发电厂的煤耗率？ ……………………… 184

154. 什么叫机组补水率? ······························ 184

155. 什么叫发电煤耗和供电煤耗? ···················· 184

156. 什么叫空气预热器的漏风系数和漏风率? ········ 184

157. 回转式空气预热器的漏风系数和漏风率规定值为
多少? ··· 185

158. 什么是厂用电率? ······························· 185

159. 什么叫压红线运行? 为何要提倡压红线运行? 185

160. 对制粉设备运行有哪些基本要求? ·············· 185

161. 启停制粉系统时应注意什么? ···················· 186

162. 球磨机空转有哪些危害? ························ 186

163. 影响钢球磨煤机出力有哪些原因? 怎样提高磨煤机
出力? ··· 186

164. 煤粉仓温度高怎样预防和处理? ················ 187

165. 影响煤粉过粗的原因有哪些? ···················· 188

166. 润滑油对轴承起什么作用? ······················ 188

167. 筒式钢球磨煤机大瓦润滑有哪几种方式? ········ 188

168. 为什么煤粉仓粉位不应低于某一值? ············ 188

169. 辅机试转时,人应站在什么位置? 为什么? ······ 189

170. 钢球磨内煤量过多时为什么出力反而会降低? ···· 189

171. 制粉系统漏风有哪些危害? ······················ 189

172. 清理木块分离器时,对锅炉运行有何影响? ······ 190

173. 磨煤机出入口为什么容易着火? ················ 190

174. 磨煤机出口气粉混合物温度是怎样规定的? ······ 191

175. 煤粉为什么会爆炸? ···························· 191

176. 如何防止制粉系统爆炸? ························ 191

177. 煤粉仓为什么要定期降粉? ······················ 192

178. 中间储仓式制粉系统运行中,当给煤量增加时,风压
和磨后温度怎样变化? 为什么? ················ 192

179. 磨煤机的最佳通风量是如何确定的? ············ 192

180. 钢球磨煤机在运行中,为什么要定期添加钢球? ······ 193

181. 运行中球磨机哪些部位容易漏粉？其原因是什么？ …… 193

182. 高位油箱静压润滑系统的流程及特点如何？ ………… 193

183. 煤粉细度对燃烧有何影响？ ………………………… 194

184. 处理球磨机满煤时，为什么要间断启停磨煤机？ …… 194

185. 在哪些情况下应紧急停止制粉系统运行？ ………… 194

186. 运行中的球磨机满煤后，其电流为什么反而小？ …… 195

187. 转动机械轴承温度高的原因有哪些？ ……………… 195

188. 粗粉分离器堵塞有哪些现象？如何处理？ ………… 196

189. 旋风分离器堵塞有哪些现象？如何处理？ ………… 196

190. 对运行中的球磨机大牙轮应注意什么？ …………… 197

191. 中储式制粉系统应选择何种运行方式来降低制粉

电耗？ ………………………………………………… 197

192. 什么是乏气送粉的中间储仓式制粉系统？对制粉系统通

风量有何要求？ …………………………………… 197

五、事 故 处 理

1. 什么是锅炉事故？ ………………………………… 199

2. 发生锅炉事故的主要原因是什么？ ………………… 199

3. 事故处理总的原则是什么？ ………………………… 200

4. 锅炉运行中遇到哪些情况应紧急停炉？ …………… 200

5. 锅炉严重缺水，为什么要紧急停炉？ ……………… 201

6. 锅炉严重满水为什么要紧急停炉？ ………………… 201

7. 所有水位计损坏时为什么要紧急停炉？ …………… 202

8. 过热蒸汽管道、再热蒸汽管道、主给水管道发生爆破时，

为什么要紧急停炉？ ……………………………… 202

9. 锅炉尾部发生再燃烧时，为什么要紧急停炉？ …… 203

10. 为什么再热蒸汽中断时要紧急停炉？ ……………… 203

11. 为什么压力超限，安全门拒动，要采取紧急停炉？ …… 204

12. 引、送风机液力偶合器为什么在运行中出现超温
    现象？ ·· 204

13. 锅炉灭火时为什么要紧急停炉？ ·················· 205

14. 炉膛或烟道内发生爆炸，使设备遭到严重损坏时，
    为什么要紧急停炉？ ···························· 205

15. 炉管爆破，经加强进水和降负荷，仍不能维持汽包
    正常水位时，为什么要紧急停炉？ ·············· 205

16. 锅炉严重缺水后，为什么不能立即进水？ ·········· 206

17. 回转式空气预热器故障停运后如何处理？ ·········· 206

18. 单引风机或单送风机跳闸停运后如何处理？ ········ 207

19. 如何预防水冷壁管爆破？ ························ 207

20. 如何预防过热器爆破？ ·························· 208

21. 如何预防再热器爆管？ ·························· 208

22. 如何预防省煤器爆破？ ·························· 209

23. 锅炉灭火时，炉膛负压为何急剧增大？ ············ 210

24. 锅炉灭火处理不当，为什么会发生炉膛打炮？发生
    炉膛打炮会产生什么危害？ ···················· 210

25. 为防止炉膛爆炸应采取哪些措施？ ·············· 211

26. 如何判断锅炉"四管"泄漏？ ···················· 211

27. 厂用电中断如何处理？ ·························· 211

28. 热控及仪表电源中断如何处理？ ················ 212

29. 锅炉受热面积灰的原因是什么？ ················ 212

30. 锅炉受热面积灰有哪些现象？ ·················· 213

31. 为什么要安装锅炉灭火保护装置？ ·············· 213

32. 锅炉灭火保护装置应具备哪些主要功能？ ·········· 214

33. 灭火保护装置中各主要信号如何取得？ ············ 214

34. 炉膛正、负压保护作用是什么？如何定值？ ········ 214

35. 灭火保护装置中炉膛压力系统为何要加缓冲罐？ ···· 214

36. 火焰监测器从原理上可分为哪几种类型？ ·········· 215

37. 火焰监测装置是由哪些部件组成的？其工作原理是

什么？ …………………………………………………… 215

38. 炉膛火检探头有哪几种布置方式？ …………………… 216

39. 为什么要定期擦拭火焰探头？ ………………………… 216

40. 火检探头的冷却风有何作用？如何提供？ …………… 216

41. 什么是炉膛爆燃现象？ ………………………………… 217

42. 锅炉炉膛发生爆燃的条件是什么？ …………………… 217

43. 炉膛内发生可燃混合物积存而产生爆燃常有哪几种
    情况？ …………………………………………………… 217

44. 锅炉点火前为什么要进行吹扫？ ……………………… 218

45. 锅炉灭火保护装置中常用的跳闸条件、吹扫条件有
    哪些？ …………………………………………………… 218

46. 锅炉灭火保护装置动作后如何处理？ ………………… 219

六、调 整 与 试 验

1. 什么叫锅炉燃烧调整试验？ …………………………… 220

2. 锅炉燃烧调整试验的意义和目的是什么？ …………… 220

3. 按反平衡法进行锅炉热平衡试验时，基本测量项目有
   哪些？ …………………………………………………… 220

4. 大修后锅炉炉膛冷态动力场试验都包括哪些测试
   内容？ …………………………………………………… 221

5. 锅炉大修后热态需要进行哪些项目试验？ …………… 221

6. 如何判断炉膛空气动力场的好坏？ …………………… 221

7. 进行炉内冷态空气动力场试验有几种观察方法？ …… 222

8. 对于固态排渣煤粉炉、燃烧调整的目的是什么？ …… 222

9. 对于固态排渣煤粉炉，控制与调整的主要对象有
   哪些？ …………………………………………………… 222

10. 锅炉燃煤性质是从哪几方面进行评价的？ …………… 223

11. 在锅炉试验中，为什么要采取烟气样品进行成分

24

分析？ ……………………………………… 223

12. 什么叫直接测量？什么叫间接测量？ ……… 223

13. 测量误差有几类？ ……………………… 224

14. 通过锅炉燃烧调整试验，可得到哪些经济运行特性？ … 224

15. 对旋流式燃烧器调试的主要要求是什么？ …………… 225

16. 根据相似原理，进行炉内冷态等温模化试验时应遵守
的原则是什么？ ……………………………… 226

17. 四角布置直流燃烧器常见的调整试验项目有哪些？ …… 226

18. 炉渣的收集、称量和采样应注意哪些问题？ ………… 226

19. 介质流动平均速度的测量方法有哪些？ …………… 227

20. 什么叫理论空气量？什么是过量空气系数？ ………… 228

21. 某电站锅炉，其燃煤特性 RO_2^{max} 为 19.5%，在完全
燃烧时测得炉膛出口处 RO_2'' 为 15.5%，求此时炉膛
出口的过量空气系数 α_1'' 是多少？ …………… 228

22. 在完全燃烧时，测得某燃煤锅炉低温空气预热器前
烟气中的 $O_2' = 5.33\%$，出口氧量 $O_2'' = 6\%$，求此空气
预热器的漏风系数 $\Delta\alpha_{ky}$。 ……………… 228

23. 什么叫风机效率？风机内部损失有哪些？ ………… 228

24. 火力发电厂风机试验大致分为几类？ ……………… 229

25. 什么是风机的全特性试验？ ……………………… 229

26. 风机热试验的目的是什么？ ……………………… 229

27. 风机热态试验测量的项目有哪些？ ……………… 229

28. 流量测量截面的选择有什么要求？ ……………… 229

29. 风机的轴功率如何测量？ ………………………… 230

30. 目前除尘器试验采取灰样的方法有哪几种？ ………… 231

31. 除尘器效率如何计算？ …………………………… 231

32. 除尘器一般试验测量项目有哪些？ ……………… 232

33. 中间储仓式制粉系统调整试验的目的是什么？ ……… 232

34. 直吹式制粉系统调整试验的目的是什么？ ………… 232

35. 制粉系统如何通过粗粉分离器调整煤粉细度？ ……… 232

36. 粗粉分离器的效率是如何计算的? ……………………… 233

37. 何谓分离器的循环倍率? ………………………………… 233

38. 粗粉分离器的回粉量是如何计算的? …………………… 234

39. 制粉系统电耗及影响因素? ……………………………… 234

40. 钢球磨煤机制粉系统的调整试验有哪些测量项目? …… 235

41. 制粉系统的经济运行方式是如何确定的? ……………… 235

42. 试述最佳钢球装载量的计算及影响因素。 ……………… 235

43. 什么是煤的可磨性系数? 如何表示? …………………… 236

七、直 流 锅 炉

1. 什么是直流锅炉? ………………………………………… 237

2. 直流锅炉的工作原理如何? ……………………………… 237

3. 直流锅炉具有哪些特点? ………………………………… 237

4. 直流锅炉按蒸发受热面的结构和布置方式的不同可分为
   哪几类? ………………………………………………… 238

5. 一次上升管屏的直流锅炉为什么要把管屏分成许多独立
   的回路? 为何用小口径水冷壁管? …………………… 239

6. 大容量直流锅炉为什么在炉膛高温负荷区采用内螺纹
   管? 扰流子起何作用? ………………………………… 240

7. 直流锅炉为什么要设置启动旁路系统? ………………… 240

8. 直流锅炉水冷壁设置了炉外混合分配器的作用是什么?
   为何有的用二级、有的用三级? ……………………… 241

9. 直流锅炉启动有哪些主要特点? ………………………… 241

10. 直流锅炉启动程序如何? ……………………………… 242

11. 什么是热态启动? 直流锅炉冷、热态启动主要区别在
    哪里? …………………………………………………… 242

12. 直流锅炉为什么要建立启动压力? 启动压力的大小与哪
    些因素有关? …………………………………………… 242

13. 直流锅炉为什么要建立一定的启动流量？ ············· 243

14. 直流锅炉点火前为什么要进行冷态清洗？ ············· 243

15. 直流锅炉点火前要清洗哪些设备？何时才算合格？ ······ 244

16. 直流锅炉为什么要进行热态清洗？怎样才算合格？
    其程序如何？ ············· 244

17. 影响汽轮机冲转参数的因素有哪些？ ············· 245

18. 在锅炉工质膨胀前冲转有何优点？ ············· 246

19. 在锅炉工质膨胀后对汽轮机冲转有何优缺点？ ······ 246

20. 工质膨胀量大小与哪些因素有关？"低出"门布置
    在系统中哪个位置最合理？为什么？ ············· 247

21. 如何控制锅炉膨胀量？ ············· 248

22. 1000t/h 直流锅炉应选择何时渡膨胀为最佳？ ······ 248

23. 什么叫"等焓"切分？如何实现"等焓"切分？ ······ 249

24. 直流锅炉怎样从旁路系统过渡到纯直流锅炉运行？ ······ 249

25. 如何防止切分过程中主蒸汽温度下降？当汽温迅速下降
    时如何处理？ ············· 250

26. 切分过程中增加燃料量应注意些什么？ ············· 250

27. 过热器升压过程中主蒸汽温度变化如何？ ············· 251

28. 1000t/h 直流锅炉升压采用哪种升压方案？ ······ 252

29. 在启动过程中过热器和再热器吸热量大小与哪些因素
    有关？ ············· 252

30. 热态启动提高再热器汽温有哪些方法？ ············· 253

31. 如何保证直流锅炉的过热器和再热器在锅炉启停过程中
    的安全？ ············· 253

32. 为什么要特别注意直流锅炉低负荷运行及启动时的水冷
    壁温度？ ············· 254

33. 直流锅炉有几种停炉方式？ ············· 255

34. 1000t/h 直流锅炉正常停炉程序如何？ ············· 255

35. 直流锅炉定压降负荷是如何进行的？ ············· 255

36. 直流锅炉在停运过程中需要注意什么问题？ ············· 256

37. 直流锅炉汽压调节与汽包锅炉有何区别？……………… 256

38. 影响直流锅炉汽压变化的因素有哪些？……………… 257

39. 直流锅炉汽温调节与汽包锅炉有何区别？……………… 257

40. 影响直流锅炉汽温变化的因素有哪些？汽温高低有
    何危害？…………………………………………………… 257

41. 什么是直流锅炉的动态特性？对锅炉运行调整有何
    帮助？……………………………………………………… 258

42. 直流锅炉在内外扰动下各参数的变化规律如何？……… 258

43. 直流锅炉的过热汽温如何调整？………………………… 259

44. 直流锅炉的再热汽温如何调整？………………………… 260

45. 直流锅炉的汽温、汽压联合调节是如何进行的？……… 260

46. 1000t/h双炉膛直流锅炉在启动初期两侧汽温偏差
    的原因有哪些？…………………………………………… 261

47. 1000t/h直流锅炉为什么要选择包覆出口温度作为
    中间点温度？……………………………………………… 261

48. 何谓煤水比？怎样正确调整煤水比？…………………… 262

49. 锅炉负荷对中间点温度产生什么影响？………………… 262

50. 锅炉负荷对中间温度产生什么影响？什么时候作为
    超前信号监视为最好？…………………………………… 263

51. 监视双面水冷壁出口工质温度有什么意义？…………… 263

52. 监视包覆过热器出口压力有什么意义？………………… 263

53. 控制水冷壁管壁温度有什么意义？……………………… 264

54. 燃烧工况对水冷壁管壁温度影响如何？………………… 264

55. 影响水冷壁安全运行的因素有哪些？…………………… 265

56. 直流锅炉各级减温水的作用是什么？运行中各级减
    温水应如何合理分配调整？……………………………… 265

57. 什么是直流锅炉的水动力特性？水动力特性不稳定
    有何危害？………………………………………………… 266

58. 如何防止直流锅炉水动力的不稳定性？………………… 266

59. 什么叫直流锅炉的脉动现象？有何危害？……………… 267

60. 什么是直流锅炉的热偏差？有何危害？ ·············· 268

61. 影响直流锅炉热偏差的因素有哪些？ ················ 268

62. 如何减少直流锅炉的热偏差？ ···················· 269

63. 如何避免在炉膛高热负荷区发生膜态沸腾？ ·········· 269

64. 什么是直流锅炉的沸腾换热恶化？有何危害？ ········· 270

65. 什么叫水冷壁的热敏感性？直流锅炉水冷壁的热敏感性
    为什么比汽包炉强？ ·························· 270

66. 导致水冷壁热敏感性增强的因素有哪些？ ············ 270

67. 冷态水动力调整的目的是什么？ ·················· 271

68. 水动力流量分配曲线是根据什么依据制定的？ ········· 271

69. 直流炉水冷壁泄漏和爆管大致有哪些原因？ ·········· 271

70. 直流锅炉水冷壁管为什么容易发生横向裂纹泄漏？ ····· 272

71. 直流锅炉水冷壁进口节流阀压降过大有什么不好？ ····· 273

72. 节流阀析盐有什么危害？析盐的原因可能有哪些？ ····· 273

73. 水冷壁的允许温差是如何规定的？ ················ 273

74. 运行中如何减少和防止水冷壁热冲击？ ·············· 274

75. 什么叫炉墙低周振动？有什么危害？ ················ 274

76. 什么是高温腐蚀？高温腐蚀的危害是什么？ ·········· 275

77. 改善或防止高温腐蚀的措施有哪些？ ················ 275

78. 水冷壁和过热器管内结垢有什么坏处？ ·············· 275

79. 影响过热器壁温的因素有哪些？ ·················· 275

80. 直流锅炉安全阀的排放量是如何规定的？起座压力为
    多少？安全阀如何布置为合理？ ················ 276

81. 烟气再循环的作用是什么？如何用以调节再热汽温？ ··· 277

82. 如何利用烟道挡板来调节再热汽温？ ················ 277

83. 什么是滑压运行？对直流锅炉运行产生什么影响？ ······ 278

八、其他有关专业知识

1. 什么叫频率？ ······························· 279

2. 什么叫电流？什么叫电压？它们之间有什么关系？ ········· 279

3. 什么叫有功功率、无功功率和视在功率？三者单位是什么？
   三者关系如何确定？ ········· 280

4. 在发电厂中三相母线的相序各用什么颜色表示？ ········· 281

5. 什么是相电压？线电压？什么是相电流、线电流？ ········· 281

6. 为什么三相电动机的电源可以用三相三线制？而照明电源
   必须用三相四线制？ ········· 281

7. 试比较交流电与直流电的特点？交流电有哪些优点？ ········· 281

8. 变压器在电力系统中起什么作用？ ········· 282

9. 锅炉自用电压等级有哪几种？电动机电压等级如何
   选择？ ········· 282

10. 什么是操作电源？ ········· 282

11. 电气设备控制电路中红、绿指示灯的作用是什么？ ········· 282

12. 锅炉信号系统有哪两种？它们的作用如何？ ········· 283

13. 锅炉辅机为什么要装联锁保护？ ········· 283

14. 制粉系统的联锁是怎样布置的？ ········· 283

15. 锅炉联锁试验有哪几种方法？ ········· 284

16. 何谓同步？何谓异步？异步电动机为什么得到广泛地
    应用？ ········· 284

17. 锅炉常用的电动机有几种？电动机启动应进行哪些
    检查？ ········· 284

18. 什么是电气设备的额定值？ ········· 285

19. 停止高压电动机时应注意什么？ ········· 285

20. 电动机运行时应注意什么？ ········· 285

21. 电动机温度升高有哪些原因？ ········· 286

22. 电动机的允许负荷电流与环境温度有什么关系？ ········· 286

23. 大容量电动机主要有哪些保护装置？它们的作用是
    什么？ ········· 287

24. 金属外壳上为什么要装接地线？ ········· 287

25. 如何改变三相异步电动机的旋转方向？ ········· 288

26. 电压低时，电动机将受到哪些影响？对功率有何
　　影响？ ……………………………………………………… 288

27. 电动机的额定电流是根据什么确定的？ ……………… 288

28. 电动机缺相运行时会有哪些现象？电动机振动的原因有
　　哪些？ ……………………………………………………… 289

29. 电动机发生着火时应如何处理？ ………………………… 289

30. 高压电动机跳闸后如何处理？ …………………………… 290

31. 正常照明与事故照明有什么区别？ ……………………… 290

32. JZT 电磁调速电动机如何组成？具有什么优点？ ……… 290

33. JZT 电磁调速电动机涡流离合器的结构及其基本工作原
　　理是什么？ ………………………………………………… 291

34. 什么叫热工仪表？ ………………………………………… 292

35. 评定热工仪表质量主要有哪几项指标？ ………………… 292

36. 简述弹簧压力表的工作原理？ …………………………… 292

37. 简述 U 形管压力计的工作原理？ ……………………… 292

38. 使用压力表时应注意什么？ ……………………………… 293

39. 仪表面板上标注的 1.5、2.5 是什么意思？ …………… 293

40. 什么叫仪表的时滞？产生时滞的原因主要有哪些？ …… 293

41. 膜盒式压力计的工作原理是怎样的？ …………………… 293

42. 什么叫静压、动压、全压？ ……………………………… 294

43. 常用温度测量仪表有哪几种？ …………………………… 294

44. 膨胀式温度计的工作原理是什么？用在何处？ ………… 294

45. 简述热电偶温度计的工作原理。用在何处？ …………… 294

46. 简述热电阻温度计的工作原理。它都用在何处？ ……… 295

47. 锅炉受热部件管壁温度的测量方法怎样？ ……………… 295

48. 常用的流量测量方法有几种类型？其原理如何？ ……… 295

49. 差压式流量计的工作原理是怎样的？ …………………… 296

50. 电接点水位计的工作原理是怎样的？ …………………… 296

51. 热工信号有哪几种？ ……………………………………… 296

52. 自动控制装置有哪些基本部件？其作用是什么？ ……… 297

53. 简述主蒸汽温度的自动控制过程。 ·················· 297

54. 简述燃烧自动控制的任务。 ······················· 298

55. 锅炉送风控制系统的被调量是什么？何信号组成单冲量
控制系统？ ································· 298

56. 氧化锆氧量计的工作原理是什么？ ··············· 298

57. 热工仪表指示异常的情况有哪些？ ··············· 299

58. 电阻温度计常见故障有哪些？ ··················· 299

59. 动圈式毫伏温度计常见故障有哪些？ ············· 299

60. 当仪表电源失电时，毫伏表、比率表和电子温度表将发生
哪些变化？ ································· 300

61. 氧化锆氧量计在运行中易出现哪些故障？原因是
什么？ ···································· 300

62. pH 值表示什么意思？ ························· 301

63. 什么叫水的碱度？单位是什么？ ················· 301

64. 什么叫硬水、软水、除盐水？ ··················· 302

65. 什么叫水的硬度？单位是什么？ ················· 302

66. 什么叫水的含氧量？ ························· 302

67. 锅炉给水为什么要进行处理？ ··················· 302

68. 锅内水处理的目的是什么？简述其处理经过。 ········ 302

69. 炉外水处理的目的是什么？有几种方式？ ·········· 303

70. 何谓蒸汽品质？影响蒸汽品质的因素有哪些？ ······ 303

71. 锅炉连续排污和定期排污的作用是什么？ ·········· 304

72. 蒸汽含杂质对机炉设备的安全运行有什么影响？ ····· 304

73. 提高蒸汽品质的措施有哪些？ ··················· 305

一、基　础　知　识

1. 什么叫工质？火力发电厂常用的工质是什么？

能实现热能和机械能相互转换的媒介物质叫工质。

火力发电厂常用的工质是水蒸气。

2. 什么叫工质的状态参数？工质的状态参数是由什么确定的？

凡是能表示工质所处的状态的物理量，叫工质的状态参数。

工质的状态参数是由工质的状态确定的，即对应于工质的每一状态的各项状态参数都具有确定的数值，而与达到这一状态变化的途径无关。

3. 工质的状态参数有哪些？其中哪几个是最基本的状态参数？

工质的状态参数有压力、温度、比容、内能、焓、熵等。

其中压力、温度、比容为基本状态参数。

4. 确定工质的状态需要几个状态参数？

只要用两个独立的状态参数便可确定工质的状态。例如，知道了压力和比容就能确定工质所处的状态。但是，知道比容和密度就不能确定工质所处的状态，这是因为比容和密度不是两个独立的状态参数，而是互为倒数。

5. 什么叫温度？什么叫摄氏温度？什么叫热力学温度？

温度是表示物体冷热程度的物理量。

规定在标准大气压下，纯水的固、液、气三相共存点（冰点）时的温度作为"0"度，沸水温度为"100"度，把"0"度和"100"度之间分成100等分，每一等分代表一度，用这种方法表示的温度称为摄氏温度。摄氏温度符号记为 t，其单位用"℃"表示。

热力学温度也称绝对温度，它与摄氏温度的分度相同，但计量的起点不同，它是把分子停止热运行时的温度（−273.15℃）作为零度，用这种方法表示的温度称为热力学温度，用符号 T 表示，其单位为"K"或"开尔文"。

6. 热力学温度与摄氏温度的关系如何？

它们之间的换算关系为：

$$T = t + 273.15(℃)$$

或
$$t = T - 273.15(K)$$

7. 什么叫压力？什么叫大气压力？什么叫标准大气压？

单位面积上所受到的垂直作用力称为压力，以符号 p 表示。

包围在地球外表面的空气（大气）因其自身的重力而对地面上的物体产生的压力称为大气压力，简称大气压，用 p_b 表示。

将纬度45°海平面上的常年平均大气压力定为"标准大气压"或称"物理大气压"。

8. 什么叫绝对压力？什么叫表压力？什么叫真空度？

以绝对真空为零点算起时的压力值称为绝对压力，用 p 表示。

以大气压力 p_a 为零点算起的压力（即压力表测得的压力）称为表压力，用 p_g 表示。

工质的绝对压力 p 小于当地大气压力时称该处具有真空。大气压力 p_a 与绝对压力的差值称真空值，真空值也称负压。真空值与当地大气压力比值的百分数称为真空度，即真空度 $= \dfrac{p_a - p}{p_a} \times 100\%$。

9. 绝对压力与表压力有什么关系？

绝对压力 p 等于表压力 p_g 加上大气压力 p_a，即

$$p = p_g + p_a$$

10. 为什么热力计算中不用表压力而是用绝对压力？

因为绝对压力才是真正说明气体状态的状态参数，所以在热力计算中要用绝对压力进行计算。表压力是指工质的绝对压力超出当地大气压力的数值，并不是工质的真实压力，由于大气压力将随时间、地点的不同而改变，因此，表计所测得的压力也随之改变。所以表压力不是气体的状态参数，不能在热力计算中使用。

11. 什么叫理想气体？什么叫实际气体？什么叫混合气体和组成气体？

分子之间没有相互作用力、分子本身不占有体积的气体称为理想气体。

理想气体实际并不存在，是人们为研究问题方便而理想化了的一种气体。

分子之间存在引力，分子本身占有体积的气体叫做实际气体。如火力发电厂的水蒸气就是实际气体。

由两种或两种以上的互不起化学作用的气体所组成的均匀混合物叫混合气体。组成混合物的各单一气体叫组成气体。

12. 理想气体与实际气体有什么区别？

理想气体是人为地不考虑气体分子本身占有的体积，不考虑分子间引力的气体。实际气体是自然界实际存在的气体。

13. 理想气体的状态方程式是什么？

对于理想气体，在任何平衡状态下，其压力和比容的乘积与温度之比值应为一个常数。即：

$$\frac{pv}{T} = R \quad 或 \quad pv = RT$$

式中　p——气体的绝对压力，MPa；

v——气体的比容，m^3/kg；

T——气体的热力学温度，K；

R——气体常数，相应的单位为 $J/(kg \cdot K)$。

14. 什么叫比热容？

单位数量的物质温度升高或降低 1℃ 所吸收或放出的热量称为该物质的比热容。用符号 c 表示，单位是 kJ/（kg·℃）。

15. 何谓热容量？

一定数量的物质温度升高或降低 1℃ 所吸收或放出的热量称为该一定数量物质的热容量。

$$热容量 = mc$$

其中：m 为物质的质量，kg；c 为物质的比热容，kJ/(kg·℃)。

热容量的单位为 kJ/℃。

16. 什么是比容、密度？它们之间的关系如何？

单位质量的物质所具有的体积称为比容，常用 v 表示，单位为 m^3/kg；

单位体积的物质所具有的质量称为密度，常用 ρ 表示，单位为 kg/m^3。

它们互为倒数可用公式表示为：$\rho v = 1$

17. 什么是内能？内能是不是工质的状态参数？为什么？

工质内部分子运动所具有的内动能和克服分子相互作用力所具有的内位能的总和称为工质的内能，通常用符号 U 表示，单位为 J。每 kg 工质的内能称为比内能用 u 表示，其单位为 J/kg。

内能是工质的状态参数。因为工质内动能的大小仅与温度有关，是温度的函数；内位能的大小与分子间距离有关，是比容的函数。因此，工质的内能决定于它的温度和比容，即决定于工质所处的状态。

18. 内能、热量和功三者之间有何联系和区别？

对封闭系统的热力过程中，系统从外界所吸收的热量，等于系统内能的增量和对外所作功之和。这种关系可用能量方程（即热力学第一定律解析式）表示为：$\delta q = du + \delta w$。

它们的区别是：内能是物质的内动能与内位能之和，是个状态参数。热量是在热传递过程中物体内部能量改变的量度，是一个与过程密切相关的过程量。而功则是系统与外界之间能量传递的量度，所以功也不是状态参数，也是一个与过程密切相关的过程量。

19. 什么是标准状态？

规定压力为 1 个标准（物理）大气压，温度为 0℃时的状态为标准状态。

20. 什么是饱和状态？什么叫饱和蒸汽和过热蒸汽？

液体与蒸汽的分子在相互运动过程中，当由液体中跑到蒸汽空间的分子数等于由蒸汽中返回液体的分子数而达到平衡时，这种状态称为饱和状态。处于饱和状态下的蒸汽称为饱和蒸汽。

在同一压力下，温度高于饱和温度的蒸汽叫做过热蒸汽。

21. 过热蒸汽的产生需要经过哪几个过程？

一般分为三个阶段：

（1）水的等压预热过程。即从任意温度的水加热到饱和水，所加的热量叫做液体热或预热热。

（2）饱和水的等压汽化过程。即从饱和水加热变成干饱和蒸汽，所加的热量叫做汽化热（汽化潜热）。

（3）干饱和蒸汽的等压加热过程。即从干饱和蒸汽加热到任意温度的过热蒸汽，所加的热量叫做过热热。

22. 什么叫汽化？汽化有哪两种方式？

物质从液态转变为汽态的过程叫汽化。

汽化有蒸发和沸腾两种形式。

23. 什么叫蒸发和沸腾？

液体表面在任意温度下进行比较缓慢的汽化的现象叫蒸发。

在液体表面和内部同时进行剧烈的汽化的现象叫沸腾。

24. 什么叫湿蒸汽的干度与湿度？

干饱和蒸汽的质量占湿蒸汽总质量的份额称为干度，用 x 表示。

湿蒸汽中含有的饱和水的质量占湿蒸汽总质量的份额称为湿度，用 $(1-x)$ 表示。

25. 饱和温度和饱和压力有什么关系？

对于同一种物质，一定的饱和压力总对应一定的饱和温度，反之，一定的饱和温度总对应一定的饱和压力，它们的关系是一一对应的。

26. 为什么水和水蒸气的饱和压力随饱和温度的升高而增高？

这是因为温度越高，分子动能越大，能够从水中飞出的水分子数越多，因而使汽侧分子的密度增大，同时蒸汽分子的平均运动速度也随着增加，这样就使得蒸汽分子对器壁的碰撞增加，使压力增大。

27. 什么叫临界状态？

工质液体的密度和它的饱和汽密度相等，且汽化潜热为零时的状态称为临界状态，常叫临界点。临界点的各状态参数称为临界参数。不同工质的临界参数也不同，对于水来说：临界压力 $p_{cr}=22.12MPa$，临界温度 $t_{cr}=374.15℃$，临界比容 $v_{cr}=0.00317m^3/kg$。

28. 什么叫过热度？

过热蒸汽的温度超出该压力下的饱和温度的数值叫做过热度。

29. 什么叫焓？为什么说它是一个状态参数？

焓是工质在某一状态下所具有的总能量，它等于内能 U 和压力势能（流动功）pV 之和，是一个复合状态参数，其定义式为 $H=U+pV$。焓用符号 H 表示，其单位为 J 或 kJ。1kg 工质的焓称为比焓，用符号 h 表示，单位为 J/kg 或 kJ/kg，则比焓为 $h=u+pV$。

因为焓是由状态参数 u、p、v 组成的综合量，对工质的某一确定状态，u、p、v 均有确定的数值，因而 $u+pv$ 的值也就完全确定。所以，焓是一个取决于工质状态的状态参数，它具有状态参数的一切特征。

30. 什么叫水的欠焓？

一定压力下未饱和水的焓与该压力下饱和水的焓的差值称为该未饱和水的欠焓。如压力为 20MPa，温度为 340℃ 的水的欠焓是 128.9kJ/kg。

31. 什么叫熵？熵的意义及特性有哪些？

系统中工质吸收或放出的热量除以传热时热源热力学温度的商称为熵，其定义式为 $ds = \dfrac{\delta q}{T}$。

熵是一个由基本状态参数推导出来的状态参数，常用符号 S 表示，单位为 J/k 或 kJ/k。单位质量工质的熵称为比熵（也常称作熵），用符号 S 表示，单位为 J/kg·k 或 kJ/kg·k。

熵的意义及特性主要有：

（1）熵是工质的状态参数，与变化过程的性质无关。

（2）在可逆过程中，熵的变化量指明了系统与热源间热量交换的方向。若熵变化量大于零（熵增加），则系统工质吸热；熵减少，工质放热；熵的变化为零，则为绝热过程。

（3）在不可逆过程中熵的变化大于可逆过程中熵的变化，即 $ds > \dfrac{\delta q}{T}$。其原因是，系统内的不可逆因素导致功的损失，引起熵的增加。

32. 什么是热力学第一定律？

热力学第一定律是阐明能量守恒和转换的一个基本定律，可以表述为：热可以转变为功，功也可以转变为热，一定量的热消失时，必产生一定量的功；消耗了一定量的功时，必产生与之对应的一定量的热。

33. 什么叫热力循环？

工质从某一状态点开始，经过一系列的状态变化，又回到原来状态点的全部变化过程的组合叫做热力循环，简称循环。

34. 朗肯循环是由哪几个热力过程组成的？

朗肯循环是以等压加热、绝热膨胀、等压放热、绝热压缩四个过程组成。

35. 为提高朗肯循环的热效率，主要可采用哪几种热力循环方式？

主要采用：给水回热循环，蒸汽中间再热循环，热电联供循环，它们都可提高朗肯循环的热效率。

36. 卡诺循环是由哪几个过程组成的？

卡诺循环是可逆循环，它由等温加热、绝热膨胀、等温放热、绝热压缩四个可逆过程组成。

37. 卡诺循环热效率的大小与什么有关？

卡诺循环热效率的大小与采用工质的性质无关，仅决定于高低温热源的温度。

38. 卡诺循环对实际循环有何指导意义？

卡诺循环对怎样提高各种热动力循环的热效率指出了方向，并给出一定的高低温热源热变功的最大值。因而，用卡诺循环的热效率作标准，可以衡量其它循环中热变功的完善程度。

39. 在火力发电厂存在着哪三种形式的能量转换过程？

在锅炉中，燃料的化学能转换成热能；在汽轮机中热能转换成机械能；在发电机中机械能转换成电能。进行能量转换的主要设备：锅炉、汽轮机和发电机被称为火力发电厂的三大主机，而锅炉则是三大主机中最基本的能量转换设备。

40. 热量传递的三种基本方式是什么？

传递热量的三种基本方式是：导热、对流、热辐射。

41. 物体传递热量的多少是由哪几方面因素决定的？

是由冷热流体的传热平均温差（Δt）、传热面积（A）和物体的传热系数（K）三方面因素决定的。

42. 什么是传热过程？

热量由高温物体传递给低温物体的过程，称为传热过程。对换热设备是指热量由壁面一侧的流体通过壁面传给另一侧的流体的过程。

43. 什么是对流换热？

对流换热是流动的流体与另一物体表面接触时，两者之间由于有温度差而进行的热交换现象。

44. 对流换热系数的大小与哪些因素有关？

（1）流体有无物态变化。流体有物态变化时的对流换热比无物态变化时更为强烈，因而对流放热系数也比无物态变化时要大。

（2）流体的流动情况。流体的流动有层流及紊流之分，层流运动时，各层流之间互不掺混；而紊流流动时，由于流体微团间剧烈混合，使换热大大加强。强迫流运具有较高的流速，对流放热系数比自由运动时要大。

（3）流体相对于管子的流动方向。一般横向冲刷比纵向冲刷的放热系数大。

（4）管子的排列方式。叉排布置的对流放热系数比顺排布置的对流放热系数大。这是因为流体在叉排中流动时对管子的冲刷和扰动更强烈些。

（5）流体的物理性质。流体的物理性质主要是指流体的粘度、密度、热导率、比热容、汽化潜热等。流体的密度越大、粘性越小，热导率越大，比热容和汽化潜热越大，则对流换热系数就越大，反之对流换热系数就越小。

45. 什么是热辐射？

热辐射是高温物质以电磁波形式通过空间把热量传递给低温物质的过程。这种热交换现象和热传导、热对流有本质不同。热辐射不仅不依靠物质的接触而进行热量的传递，而且还伴随着能量形式的转换，即由热能转变为辐射能，再由辐射能转变为热能。

46. 辐射换热与哪些因素有关？

辐射换热的大小与热源表面温度的高低及系统发射率的大小有关，系统发射率的大小又与进行辐射换热的物体本身的发射率、尺寸形状及表面的粗糙程度有关。

47. 热导率的基本概念是什么？

热导率又称导热系数，它是表明材料导热能力大小的一个物理量，数值上等于两壁面温差为 1℃，壁厚 1m 时，每秒钟通过每平方米壁面所传递的热量。

48. 热导率的大小与哪些因素有关？

热导率的大小与物质的种类性质有关。对同一种材料，热导率还与物质的结构、密度、成分、温度和湿度有关。

49. 什么是热阻？

由导热热流量基本公式 $q = \lambda \dfrac{t_1 - t_2}{\delta}$ 可得到 $q = \dfrac{\Delta t}{\delta/\lambda}$，将此式与电学中的欧姆定律 $I = \dfrac{U}{R}$ 相比，形式类似，比值 δ/λ 类似导电电阻，因而称为热阻，用符号 R 表示。

以上式中　λ——热导率，W/（m·℃）；

　　　　　δ——固体壁的厚度，m；

　　　　　q——单位时间内通过面积的热量，W/m²；

　　t_1、t_2——固体壁面的温度，℃。

50. 热导率、对流、换热系数、传热系数之间有何区别？它们相应的热阻如何表示？

热导率是表示材料导热性能的指标，仅与材料本身有关，是表明材料物理性质的参数。导热热阻为 $\dfrac{\delta}{\lambda}$。

对流换热系数是表示流动的流体与固体壁面接触时，流体与壁面之间进行热量传递过程的强弱，对流换热热阻为 $\dfrac{1}{\alpha}$。

传热系数表示一种流体通过固体壁面将热量传给另一种流体过程的强弱。由于在传递过程中同时也包含有导热、对流换热和热辐射等三种基本换热方式，因而它与组成传热过程的导热、对流换热、热辐射换热直接有关。传热热阻为 $\dfrac{1}{K}$，

$$\frac{1}{K} = \frac{1}{\alpha_1} + \frac{\delta}{\lambda} + \frac{1}{\alpha_2}$$

式中　K——传热系数，W/（m² · ℃）；

α_1、α_2——热流体和冷流体的换热系数，W/（m² · ℃）；

δ——固体壁的厚度，m；

λ——壁的热导率，W/（m · ℃）。

51. 传热系数的大小取决于哪些因素？

传热系数的大小取决于冷、热两种流体的物理性质、流动情况以及与流体接触的固体表面形状、大小、流体与固体表面间的相对位置、材料的热导率等因素。

52. 辐射换热有什么特点？

辐射换热是不同于导热和对流的一种特殊的换热方式。导热和对流换热都必须通过物体或物质的接触换热才能进行，而辐射换热则不需要物体间的直接接触，它是依靠射线（电磁波）来传递热量的，它的另一个特点是，在热辐射过程中还伴随着能量形式的两次转换，即由热能转换为辐射能，再由辐射能转换为热能。

53. 什么是稳定导热？

物体各点的温度不随时间而变化的导热叫做稳定导热，火电厂大多数的热力设备在稳定运行时其壁面间的传热都属于稳定导热。

54. 什么是不稳定导热？火电厂热力设备在什么情况下处于不稳定导热？

温度场随时间而改变的导热过程，称为不稳定导热。不稳定导热的主要特点就是导热过程中的导热量不稳定，物体内部各点的温度随时间不断变化。

火电厂的各种热力设备在启、停或工况变化时，由于设备内部的温度处于不断变化过程中，故都属于不稳定导热。

55. 什么叫黑体？

能将投射到它表面的辐射能全部吸收的物体称为"黑体"。

56. 炉膛发射率（黑度）ε_e 指的是什么？

炉膛发射率（黑度）ε_e 指的是由炉内介质与水冷壁所组成的系统的发射率（黑度），它说明了火焰与水冷壁之间的辐射换热关系。

57. 什么是辐射出射度？

每个物体都有辐射能力，为了表示物体辐射能力的大小，我们引入了辐射出射度这个概念。辐射出射度是指物体每单位表面积在单位时间内向空间辐射出去的总能量，用符号 M 表示。

58. 什么是沸腾换热？沸腾换热的主要特点是什么？

液体受热沸腾时与固体壁面间的换热过程，称为沸腾换热。

沸腾换热的主要特点是液体内部不断地产生汽泡，由于汽泡在加热面上不断地产生、长大、脱离，液体不断地冲刷壁面，使紧贴加热面的水层剧烈扰动，换热量就大大地增加，因此，对于同一种液体来说，沸腾换热时的换热系数比无物态变化时要大得多。

59. 什么是凝结？

物质由汽态变成液态的现象称为凝结。

60. 简述影响凝结换热的因素主要有哪些方面？

影响凝结换热因素的主要方面有：（1）蒸汽中含有不凝结气体；（2）蒸汽流动的速度和方向；（3）冷却表面的情况；（4）冷却面排列的方式。

61. 水蒸气凝结换热的特点是什么？

水蒸气凝结成水，其温度保持不变，通过水蒸气凝结放出汽化潜热而传递热量。由于汽化潜热很大，因此水蒸气凝结时的换热系数要比水或水蒸气无物态变化时的换热系数大得多。

62. 什么叫流体？

容易变形具有流动性的物质叫做流体。液体、气体都易变形，具有流动性，因此都是流体。

63. 什么是质量流速？

质量流速是指流体流过单位通流截面积的质量流量，用 ρw 来表示。其值等于流体的质量流量除以通流截面积

$$\rho w = \frac{q_m}{A} \quad \text{kg}/(\text{m}^2 \cdot \text{s})$$

式中　q_m——流体的质量流量，kg/s；

$\quad\quad\quad A$——通流截面积，m^2；

$\quad\quad\quad \rho$——流体的密度，kg/m^3；

w——流体流速，m/s。

质量流速不随工质状态的变化而变化，在一定的通流截面积条件下它是一个常数。

64. 什么叫质量流量？

流体在单位时间内通过某一断面的质量称为质量流量。用符号 q_m 表示，单位为 kg/s。

65. 液体和气体有何不同？

液体和气体的主要不同之处是它们的压缩性不同，气体易压缩，而液体不易压缩。此外液体有自由表面并有一定的体积，而气体则无自由表面，并能完全充满所在的空间。

66. 什么是流体的压缩性？

当温度保持不变，流体所承受的压力增大时，其体积缩小的特性。称为流体的压缩性。

67. 什么是流体的膨胀性？

当流体的压力保持不变时，流体体积随温度升高而增大的特性称为流体的膨胀性。

68. 什么是表面力？

表面力是指作用在流体表面（或流体各部分之间、或流体与固体接触面）上且与受作用流体表面积的大小成正比的力。

69. 什么是质量力？

质量力是作用在流体每一个质点的质量中心上且与质量成正比的力。

70. 作用在流体上的力有哪些？

作用在流体上的力有质量力和表面力两种。

71. 何谓流体的粘性？

当流体层间发生相对运动时，在流体内部两个流层的接触面上便产生粘性力或内摩擦力以阻止相对运动的性质叫做流体的粘性。

72. 影响流体粘性的主要因素是什么？

流体的粘性主要决定于流体的性质及温度。不同的流体其粘性不同。液体和气体的粘性随温度变化的规律不同，液体的粘性随温度的升高而降低，而气体的粘性随着温度的提高而增大。

73. 流体静力学的基本方程式是什么？

流体静力学的基本方程式：$p = p_0 + \rho g h$，它的含义是：液体内部某点的静压力 p 等于自由表面上的压力 p_0 加上该点至液面的高度 h 与液体密度 ρ 和重力加速度 g 之乘积。

74. 什么是等压面？

平衡流体中由静压力相等的各点组成的面称为等压面。

75. 什么是层流和紊流？

层流是指液体流动过程中，各质点的流线互不混杂，互不干扰的流动状态。

紊流是指液体在运动过程中，各质点的流线互相混杂，互相干扰的流动状态。

76. 在流体力学中判断管中液体流动类型的标准是什么？

在流体力学中用临界雷诺数 Re_{cr} 来判断管中液体流动的类型。

实验表明：液体在圆管内流动时的临界雷诺数为 $Re_{cr}=2300$，当 $Re \leqslant 2300$ 时，流动为层流；当 $Re > 2300$ 时，流动为紊流。

77. 什么是位置水头？

位置水头又叫做位置能头，是指所研究的液体质点相对于某一基准面以上的位置高度。

78. 什么叫水击？它有何危害？如何防止？

在压力管路中，由于某种外界原因（如阀门的突然关闭或开启。水泵的突然停止或启动等等），液体流动速度的突然变化，从而引起管中液体压力产生反复的、急剧的变化，这种现象称为水击或水锤。

水锤有正水锤和负水锤之分。

当发生正水锤时，管道中的压力升高，可以超过管中正常压力的几十倍，甚至几百倍，以致使管壁材料产生很大的应力。而且压力的反复变化，将引起管道和设备的强烈振动、发出强烈噪声，在反复的冲击和交变应力作用下，将造成管道、管件和设备的变形和损坏。

当发生负水锤时，也会引起管道、设备的振动和应力的交替变化。同时发生负水锤时，管道中的压力降低，可能使管中产生不利的真空，在外界大气压力作用下，会将管道挤扁。

为了防止水锤的发生，一般可采取增加阀门的启闭时间，尽量缩短管道长度以及在管道上装设安全阀门，以限制压力突然变化的幅度，汽水管道投入运行前应彻底疏水和充分暖管等措施。

79. 何谓液体静压力？液体静压力有哪些特征？

当液体处于静止或相对静止状态时，作用在单位面积上的力称为液体的静压力。

液体静压力有两个特性：一是液体静压力的方向和其作用面相垂直，并指向作用面；另一特性是静止液体内任何一给定点的各个方向的液体静压力均相等。

80. 什么是平均静压力和点静压力？

平均静压力是指作用在某个面积上的压力 F 与该面积 A 之比，即：$p_{av}=\dfrac{F}{A}$。点静压力是指在某点处取一小面积 ΔA，当 ΔA 逐渐趋近于零时，作用在 ΔA 面积上的平均静压力的极限，即：$p=\lim\limits_{\Delta A\to 0}\dfrac{\Delta F}{\Delta A}$。

81. 实际液体伯诺里方程式的含义是什么？

实际液体的伯诺里方程式为：

$$\frac{u_1^2}{2g}+\frac{p_1}{\rho g}+Z_1=\frac{u_2^2}{2g}+\frac{p_2}{\rho g}+Z_2+hs$$

式中 $\dfrac{u_1^2}{2g}$、$\dfrac{u_2^2}{2g}$——流速水头；

$\dfrac{p_1}{\gamma}$、$\dfrac{p_2}{\gamma}$——压力水头；

Z_1、Z_2——位置水头；

hs——两断面间水头损失。

伯诺里方程式可表达如下：

液体流过某一断面的总水头等于下游另一断面的总水头加上这两个断面间的水头损失。

82. 什么是动力粘度？运动粘度？它们与哪些因素有关？

动力粘度是指流体单位接触面积上的内摩擦力 τ 与垂直于运动方向上的速度变化率 $\dfrac{\Delta u}{\Delta n}$ 的比值，即 $\eta = \tau / \Delta u / \Delta n$，其单位符号为 $Pa \cdot s$。

运动粘度是指动力粘度 η 与相应的流体密度 ρ 之比值，即 $\upsilon = \eta / \rho$，其单位符号为 m^2/s。

动力粘度和运动粘度的大小与流体的种类有关。对于同一流体，其值又随温度的变化而异。气体的粘度随温度升高而升高，而液体的粘度则随温度的升高而降低。

83. 碳素钢的分类方法主要有哪些？

(1) 按冶炼方法分类；

(2) 按化学成分分类；

(3) 按质量分类；

(4) 按用途分类。

84. 优质碳素钢按含碳量分类可分为哪几种？

可分为低碳钢、中碳钢和高碳钢三种。

85. 碳素钢按用途可分为哪几种？

碳素结构钢和碳素工具钢两种。

86. 什么叫珠光体？什么叫珠光体球化？

珠光体是铁碳合金中的一种基本的组织结构，它是由铁素体片层和渗碳体片层交替组成的，具有较高的强度和一定的塑性。

片状珠光体是一种不稳定的组织在高温下长期运行时，其片层珠光体中的渗碳体逐渐成为球状，这种现象称为珠光体球化。此时钢的强度极限和屈服极限降低，蠕变极限和持久强度下降。

87. 什么是金属的疲劳损坏？

金属在承受交变应力时，不但可能在最大应力远低于材料的强度极限下损坏，而且也可能在比屈服极限低的情况下损坏，即金属材料在交变应力作用下发生断裂的现象称之为金属的疲劳损坏，也称为金属的疲劳失效。

88. 什么叫金属的疲劳强度？

金属材料在交变应力作用下，经一定次数的反复作用，而不破坏的最大应力值称为金属的疲劳强度。

89. 什么叫金属强度？

金属等材料受到外力作用时，抵抗变形和破坏的能力称为强度。金属等材料由于受力、变形而破坏的情况不同，强度可分为抗拉强度、抗压强度、抗弯强度、扭转强度、疲劳强度等。

90. 什么叫金属的塑性？

塑性就是金属材料在载荷作用下能改变形状而不破裂，在取消载荷后又能把变形保留下来的一种性能。

91. 什么叫金属的腐蚀？锅炉腐蚀分哪几种？

金属的腐蚀就是金属在各种侵蚀性液体或气体介质的作用下，发生的化学或电化学过程而遭受损耗或破坏的现象。

锅炉的腐蚀分为均匀腐蚀和局部腐蚀两种。

92. 什么是锅炉的侵蚀？

锅炉的侵蚀是指锅炉受热面金属表面的机械破坏现象。

93. 什么是金属材料的工艺性能？主要有哪些？

金属材料适应冷热加工的能力称为加工工艺性能，简称工艺性能。有可锻性、可焊性、可切削性和铸造性等。

94. 什么叫持久强度？

在高温下，使试样或工件经过规定时间发生断裂的应力叫做持久强度。

95. 金属材料的物理性能指的是什么？

金属材料的物理性能指的是金属材料的密度、熔点、导电性、导热性、热膨胀性和相变临界点等。

96. 哪些钢材在低温使用中应注意其低温脆性？

一般用作超高压锅炉汽包的含钼低合金高强度钢均应注意其低温脆性，其中 BHW-38、BHW-35、18MnMoNb、应注意。

由于这些钢材的低温脆性，所以在进行水压试验时，要求钢材的温度应高于其低温脆性临界转变温度（NDT），一般规定不低于 50℃，以防止发生冷脆破坏，这是因为当金属温度低于临界值时塑性冲击韧性会显著降低。

97. 什么叫金属的蠕变现象？

金属在高温和应力作用下，随着时间的增加，缓慢地产生塑性变形的现象叫蠕变。

98. 锅炉有哪些常用钢材？它们的允许使用温度及应用范围是什么？

锅炉常用钢材、允许使用温度及应用范围见下表所示。

	钢　号	应用范围
优质碳素钢	20 20g 22g st45.8（西德进口钢）	壁温≤450℃的联箱、导管及壁温≤500℃的受热面，如水冷壁、省煤器、低温的过热器等
合金钢	12Cr1MoV	壁温≤540℃的联箱、导管 壁温≤580℃的受热面或过热器、再热器
	10CrMo910	壁温≤540℃的受热面或主蒸汽管

	钢号	应用范围
合 金 钢	12Cr₂MoWVB (G102)	壁温低于 610℃的超高参数锅炉导管及 过热器、再热器受热面管
	12Cr3MoVSiTiB 10Cr5MoWVTiB (G106)	壁温 600～620℃，过热器、蒸汽导管 壁温 600～650℃的再热器管
	1Cr18Ni9Ti	吹灰器零件、过热器和再热器固定件
	BHW-35	一般用作超高压锅炉的汽包
	BHW-38	同　　上
	18MnMoNb	≤520℃高压以上锅炉的汽包

99. 锅炉承压部件钢材的使用寿命与运行温度有什么关系？

锅炉受热面管子及蒸汽管道用钢都有相应的使用温度范围，在允许使用温度范围内，这些钢材可以按设计寿命安全运行。但在压力不变的条件下，若超温运行，钢材运行寿命就要缩短。其运行温度与运行寿命的关系可用拉尔森-米列尔公式来估算。其公式是：

$$T(c + \lg t) = 常数$$

或 $$T_1(c + \lg t_1) = T_2(c + \lg t_2)$$

式中　T、T_1、T_2——金属的热力学温度，K；

　　　t、t_1、t_2——相应于 T、T_1、T_2 时蠕变断裂的时间，h；

　　　c——对于给定材料为一常数。

例如：若 20A 在额定温度 500℃下运行 $10×10^4$h，那么当运行温度提高到 530℃ 时,其运行寿命为 $1.38 \times 10^4 h$,缩短了 7.2 倍,可见锅炉运行中超温对钢管寿命的巨大影响。

100. 锅炉受热面用钢最常用的有哪些?分别用在哪些受热面上?

(1) 20 号优质碳素钢。主要用在高压锅炉蒸汽温度在 450℃ 以下的水冷壁管、省煤器管、低温过热器管和再热器管等。

(2) 合金钢。常用材料主要有 15CrMo、12CrMoV、10CrMo910、12Cr3MoVSiTiB (II_{11})、12Cr2MoWrB (钢102)、20CrMoV121 (F_{12}) 等。主要用在高压以上的锅炉蒸汽温度超过 450℃ 的过热器和再热器管。

101. 金属金相检查的目的是什么?

金属金相检查就是对金属表面脱碳情况、金相组织的检查。进行金属表面脱碳检查主要是因为金属表面脱碳层过大会显著降低钢管的持久强度;金相组织检查主要是评定金属热处理或高温下长期工作后其组织结构的情况是否正常。

102. 钢材中含碳量对其机械性能有何影响?

随着钢材中含碳量增加,其硬度、强度增大、塑性、韧性降低;反之,其硬度、强度下降,塑性、韧性提高。

103. 钢材允许温度是如何规定的?

钢材的允许温度,主要按强度条件决定。钢材不同,其机械性能和高温性能不同。即使同一种钢材,随着工作温度的不同,其抗拉强度、屈服极限和持久强度(都是在相应温度下，通过试验测定）的差别很大，且随工作温度的升高而明显降低。为保证钢件工作的安全，应使钢材在工作温度下的实际应力，小于该温度下按钢材的抗拉强度、屈服极限和持久强度所确定的许用应力，即钢材的允许温度是按所受应力小于按三个强度条件所确定的许用应力的原则确定的。

二、锅 炉 设 备

1. 什么叫自然循环锅炉?

所谓自然循环锅炉,是指蒸发系统内仅依靠蒸汽和水的密度差的作用,自然形成工质循环流动的锅炉。

2. 什么叫锅炉的循环回路?

由锅炉的汽包、下降管、联箱、水冷壁、汽水导管组成的闭合回路,称为锅炉的循环回路。

3. 自然循环锅炉的蒸发系统由哪些设备组成?

主要由汽包、下降管、水冷壁管、联箱及导管组成。

4. 水冷壁为什么要分若干个循环回路?

因为沿炉膛宽度和深度方向的热负荷分布不均,造成每面墙的水冷壁管受热不均,使中间部分水冷壁管受热最强,边上的管子受热较弱。若整面墙的水冷壁只组成一个循环回路,则并联水冷壁中,受热强的管子循环水速大,受热弱的管内循环水速小,对管壁的冷却差。为了减小各并列水冷壁管的受热不均,提高各并列管子水循环的安全性,通常把锅炉每面墙的水冷壁,划分成若干个(3~8)循环回路。

5. DG670/140-4 型锅炉的炉膛侧墙后循环回路是如何布置的?

两侧墙的后循环回路在下联箱处各引出 39 根水冷壁管，前部的 15 根管直至炉膛顶部上联箱，后部的 24 根管在折焰角下部间隔分叉，其中 12 根引至折焰角处联箱，并引出 32 根作为折焰角侧墙，另 12 根引至水平烟道的侧下联箱，并引出 41 根管作为水平烟道的侧墙，两侧均是如此布置。

6. SG400/140-50410 型锅炉共有多少个循环回路？如何布置？

该型锅炉共有 14 个循环回路，其中前后墙各 4 个，两侧墙各 3 个循环回路。

7. 汽包的作用主要有哪些？

汽包的作用主要有：

（1）是工质加热、蒸发、过热三个过程的连接枢纽，同时作为一个平衡器，保持水冷壁中汽水混合物流动所需压头。

（2）容有一定数量的水和汽，加之汽包本身的质量很大，因此有相当的蓄热量，在锅炉工况变化时，能起缓冲、稳定汽压的作用。

（3）装设汽水分离和蒸汽净化装置，保证饱和蒸汽的品质。

（4）装置测量表计及安全附件，如压力表、水位计、安全阀等。

8. 电站锅炉的汽包内部主要有哪些装置？它们的布置位置和作用怎样？

电站锅炉随参数容量的不同，其汽包内部装置也不完全一样，现以高压和超高压锅炉的汽包为例，介绍其内部装置、它们的布置及主要作用。

沿汽包长度在两侧装设若干旋风分离器，每个旋风分离器筒体顶部配置有百页窗（波形板）分离器，它们的主要作用是将由上升管引入的汽水混合物进行汽和水的初步分离。在汽包内的中上部，水平装设蒸汽清洗孔板，其上有清洁给水层，当蒸汽穿过水层时，便将溶于蒸汽或携带的部分盐分转溶于水中，以降低蒸汽的含盐。靠近汽包的顶部设有多孔板，均匀汽包内上升蒸汽流，并将蒸汽中的水分进一步分离出来。汽包中心线以下 150mm 左右设有事故放水管口；正常水位线下约 200mm 处设有连续排污管口，再下面布置加药管。下降管入口处还装设了十字挡板，以防止下降管口产生漩涡斗造成下降管带汽。

9. 旋风分离器的结构及工作原理是怎样的？

旋风分离器由筒体、引入管、顶帽、溢流环、筒底导叶和底板等部件组成。

旋风分离器是一种分离效果很好的汽水分离设备。其工作原理及工作过程是：较高流速的汽水混合物，经引入管切向进入筒体而产生旋转运动，在离心力的作用下，将水滴抛向筒壁，使汽水初步分离。分离出来的水通过筒底四周导叶，流入汽包水容积中。饱和蒸汽在筒体内向上流动，进入顶帽的波形板间隙中曲折流动，在离心力和惯性力的作用下，小水滴被抛到波形板上，在附着力作用下形成水膜下流，经筒壁流入汽包水容积，使汽水进一步分离，而饱和蒸汽从顶帽上方或四周引入汽包蒸汽空间。

10. 百页窗（波形板）分离器的结构及工作原理是怎样

的？

百页窗分离器是由许多平行的波浪形薄钢板组成，波形板厚度为 0.8～1.2mm，相邻两块波形板之间的距离为10mm，并用 2～3mm 厚的钢板边框固定。

工作原理及过程是：经过粗分离的蒸汽进入百叶窗分离器后，在波形板之间曲折流动。蒸汽中的小水滴，在离心力、惯性力和重力的作用下抛到板壁上，在附着力的作用下，使水滴粘附在波形板上形成水膜。水膜在重力作用下向下流入汽包水容积，使汽水得到进一步分离。由于利用附着力分离蒸汽中细小水滴的效果好，所以百叶窗分离器被广泛地用来作为细分离设备。

11. 左右旋的旋风分离器在汽包内如何布置？为什么要如此布置？

旋风分离器虽然能使分离出来的水经过筒底倾斜导叶平稳地流入汽包水容积，但并不能消除其旋转动能，水的旋转运动可能造成汽包水位的偏斜。因此，采用左旋与右旋旋风分离器交错排列的布置方法，可将排水的旋转运动相互抵消，使汽包水位保持稳定。

12. 清洗装置的作用及结构如何？

该装置是利用省煤器来的清洁给水，将经过机械分离后的蒸汽加以清洗，使蒸汽中的部分盐分转溶解于水中，减少蒸汽的含盐量。清洗装置的型式较多，但近代锅炉多采用平孔板式蒸汽穿层清洗装置，其结构是由一块块的平孔板组成。每块平孔板钻有很多 5～6mm 的小孔，相邻的两块孔板之间装有 U 型卡，清洗装置两端封板与平孔板之间装有角铁，以组成可靠的水封，防止蒸汽短路。

13. 平孔板式清洗装置的工作原理是怎样的？

约 50% 的给水经配水装置均匀地分配到孔板上，蒸汽自下而上通过孔板小孔，经由 40～50mm 厚的清洗水层穿出，使蒸汽的部分溶盐扩散转溶于水中。水则溢过堵板，溢流到水容积中。孔板上的水层靠蒸汽穿孔阻力所造成的孔板前后压差来托住。蒸汽穿孔的推荐速度为 1.3～1.6m/s，以防低负荷时出现干孔板区或高负荷时大量携带清洗水。

14. 连续排污管口一般装在何处？为什么？排污率为多少？

连续排污管口一般装在汽包正常水位（即"0"位）下 200～300mm 处。锅水由于连续不断地蒸发而逐渐浓缩，使水表面附近含盐浓度最高。所以，连续排污管口应安装在锅水浓度最大的区域，以连续排出高浓度锅水，补充以清洁的给水，从而改善锅水品质。排污率一般为蒸发量的 1% 左右。

15. 汽包内锅水加药处理的意义是什么？

防止锅内结垢，若单纯用锅炉外水处理除去给水所含硬度，需用较多设备，会大大增加投资；而加大锅水排污，不但增加工质热量损失，也不能消除锅水残余硬度。因此，除采用锅炉外水处理外，也在锅炉内对锅水进行加药处理，清除锅水残余硬度，防止锅炉结垢。其方法是在锅水中加入磷酸盐，使磷酸根离子与锅水中钙镁离子结合，生成难溶于水的沉淀泥渣，定期排污排除，使锅水保持一定的磷酸根，既不产生结垢和腐蚀，又保证蒸汽品质。

16. 定期排污的目的是什么？排污管口装在何处？

由于锅水含有铁锈和加药处理形成的沉淀水渣等杂质，沉积在水循环回路的底部，定期排污的目的是定期将这些水渣等沉淀杂质排出，提高锅水的品质。定期排污口一般设在水冷壁的下联箱或集中下降管的下部。

17. 水冷壁的型式主要有哪几种？

锅炉水冷壁主要有以下几种：

（1）光管式水冷壁；

（2）膜式水冷壁；

（3）内壁螺旋槽水冷壁；

（4）销钉式水冷壁（也叫刺管水冷壁）。这种水冷壁是在光管表面按要求焊上一定长度的圆钢，以利敷设和固定耐火材料。主要用于液态排渣炉、旋风炉及某些固态排渣炉的燃烧器区域。

18. 采用膜式水冷壁的优点有哪些？

膜式水冷壁有两种型式，一种是用轧制成型的鳍片管焊成，另一种是在光管之间焊扁钢而形成。

主要优点有：①膜式水冷壁将炉膛严密地包围起来，充分地保护着炉墙，因而炉墙只须敷上保温材料及密封涂料，而不用耐火材料，所以，简化了炉墙结构，减轻了锅炉总重量；②炉膛气密性好，漏风少，减少了排烟热损失，提高了锅炉热效率；③易于制成水冷壁的大组合件，因此，安装快速方便。

19. 折焰角是怎样形成的？其结构如何？

折焰角是由后墙水冷壁在一定的标高处，并按照一定的外形向炉膛内弯曲而成（俗称折焰鼻子）。结构型式有两种，见附图所示。一种是借助分叉管，将每根水冷壁管分成两路，一路向内弯曲成一定形状。另一路为垂直短管，起悬吊传递水冷壁组件重量的作用。两路管内的汽水混合物均进入后水冷壁上联箱，再通过导管引入汽包。为了使大部分工质从受热强烈的折焰管通过，在垂直短管至联箱的连接处装有节流孔板，以限制垂直管的流通量。

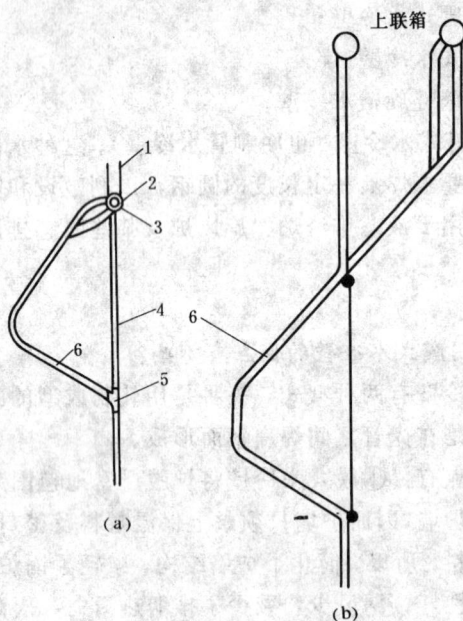

折焰角结构

（a）老炉型折焰角；（b）新炉型折焰角

1—汽水混合物引出管；2—中间联箱；

3—节流孔板；4—垂直短管；5—分叉管；6—折焰管

另一种结构是在后墙水冷壁的上部直接向内弯成折焰角，在折焰角后，每三根管中有一根垂直向上作后墙水冷壁悬吊管，其余两根继续向后延伸构成水平烟道的斜底，然后再折转向上进入上联箱。而垂直向上那根水冷壁，通过联接折焰角前后垂直水冷壁管的吊杆传递后墙水冷壁组件的重量，并向上引入上联箱。

20. 折焰角的作用有哪些？

　　（1）可以增加水平烟道的长度，以利于高压、超高压大容量锅炉受热面的布置（如屏式过热器等）。

　　（2）增加了烟气流程，加强了烟气混合，使烟气沿烟道的高度分布趋于均匀。

　　（3）可以改善烟气对屏式过热器的冲刷特性，提高传热效果。

21. 冷灰斗是怎样形成的？其作用是什么？

　　对于固态排渣锅炉的燃烧室，由前后墙水冷壁下部向内弯曲而形成冷灰斗。它的作用主要是聚集、冷却并自动排出灰渣，而且便于下联箱同灰渣井的联接和密封。

22. 底部蒸汽加热装置的结构如何？

　　该装置是沿着下联箱长度在下联箱内放有钢管，在钢管上开有直径 5mm 的小孔（孔数与水冷壁根数对应），并与引入外来的蒸汽管子连接，当投用时，由阀门控制进汽量。

23. 自然循环的原理是怎样的？

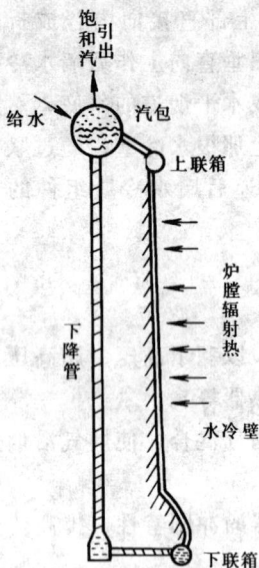

自然循环原理示意图

锅炉在冷态下，汽包水位标高以下的蒸发系统内充满的水是静止的。当上升管在锅炉内受热时，部分水就生成蒸汽，形成了密度较小的汽水混合物。而下降管在炉外不受热，管中水分密度较大，这样在两者密度差的作用下就产生了推动力，汽水混合物在水冷壁内向上流动，经过上联箱、导管进入汽包，下降管中由汽包来的水则向下流动，经下联箱补充到水冷壁内，这样不断的循环流动，就形成了自然循环，见附图。

24. 什么叫循环倍率？

循环回路中进入上升管的循环水量 G 与上升管出口处的蒸汽量 D 之比叫循环倍率。以符号 K 表示：

$$K = \frac{G}{D}$$

25. 什么叫循环水速？

循环水速是指循环回路中，在上升管入口截面，按工作压力下饱和水密度折算的水流速度。

26. 什么叫自然循环的自补偿能力？

在一定的循环倍率范围内，自然循环回路中水冷壁的吸热增加时，循环水量随产汽量相应增加以进行补偿的特性，叫做自然循环的自补偿能力。

27. 自然循环的故障主要有哪些？

自然循环的故障主要有循环停滞、倒流、汽水分层、下降管带汽和沸腾传热恶化等。

28. 水循环停滞在什么情况下发生？有何危害？

水循环停滞易发生在部分受热较弱的水冷壁管中，当其重位压头等于或接近于回路中共同压差，水在管中几乎不流动，只有所产生的少量汽泡在水中缓慢的向上浮动，进入汽包，而上升管的进水量仅与出汽量相等，就是发生了循环停滞。

水循环停滞时，由于水冷壁管中循环水速接近或等于零，因此热量传递主要靠导热，即使热负荷较低，由于热量不能及时带走，管壁仍可能超温烧坏。另外，还由于水的不断"蒸干"，水中含盐浓度增加，会引起管壁的结盐和腐蚀。当在引入汽包蒸汽空间的上升管中发生循环停滞时，上升管内将产生"自由水位"，水面以上管内为蒸汽，冷却条件恶化，易超温爆管；而汽水分界处由于水位的波动，管壁在交变热应力作用下，易产生疲劳损坏。

29. 水循环倒流在什么情况下发生？有何危害？

水循环倒流现象发生在上升管直接引入汽包水空间，而且该管受热很弱以至其重位压差大于回路的共同压差时。当倒流管中蒸汽泡向上的流速与倒流水速接近时，汽泡将不能被带走，处于停滞或缓动状态的汽泡逐渐聚集增大，形成汽塞，这段管壁温度将升高或壁温交变，导致超温或疲劳损坏。

30. 汽水分层在什么情况下发生？为什么？

汽水分层易发生在水平或倾斜度小而且管中汽水混合物流速过低的管子。这是由于汽、水的密度不同，汽倾向在管子上部流动，水的密度大，在下部流动。若汽水混合物流速过低，扰动混合作用小于分离作用，便产生汽水分层。

因此，自然循环锅炉的水冷壁应避免水平和倾斜度小的布置方式。

31. 大直径下降管有何优点？

采用大直径下降管可以减小流动阻力，有利于水循环。另外，既简化布置，又节约钢材，也减少了汽包的开孔数。

32. 下降管带汽的原因有哪些？

（1）在汽包中汽水混合物的引入口与下降管入口距离太近或下降管入口位置过高。

（2）锅水进入下降管时，由于进口流阻和水流加速而产生过大压降，使锅水产生自汽化。

（3）下降管进口截面上部形成漩涡斗，使蒸汽吸入。

（4）汽包水室含汽，蒸汽和水一起进入下降管。

（5）下降管受热产生蒸汽。

33. 下降管带汽有何危害？

下降管水中含汽时,将使下降管中工质的平均密度减小,循环运动压头降低,同时工质的平均容积流量增加、流速增加,造成流动阻力增大。结果使克服上升管阻力的能力减小,循环水速降低,增加了循环停滞、倒流等故障发生的可能性。

34. 防止下降管带汽的措施有哪些?

主要在结构设计时针对带汽原因采取一些措施,如:大直径下降管入口加装十字挡板或格栅;提高给水欠焓,并将欠焓的给水引至下降管入口内（或附近）;防止下降管受热;规定汽水混合物与下降管入口的距离;下降管从汽包最底部引出等。在运行中还要注意保持汽包水位,防止过低时造成下降管带汽。

35. 按传热方式分类,过热器的型式有哪几种?

按传热方式区分,过热器有三种型式:

（1）辐射式过热器。如前屏（全大屏）、顶棚、墙式过热器等。

（2）半辐射式过热器。如后屏过热器。

（3）对流过热器。如高温对流、低温对流过热器等。

36. 按介质流向分类,对流过热器的型式有哪几种?

按介质流向分类有顺流、逆流、双逆流、混合流等几种过热器型式。

37. 按布置方式分类,过热器有哪几种型式?

按布置方式分类有立式和卧式两种型式的过热器。

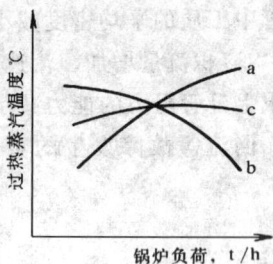

锅炉负荷与过
热汽温的关系曲线
a—对流过热器；
b—辐射式过热器；
c—半辐射式过热器

38. 对流式过热器的流量—温度（即热力）特性如何？

对流式过热器布置在对流烟道内，是以吸收烟气对流放热为主的过热器。这种型式的过热器，蒸汽温度是随着锅炉负荷的增加而升高的。这是因为当负荷增加时，燃料消耗量增加，流经过热器的烟气量增多，提高了烟气对管壁的放热系数；而且随着燃料量的增加，使炉膛出口烟温有所提高，提高了平均温差。虽然蒸汽流通量有所增加，但单位质量的蒸汽还是获得较多的热量，使出口蒸汽温度提高。反之，当锅炉负荷减少时，对流过热器的蒸汽温度将降低。锅炉负荷与过热汽温的关系见附图中 a。

39. 辐射式过热器的流量—温度（即热力）特性如何？

辐射式过热器是以吸收火焰或烟气的辐射热为主的过热器，这种型式的过热器其出口蒸汽温度是随着锅炉负荷（蒸汽流量）的增加而降低的。这是因为辐射式过热器吸收的热量主要决定于炉内火焰和烟气温度，而辐射出射度与其绝对温度的四次方成正比。当锅炉负荷增加时，虽然炉膛温度和烟气温度有所增高，但增加幅度不大，因此辐射传热虽有增加，但流经该过热器的蒸汽流量相应也增加，而且蒸汽量的增加的影响要大于辐射吸收热量增多的影响，使单位质量的蒸汽获得的热量减少，所以其出口蒸汽温度是降低的。反之，当负荷降低时，辐射式过热器出口温度是升高的。见上图中b。

40. 半辐射式过热器的流量—温度（即热力）特性如何？

半辐射式过热器既吸收火焰和烟气的辐射热，同时又吸收烟气的对流放热。所以其出口蒸汽温度的变化受锅炉负荷（蒸汽流量）变化的影响较小，介于辐射式和对流式之间。但通过试验发现，该型式过热器的热力特性接近于对流式过热器热力特性，只是影响幅度较小，汽温变化比较平稳。见上图中c。

41. 什么是联合式过热器？其热力特性如何？

现代高参数、大容量锅炉需要蒸汽过热热量多，过热器受热面积大。为使锅炉在负荷变化时，出口蒸汽温度相对平稳，同时采用了辐射、半辐射和对流式过热器，形成了联合式过热器。它的热力特性是由各种型式过热器传热份额的大小决定的，一般略呈对流过热器热力特性。即随锅炉负荷增加或降低，出口蒸汽温度也随之略有提高或降低。

42. 立式布置的过热器有何特点？

立式布置的过热器支吊简便、安全，运行中积灰、结渣可能性小，一般布置在折焰角上方和水平烟道内。缺点是停炉时蛇形管内的积水不易排出，在升炉时管子通汽不畅易使管子过热。

43. 卧式布置的过热器有何特点？

布置在垂直烟道中的卧式过热器,蛇形管内不易积水,疏水排汽方便。但支吊较困难，支吊件全放在烟道内易烧坏，需用较好的钢材，故近代锅炉常用有工质冷却的受热管子（如省煤器等）作为悬吊管。另外，易积灰、影响传热。

44. 什么叫换热器？换热器有哪几种型式？

用来实现冷热流体间热量交换的设备称换热器。

根据工作原理，换热器有以下三种型式：

（1）表面式换热器：这种换热器在换热过程中，冷热两流体互不接触，而是通过金属壁面来进行冷热流体间的热量传递，在火电厂中应用最广泛。如过热器、再热器、省煤器、冷油器等。

（2）混合式换热器：这种换热器在换热过程中，是依靠冷热流体的直接接触和相互混合来实现的，热量传递的同时伴随着质量的交换和混合。如喷水式蒸汽减温器等。

（3）蓄热式换热器：这种换热器的换热过程是通过一种媒介，即传热元件来实现的。使冷热流体交替地流过传热元件。当热流体流过时将热量传递给传热元件并储存起来；冷流体流过时，传热元件储存的热量再传给冷流体带走，实现热量交换。如回转式空气预热器。

45. 什么叫换热器的顺流布置？有何特点？

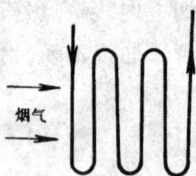

烟气

顺流布置示意图

表面式换热器管内、外的冷、热流体的流动方向相同的布置方式，称为顺流布置（见图）。其特点是：热流体的高温端正好是冷流体的低温端，因而换热器壁温较低、较安全；但传热温差小，传热效果较差。当传递一定热量时，需要较大的传热面积，因而换热器的体积相对较大。

46. 什么叫换热器的逆流布置？有何特点？

换热器管内、外的冷、热流体的流动方向相反的布置方式（见图）。其特点是换热器中热流体的高温端正好是冷流体的高温端，因而换热器的管壁温度较高、安全性差。但是，逆流布置传热温差较大，当传递一定热量，所需换热面积少，故逆流布置的换热器尺寸相对较小。

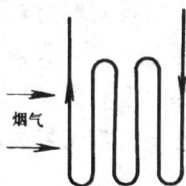

逆流布置示意图

47. 双逆流和混合流布置的换热器有何特点？

双逆流和混合流（见图）布置的换热器是综合吸取了逆流、顺流的优点，克服了它们缺点的一种换热器。既使冷、热流体间保持了较大的传热温差、较高的传热效率，又使冷、热流体的高温端错开，保证了换热器管壁的安全。

48. DG670/140-4 型锅炉过热器的蒸汽流程是怎样的？

汽包──顶棚入口联箱──顶棚管──顶棚中间变节距

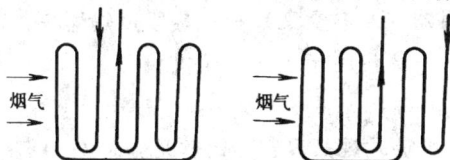

(a)　　　　　　　　　　(b)

双逆流和混合流布置示意图

(a) 双逆流布置；(b) 混流布置

$$联箱 \longrightarrow \begin{cases} 后竖井顶棚及后包墙 \\ 中间隔墙 \\ 前包墙 \end{cases} \longrightarrow 低温对流过热器蛇形$$

管——低温对流过热器出口联箱——一级减温器——全大屏过热器——混合联箱（左右交叉）——后屏过热器——二级减温器（左右交叉）——高温对流过热器——集汽联箱——主汽管——汽轮机高压缸。

49. SG400/140-50410 型锅炉过热器的蒸汽流程是怎样的？

汽包——顶棚入口联箱——顶棚过热器及后墙包覆管——包覆下联箱——两侧墙包覆管——两侧墙上联箱——前屏过热器——一级减温器（左右交叉）——后屏过热器——二级减温器（左右交叉）——对流过热器——集汽联箱——汽轮机高压缸。

50. SG220/100—I 型锅炉过热器的蒸汽流程是怎样的？

汽包——顶棚入口联箱——顶棚管——低温过热器——顶棚管——顶棚出口联箱——一级减温器（左右交叉）——后屏过热器——高温过热器冷段入口联箱——冷段过热器——二级减温器（左右交叉）——热段过热器——高温过热器出口联箱——集汽联箱——汽轮机。

51. 什么叫屏式过热器？它的作用如何？

把过热器蛇形管做成屏风的形式，沿炉膛宽度平行悬吊在燃烧室上部或出口处。一般在燃烧室正上部布置的叫前屏，出口处布置的叫后屏。

44

屏式过热器相邻两屏间保持较大距离，起到降低炉膛出口的烟气温度及凝渣的作用，防止后面的受热面结渣。同时，也是现代大型锅炉过热器受热面的主要组成部分。

52. 联箱的作用有哪些？

在受热面的布置中，联箱起到汇集、混合、分配工质的作用，是受热面布置的连接枢纽。另外，有的联箱也用以悬吊受热面，装设疏水或排污装置。

53. 在过热蒸汽流程中为什么要进行左右交叉？

过热蒸汽流程中进行左右交叉，有助于减轻沿炉膛宽度方向由于烟温不均而造成热负荷不均的影响，也是有效减少过热器左右两侧热偏差的重要措施。

54. 减温器的型式有哪些？各有何特点？

减温器主要有表面式和混合式两种。

表面式减温器，一般是利用给水作为冷却介质来降低汽温的设备。其特点是：对减温水质要求不高，但这种减温器调节惰性大，汽温调节幅度小，而且结构复杂、笨重、易损坏、易渗漏。故现代高参数、大容量锅炉中很少使用。

混合式减温器是将水直接喷入过热蒸汽中，以达到降温之目的。其特点是：结构简单，调温幅度大、而且灵敏，易于自动化。但它对喷水的质量要求很高，以保证合格的蒸汽品质。

55. 喷水式减温器结构如何？

喷水式减温器（混合式）的结构型式较多，常用的一种

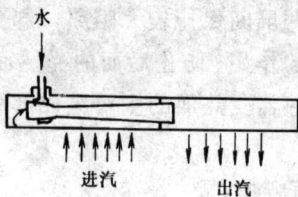

（a）

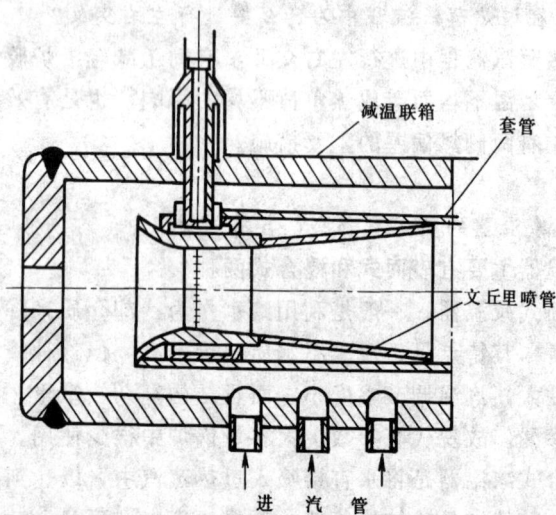

（b）

喷水减温器

（a）喷水减温器示意图；（b）喷水减温器结构

（见图）为圆柱形的联箱，内装有一文丘里喷管（即缩放管），喷管的喉部装有喷嘴并与喷水源相连，沿文丘里管外联箱内壁还装有一段薄壁套管，以免水滴溅到温度很高的联箱厚管壁上产生过大热应力而导致损坏。

56. 喷水式减温器的工作原理是怎样的？常用什么减温水？

高温蒸汽从减温器进口端被引入文丘里管，而水经文丘里管喉部喷嘴喷入，形成雾状水珠与高速蒸汽流充分混合，并经一定长度的套管，由另一端引出减温器。这样喷入的水吸收了过热蒸汽的热量而变为蒸汽，使汽温降低。由于对减温水的品质要求很高，有些锅炉利用自制冷凝水作为减温水水源。但现代高参数锅炉的给水品质很高，所以广泛采用锅炉给水作为减温水源，这样就大大减化了设备系统。

57. 为什么顶棚过热器属于辐射式过热器？

因为顶棚管过热器是布置在炉膛和水平烟道顶部，此处的烟气流速是很低的，所以吸收的对流热很有限，它们主要接受高温烟气的幅射热，故属于幅射式过热器之列。

58. DG670/140-4 型锅炉的竖井烟道是由哪些受热面构成的？

竖井烟道的两侧墙由水冷壁构成，由于其受热面及联箱水循环较弱，四个循环回路均由汽包单独引出的下降管向其供水，汽水混合物也单独引入汽包端部的分离器。由顶棚中间变节距联箱引出的 332 根过热器管子，其中 111 根向下组成竖井的前包墙，另 110 根作为竖井的中隔墙，把竖井烟道分为前后两个部分，余下的 111 根沿竖井烟道的顶部至炉后部下折，形成竖井的顶棚及后包墙。前后包墙及中间隔墙下部均分别设有联箱。低温再热器和低温过热器蛇形管分别卧式布置在前后的两竖井烟道内，下边又分别布置省煤器。

59. DG670/140-4 型锅炉炉膛的出口水平烟道的构成及内部受热面的布置如何？

炉膛出口水平烟道斜底是炉膛后墙的 2/3 水冷壁构成的。由炉膛侧墙后回路引来的 12 根水冷壁进水平烟道侧墙下联箱，由该下联箱各引出 41 根水冷壁进入上联箱，从而构成了水平烟道的侧墙。水平烟道的顶部则是由 110 根顶棚过热器管系构成。在水平烟道的入口处，即折焰角上方、沿炉宽布置后屏过热器 16 片，之后是 49 排高温对流过热器，接下去布置高温再热器 58 排，而 4 片 8 组全大屏（即前屏）过热器则布置在炉膛的上方，这些受热面均为立式布置。

60. DG670/140-4 型锅炉的低温对流过热器结构及布置如何？

竖井烟道前包墙下联箱内蒸汽通过 10 根导汽管，导入中隔墙下联箱，由中隔墙与后包墙下集箱直接引出三根管同绕为一排，共 110 排蛇形管，卧式布置在后竖井烟道内。蒸汽自下而上，逆流换热至低温过热器出口联箱，而后通过导管导入一级减温器。整组低温对流过热器的重量，由省煤器出口引出管（俗称悬吊管）悬吊。

61. 再热蒸汽的特性如何？

再热蒸汽与过热蒸汽相比，它的压力低、密度小、比热小、对流放热系数小，传热性能差，因此对受热面管壁的冷却能力差；由于比热小，在同样的热偏差条件下，出口再热汽温的热偏差比过热汽温大。

62. 什么叫再热器？它的作用是什么？

把汽轮机高压缸做过功的中温中压蒸汽再引回锅炉，对其再加热至等于、高于或略低于新蒸汽温度的设备叫再热器。

再热器的使用，提高了蒸汽的热焓，不但使做功能力增加，而且循环热效率提高，并降低了蒸汽在汽轮机中膨胀末了的湿度，避免了对末级叶片的侵蚀。

63. 再热器的工作特性如何？

与过热器相比较，再热器的工作特性主要有：

（1）工作环境的烟温较高，而管内蒸汽的温度高、比容大、对流换热系数小、传热性能差，故管壁工作温度高；另外，蒸汽压力低、比热小，对热偏差敏感。因此，再热器比过热器工作条件恶劣。所以，我国锅炉的再热器过去多设计成对流型，布置于中温烟区，高温段多采用顺流布置，选用好的耐热钢。并设有专门旁路保护系统，以保证故障停机、锅炉启停时的安全。

（2）再热蒸汽压力低、比容大、流动阻力大。蒸汽在加热过程中压降增大，将大大降低在汽轮机内的做功能力，增加损失。因此，再热器系统要力求简单，不设或少设中间联箱，设计管径粗些，且采用多管圈结构，以减少流动阻力。

64. 再热蒸汽流量一般为多少？

再热蒸汽流量一般为锅炉额定蒸发量的 85% 左右。如

DG670/140-4 型锅炉再热器蒸汽流量设计为 579t/h；SG400/140-50410 型锅炉，再热蒸汽流量设计为 330t/h。

65. DG670/140-4 型锅炉的再热蒸汽流程是怎样的？

汽轮机高压汽缸排汽——→低温再热器进口联箱——→低温再热器下段蛇形管——→低温再热器中段蛇形管——→低温再热器上段蛇形管——→中间联箱——→高温再热器入口联箱——→高温再热器蛇形管——→高温再热器出口联箱——→集汽联箱——→汽轮机中压缸。

66. SG400/140-50410 型锅炉的再热蒸汽流程是怎样的？

汽轮机高压缸排汽——再热器进口联箱——下组蛇形管——上组蛇形管——再热器出口联箱——汽轮机中压缸。

67. 再热器一、二级旁路系统的流程一般是怎样的？

主蒸汽——→一级旁路——→低温再热器进口——低温再热器——高温再热器——二级旁路——汽机凝汽器。

68. 再热器为什么要进行保护？

因为在机组启停过程或运行中汽轮机突然故障而使再热汽流中断时，再热器将无蒸汽通过来冷却而造成管壁超温烧坏。所以，必须装设旁路系统通入部分蒸汽，以保护再热器的安全。

69. 一、二级旁路系统的作用是什么？

一、二级旁路的工作原理都是使蒸汽扩容降压，并在扩容过程中喷入适量的水降温，使蒸汽参数降到所需数值。一级旁路的作用是将新蒸汽降温降压后进入再热器冷却其管壁。二级旁路是将再热蒸汽降温降压后，排入凝汽器以回收工质、减少排汽噪声，在机组启停过程中还起到匹配一、二次蒸汽温度的作用。

70. DG670/140-4 型锅炉再热汽温的调节方法是怎样的？

该型锅炉的再热蒸汽温度主要采用烟道挡板调节。在低温再热器与高温再热器之间的两侧管道上设有微量喷水减温装置，以调整两侧温差来作为再热汽温的细调。在低温再热器两侧的进口管道上，还设有必要条件下使用的事故喷水装置。

71. 烟道挡板布置在何处？其结构如何？

作为调节蒸汽温度使用的烟道挡板，布置在尾部竖井以中隔墙为界的前后烟道出口处 400℃ 以下的烟温区。其结构（以 DG670t/h 炉为例）为多轴联杆传动的蝶形挡板。挡板分两侧布置在前后烟道出口，即再热器侧和过热器侧，每侧挡板分为两组，每组中由一根主动轴通过联杆带动沿炉宽 1/2 布置的 12 块蝶形挡板转动。挡板材料采用 $12Cr_1MoV$，厚度为 10mm，再热器侧（前侧）长度 3m，过热器侧（后侧）长度为 1.5m，工作区温度 362℃。

72. 烟道挡板的调温原理是怎样的？

烟道挡板的调温幅度一般在 30℃ 左右。调温原理（以 DG670/140-4 型锅炉为例）：前后烟道截面和烟气流量是在额定负荷下按一定比例设计的，此时过热蒸汽仍需一定的喷水量减温。当负荷降低时，对流特性很强的再热器吸热减弱，为保持再热汽温仍达到额定，则关小过热器侧挡板，同时开大再热器侧挡板，使再热器侧烟气流量比例增加，从而提高再热蒸汽温度。而由此影响过热器蒸汽温度的降低，则由减少减温水量来控制，一般情况下，能保持70%～100%额定负荷的过热蒸汽和再热蒸汽温度在规定范围内。挡板调节性能一般在0～40%范围内显著，对汽温的反应有一定的滞后性。

73. DG670/140-4 型锅炉的再热器结构及布置是怎样的？

该型锅炉的再热器为低、高温两级，分别布置在竖井前烟道和炉膛出口水平烟道内。

低温再热器进口联箱沿炉宽横向布置在竖井前烟道的中部，两端进汽，进汽两端管上分别设置事故喷水装置。联箱上引出110排，每排8圈，呈蛇形向上，卧式布置的管子，逆流换热。中、下段为20号钢，上段为12Cr1MoV钢，管径φ42×3.5，由上段引出至出口联箱。低温再热器的重量由省煤器中间联箱上引出的两排各56根悬吊管悬吊。低温再热器出口联箱两端引管向上，其间设有微量喷水减温装置，再至水平烟道，与高温再热器入口联箱两端相接，成一环形通道。

高温再热器沿入口联箱长度布置58排，每排8根蛇形管，为φ51×4的管子，钢材为日本进口SuS304HTB，采用顺流换热方式，立式布置在水平烟道内高温对流过热器之后。

74. SG400/140-50410 型锅炉的再热器结构及布置是怎样的？

该型锅炉的再热器为单级水平布置，分为上下两组，逆流换热。再热器进口联箱横向布置在竖井烟道中部，两端联接高压缸排汽管道，并设有事故喷水装置。进口联箱上引出104 排每排 5 根 $\phi 42 \times 3.5$ 管子，蛇形向上组成下组，钢材为20A。然后直管向上，留有 1000mm 间隔，再蛇形向上引入顶部出口联箱而组成上组。由于上组的壁温较高，故采用了HT-7 钢材，而上下组连接部位采用的钢材是 10CrMo910。

75. 为什么再热蒸汽通流截面要比主蒸汽系统通流截面大？

这是由于再热蒸汽的压力低、比容大、容积流量也大，为了降低蒸汽流速，使蒸汽在流动中因阻力造成的压降损失控制在较小的数值（流体的流速高低是直接影响压力降低的因素），以提高机组的循环效率。所以再热蒸汽的通流截面比主蒸汽的通流截面大得多。

76. 再热器事故喷水和中间喷水减温装置的结构如何？

再热器事故喷水和中间喷水装置的结构、减温原理基本上与主蒸汽减温器相同。所不同的是再热器喷水装置不需要单独的联箱，而是在再热蒸汽的管道内进行，同样也要在这段管道内壁设置一薄壁内衬管，但省去了文丘里喷管。锅炉的型式不同，其喷水装置的结构不尽相同，一般多采用雾化喷嘴式。引入的减温水，顺蒸汽流向，经喷嘴雾化喷入后，与再热蒸汽混合减温。

77. 省煤器有哪些作用？

省煤器是利用锅炉排烟余热加热给水的热交换器。省煤器吸收排烟余热，降低排烟温度，提高锅炉效率，节约燃料。

另外，由于进入汽包的给水，经过省煤器提高了水温，减小了因温差而引起的汽包壁的热应力，从而改善了汽包的工作条件，延长了汽包的使用寿命。

78. 什么叫非沸腾式省煤器？

非沸腾式省煤器是指给水经过省煤器加热后的最终温度未达到饱和温度（即未达到沸腾状态），一般比饱和温度低 30～50℃。

79. 现代大型锅炉为何多采用非沸腾式省煤器？

从整台锅炉工质所需热量的分配来看，随着参数的升高，饱和水变成饱和汽所需的汽化潜热减小，液体热增加。因而所需炉膛蒸发受热面积减少，加热工质的液体热所需的受热面（省煤器）增加。锅炉参数越高，容量越大，炉膛尺寸和炉膛放热越大，为防止锅炉炉膛结渣，保证锅炉安全运行，必须在炉膛内敷设足够的受热面，将炉膛出口烟温降到允许范围。为此，将工质的部分加热转移到由炉膛蒸发受热面完成，这相当于由辐射蒸发受热面承担了省煤器的部分吸热任务。另外，省煤器受热面主要依靠对流传热，而炉膛内依靠辐射换热，其单位辐射受热面（水冷壁）的换热量，要比对流受热面（省煤器等）传热量大许多倍。因此，把加热液体热的任务移入炉膛受热面完成，可大大减少整台锅炉受热面积数，减少钢材耗量，降低锅炉造价；另外，提高给水的欠焓，对锅炉水循环有利。所以，现代高参数大容量锅炉的省煤器一般都设计成非沸腾式。

80. 尾部受热面的磨损是如何形成的？与哪些因素有关？

尾部受热面的磨损,是由于随烟气流动的灰粒,具有一定动能,每次撞击管壁时,便会削掉微小的金属屑而形成的。

主要因素有:

(1) 飞灰速度:金属管子被灰粒磨去的量正比于冲击管壁灰粒的动能和冲击的次数。灰粒的动能同烟气流速的二次方成正比,因而管壁的磨损量就同烟气流速的三次方成正比。

(2) 飞灰浓度:飞灰的浓度越大,则灰粒冲击次数越多,磨损加剧。因此烧含灰分大的煤磨损加重。

(3) 灰粒特性:灰粒越粗、越硬、棱角越多,磨损越重。

(4) 管束的结构特性:烟气纵向冲刷管束时的磨损比横向冲刷轻得多。这是因为灰粒沿管轴方向运行,撞击管壁的可能性大大减小。当烟气横向冲刷时,错列管束的磨损大于顺列管束。

(5) 飞灰撞击率。飞灰撞击管壁的机会由各种因素决定,飞灰颗粒大,飞灰重度大、烟气流速快,则飞灰撞击率大。

81. 省煤器的哪些部位容易磨损?

(1)当烟气从水平烟道进入布置省煤器的垂直烟道时,由于烟气转弯流动所产生的离心力的作用,使大部分灰粒抛向尾部烟道的后墙,使该部位飞灰浓度大大增加,造成锅炉后墙附近的省煤器管段磨损严重。

(2)省煤器靠近墙壁的管子与墙壁之间存在较大的间隙或管排之间存在有烟气走廊时,由于烟气走廊处烟气的流动阻力要比其他处的阻力小得多,该处的流速就高,故处在烟气走廊旁边的管子或弯头就容易受到严重磨损。实践证明,管束中若烟气流速4~5m/s,而烟气走廊里的流速就要高达12~15m/s,为前者的3~4倍,其磨损速度就要高几十倍,这是因为管子被磨损的程度大约与烟速的三次方成正比的缘故。

82. 省煤器的局部防磨措施有哪些？

（1）保护瓦：用盖板将可能遭到严重磨损的受热面遮盖起来，检修时只需更换被磨损的保护瓦就行了。

（2）保护帘：在烟气走廊和靠墙处用护帘将整排直管或整片弯头保护起来。

（3）局部采用厚壁管：当管子排列稠密、装设或更换护瓦比较困难时，在可能遭到严重磨损的地方，适当采用一段厚壁管子，以延长使用寿命。

（4）受热面翻身：由于磨损是不均匀的，为了使各部的受热面基本上达到同一使用期限，省煤器就采用了大翻身的方法，即在大修时将省煤器拆出来翻了身，再装进去（不合格的管子更换掉),使已经磨损得较薄的那个面处于烟气的背面，未经烟气冲刷的那个面，调整到正对烟气流，这样就减少了费用提高了省煤器的使用年限。

83. 省煤器再循环的工作原理及作用如何？

省煤器再循环是指汽包底部与省煤器进口管间装设再循环管。它的工作原理是：在锅炉点火初期或停炉过程中，因不能连续进水而停止给水时，省煤器管内的水基本不流动，管壁得不到很好冷却易超温烧坏。若在汽包与省煤器间装设再循环管，当停止给水时，可开启再循环门，省煤器内的水因受热密度小而上升进入汽包，汽包里的水可通过再循环管不断地补充到省煤器内，从而形成自然循环。由于水循环的建立，带走了省煤器蛇形管的热量，可有效地保护省煤器。

84. 省煤器再循环门在正常运行中内泄漏有何影响？

省煤器再循环门在正常运行中泄漏，就会使部分给水经由再循环管短路直接进入汽包而不流经省煤器。这部分水没有在省煤器内受热，水温较低，易造成汽包上下壁温差增大，产生热应力而影响汽包寿命。另外，使省煤器通过的给水减少，流速降低而得不到充分冷却。所以，在正常运行中，循环门应关闭严密。

85. 省煤器与汽包的连接管为什么要装特殊套管？

这是因为省煤器出口水温可能低于汽包中的水温。如果省煤器的出口水管直接与汽包连接，会在汽包壁管口附近因温差产生热应力。尤其当锅炉工况变动时，省煤器出口水温可能剧烈变化，产生交变应力而疲劳损坏。装上套管后，汽包壁与给水管壁之间充满着饱和蒸汽或饱和水，避免了温差较大的给水管与汽包壁直接接触，防止了汽包壁的损伤。

86. 空气预热器的作用有哪些？

（1）吸收排烟余热，提高锅炉效率。装了省煤器后，虽然排烟温度可以降低很多，但电站锅炉的给水温度大多高于200℃，故排烟温度不可能降得更低，而装设空气预热器后，则可进一步降低排烟温度。

（2）提高空气温度，可以强化燃烧。一方面使燃烧稳定，降低机械未完全燃烧损失和化学未完全燃烧损失；另一方面，使煤易燃烧完全，可减少过剩空气量，从而降低排烟损失和风机电耗。

（3）提高空气温度，可使燃烧室温度升高，强化辐射传热。

87. 空气预热器分为哪些类型？

现代电站锅炉采用的空气预热器有管式和回转式两种。而管式空气预热器又分为立管式和横管式两种。回转式空气预热器又分为受热面回转式和风罩回转式两种。按传热方式可将空气预热器分为传热式和蓄热式两种。

88. 管式空气预热器的结构及布置如何？

管式空气预热器由直径 $25\sim51mm$、壁厚为 $1.25\sim1.5mm$ 的碳钢直管制成，应用最多的是 $\phi40$、$\phi51$ 两种。为便于安装和运输，在制造厂将管子两端焊接到上、下管板的管孔上，形成具有一定受热面的立方体管箱，管箱的尺寸是标准化的，而每一级空气预热器根据锅炉容量的大小，由数目不同的若干个管箱组成。空气预热器的管箱，通过中空横梁支承在锅炉尾部钢架上。

管式空气预热器按管子放置方向可分为立式和卧式两种，目前应用最多的是立式，按进风方式不同，又可分为单面进风、双面进风和多面进风。随着锅炉容量的增大，热空气需要量迅速增加，为保持合理风速，必须增加进风面。

采用管式空气预热器的电站锅炉，其尾部受热面一般为双级布置，即在竖井烟道中两级省煤器与两级空气预热器顺序交错布置。由于碳钢允许最高工作温度为 $500℃$，为防止管板金属过热，引起挠曲烧坏，高温级空气预热器入口烟温应低于 $480\sim500℃$。

89. 受热面回转式空气预热器的结构如何？

受热面回转式预热器由转子、外壳、传动装置和密封装置四部分组成。转子由轴、中心筒、外圆筒和仓格板及扇形仓内装有的波形板传热元件组成；外壳由圆筒、上下端板和上下扇形板组成。上下端板都留有风、烟通道的开孔，并与风道、烟道相接，在风、烟道的中间装有上、下扇形板的密封区，这样把预热器分成三个区域，这三个区域各占全圆的一部分。烟气通流截面占 165°，空气流通截面占 135°，而密封区占 2×30°。传动装置：电动机通过减速器带动小齿轮，小齿轮同装在转子外圈圆周上的围带销啮合，并带动转子转动。整个传动装置都固定在外壳上，在齿轮与围带销的啮合处有罩壳与外界隔绝。

密封装置分径向密封、环向密封和轴向密封。径向密封是防止空气穿过转子与扇形板之间的密封区漏入烟气通道。环向密封是防止空气通过转子外圆筒的上下端面漏入外圆筒与外壳圆筒之间的空隙，再沿这个空隙漏入烟气侧。轴向密封是当外环向密封不严时，防止空气通过转子与外壳间的空隙漏入烟气。

90. 受热面回转式空气预热器的工作原理怎样？

电动机通过传动装置带动转子以 1.6～4r/min 的速度转动，转子扁形仓中装有许多波形受热元件，空气通道在转轴的一侧，空气自下而上通过预热器，烟气通道在转轴另一侧，烟气自上而下通过预热器。当烟气流过时，传热元件被烟气加热而本身温度升高，接着转到空气侧时，又将热量传给空气而本身温度降低。由于转子不停地转动，就把烟气的热量不断地传给空气。目前使用的空气预热器，将低温段的波形板受热面做成抽斗式，在受热面腐蚀时，可以开启外壳上的门孔进行更换，因此把围带销的位置提高，致使轴向密封装置布置困难，因而取消了轴向密封装置。

91. DGFYφ8500—2 型风罩回转式空气预热器的结构是怎样的？

该型式的预热器主要由定子、回转风罩、传动围带、主轴与轴承、驱动装置、密封调节装置等组成。

定子壳体由钢板制成，并分为内定子和外定子两部分，采用球形铰链装置连接。沿圆周内定子以 15°，外定子以 7°30′ 分成许多仓格，以供放置传热元件。传热元件是根据定子仓格的尺寸，由压制成的两种不同波纹的金属板交替叠放组成。内定子中心设有中心筒，以放置主轴及轴承，以及检查用的检修仓。

回转风罩呈"8"字形在定子上、下端面对称布置，并通过转盘与主轴固定，同步旋转。风罩的内部除有若干撑杆外，还设有空气导流板，以保证风量的径向配风均匀。风罩的密封筒与固定的上下风道通过密封装置连接。下风罩的外缘设有沿环向均匀布置的 300 支圆钢作围带，与传动装置的下部齿轮啮合。

92. DGFYφ8500—2 型风罩回转空气预热器的主轴及轴承结构特点如何？

主轴与上下轴承均布置在内定子中心筒里。

主轴中段由 φ377×36 管子制成空心轴，两端连接有长轴直达上下风罩喉口，并与风罩喉口用花篮螺栓相接，使连接稳定且刚性好。下部推力轴承采用向心推力球面轴承，用螺栓固定在中心筒底部，承受回转部分的全部重量载荷。下部推力轴承必须润滑和冷却，润滑脂为复合铝基脂（即牛油），冷却水为一定压力的工业水。润滑脂采用预热器外布置手动干油站。定期定量地压入主轴承。润滑油管和冷却水管用绝热材料捆扎在一起，贯穿定子底部隔仓通到下轴承箱，可防止油脂过热。上部则采用石墨棒镶嵌的石墨导向轴承，并制成剖分的形式，便于检查和维修。石墨导向轴承不需润滑和冷却。

93. 风罩回转式空气预热器的工作原理是怎样的？

在风罩回转式空气预热器定子的上、下端面装有可旋转的上、下"8"字口相对的（裤衩型）风罩，上、下风罩由穿过中心筒的轴连成一体，电动机通过传动装置和轴带动上、下风罩同步旋转。

烟气在"8"字风罩外被分成两股，自上而下流经定子，定子扇形仓内装设的波形板受热面吸收流过烟气的热量并蓄存起来。冷空气经下部固定风道进入旋转的下"8"字风罩分成两股气流，自下而上流经定子时，吸收受热面蓄积的热量被加热。这样，风罩每转一周，定子中的受热面进行两次吸热和放热，完成了对空气的加热和对烟气的冷却。由上述工作原理可见，风罩回转式空气预热器的转速要比受热面回转式的慢，一般为 $0.25 \sim 1.4 r/min$。

94. DGFYϕ8500—2 型风罩回转式空气预热器喉部密封的作用及结构如何？

喉部密封是上、下回转风罩与上下固定风道之间的密封连接件。它的作用是既能保持上下风罩不受限制地转动，又要使其与固定风道的间隙最小，以防止空气经动静间隙向烟气侧泄漏。在与固定风道相连接的固定卡环座里，设有20块首尾相接的弧形铸铁防磨环。每一块防磨环由一个弹簧径向加载，紧紧压在与风罩连接并同步旋转的密封筒外壁上，从而形成了有效的密封。每一块防磨环上有防止其摩擦而被圆筒带动旋转的拉杆。

95. DGFYφ8500—2型风罩回转式空气预热器风罩与定子之间端面密封的结构及密封原理如何？

风罩与定子之间端面密封是指沿回转风罩"8"字形风口周长而装设的、结构相同的径向和内、外环向密封装置。主要由密封框架、吊杆、U型膨胀节和铸铁摩擦板等组成。

密封框架用吊杆通过弹簧与"8"字风罩口四周的端板柔性联接，而铸铁摩擦板用螺栓固定在密封框架上，并与定子端面接触。径向密封其铸铁摩擦板与扇形仓格板接触；外环向密封，其铸铁摩擦板与定子外圆筒端面接触；内环向密封其铸铁摩擦板与中心筒端面接触。风罩旋转时，依靠密封框架、U型膨胀节和铸铁摩擦板组成的径向与内、外环向密封装置将风罩内的空气和风罩外的烟气隔开，并防止空气漏入烟气侧。

风罩与定子端面间隙采用热补偿装置自动调整。它是借助具有不同膨胀系数的两根金属棒在不同运行温度下产生的热膨胀差，并利用连杆机构将这个膨胀差传递变换为密封框架的上下位移来实现的。

对下风罩与定子的下端面间隙，则在冷态采取预留间隙的方法，适应热态定子下端的蘑菇状变形的凹面形状，使之形成有效的密封。

96. 回转式空气预热器漏风的原因有哪些？有何危害？

回转式空气预热器漏风的原因主要有：

（1）由于转子与定子之间有间隙，而且空气预热器尺寸大，运行时，烟气由上而下、空气由下而上流动，使整个空气预热器的上部温度高，下部温度低，形成蘑菇状变形，使各部分间隙发生变化，更增大了漏风。

（2）被加热的空气是正压，烟气是负压，其间存在有一定的压差。在压差的作用下，空气通过间隙漏入烟气中。

（3）转动部件也会把部分空气带到烟气侧，但由于转速很低，这部分漏风量很少，一般不超过 1%。

漏风不但增大排烟热损失和引风机电耗；也会因使烟温降低而加速受热面腐蚀；当漏风严重时，将造成送入锅炉参加燃烧的空气量不足，而直接影响锅炉出力。

97. 空气预热器的腐蚀与积灰是如何形成的？有何危害？

由于空气预热器处于锅炉内烟温最低区，特别是末级空气预热器的冷端，空气的温度最低、烟气温度也最低，受热面壁温最低，因而最易产生腐蚀和积灰。

当燃用含硫量较高的燃料时，生成的 SO_2 和 SO_3 气体，与烟气中的水蒸气生成亚硫酸或硫酸蒸汽，在排烟温度低到使受热面壁温低于酸蒸汽露点时，硫酸蒸汽便凝结在受热面上，对金属壁面产生严重腐蚀，称为低温腐蚀。同时，空气预热器除正常积存部分灰分外，酸液体也会粘结烟气中的灰分，越积越多，易产生堵灰。因此，受热面的低温腐蚀和积灰是相互促进的。

低温腐蚀和积灰的后果是易造成受热面的损坏和泄漏。当泄漏不严重时，可以维持运行，但使引风机负荷增加，限制了锅炉出力，严重影响锅炉运行的经济性。另外，积灰使受热面传热效果降低，增加了排烟热损失；使烟气流动阻力增加，甚至烟道堵塞，严重时降低锅炉出力。

98. 省煤器下部放灰管的作用是什么?

布置在尾部竖井烟道下部的灰斗,汇集着从烟气中靠自身重力分离下来的一部分飞灰,通过灰管排入灰沟,减小了烟气中灰尘含量和对预热器堵灰的影响。而且当省煤器发生泄漏事故时,可排出部分漏水,减轻空气预热器受热面的堵灰现象。

99. 燃烧器的作用是什么?

燃烧器的作用是把燃料与空气连续地送入炉膛,合理地组织煤粉气流,并使良好地混合、迅速而稳定地着火和燃烧。

100. 燃烧器的类型有哪些?常见布置方式有哪几种?

按燃烧器的外形可分为圆形和缝隙型(槽形)两种。按燃烧器的气流工况可分为直流式和旋流式两种。直流燃烧器一般采用四角布置,而旋流燃烧器常采用前墙布置,前、后墙布置及两侧墙布置等。

101. 直流式燃烧器为什么要采用四角布置的方式?

由于直流燃烧器单个喷口喷出的气流扩散角较小,速度衰减慢,射程较远。而高温烟气只能在气流周围混入,使气流周界的煤粉首先着火,然后逐渐向气流中心扩展,所以着火较迟,火焰行程较长,着火条件不理想。

采用四角布置时,四股气流在炉膛中心形成一直径600~800mm左右的假想切圆,这种切圆燃烧方式能使相邻燃烧器喷出的气流相互引燃,起到帮助气流点火的作用。同时气流喷入炉膛,产生强烈旋转,在离心力的作用下使气流向四周扩展,炉膛中心形成负压,使高温烟气由上向下回流到气流根部，进一步改善气流着火条件。由于气流在炉膛中心的强烈旋转，煤粉与空气混合强烈，加速了燃烧，形成了炉膛中心的高温火球，而且由于气流的旋转上升延长了煤粉在炉内的燃尽时间，改善了炉内气流的充满程度。

102. 四角布置的直流燃烧器结构特点如何？

这种燃烧器的结构，根据煤的种类及送粉方式的不同而不同。部分喷口可上下摆动，均采用切圆燃烧方式。现以 DG670/140-4 型和 SG400/140-50410 型锅炉为例简介结构特点。因燃用的是接近贫煤的劣质烟煤，故均采用热风送粉方式。每角燃烧器的结构特点是：

（1）喷口为矩形；

（2）三次风口布置在燃烧器的上部；

（3）一次风口的高宽比大于二次风口，故一次风粉气流迎火周界较长，对着火有利，但气流易过分偏斜、贴墙；

（4）一次风口集中布置，提高了着火区的煤粉浓度，放热集中；二次风口相对集中布置，且与一次风口较远，可根据燃烧需要实现分级配风。因此，有利于煤粉气流稳定而快速的着火；

（5）最下层和中间层的二次风口内，布置有简单机械压力式雾化器（油枪）。

103. 直流式燃烧器部分喷口为什么设计为可调式？

直流式燃烧器部分喷口设计为可调式，可以改变喷口的上下倾角，这样可以调节二次风混入一次风粉的时间，改善煤粉气流着火和燃烧条件以适应煤种的变化。另外，可以调整火焰的中心位置和炉膛出口烟温。

104. 什么叫射流的刚性？

燃烧器喷出的射流抵抗偏转的能力叫刚性。它与喷口截面、气流速度、喷口高宽比有关，一般喷口的截面越大，气流速度越快，高宽比越小，其射流的刚性越大。

105. 为什么三次风喷口一般都布置在每角燃烧器的上部？

三次风的特点是风温低、水分大、风速高、风量大（占总风量的 20% 左右，而且含有 10% 左右的煤粉），对炉膛燃烧影响大。因此一般都布置在燃烧器最上部，使三次风气流尽量在主煤粉气流的燃尽阶段混入，以避免影响主煤粉气流的着火和燃烧。

106. 四角布置的直流燃烧器气流偏斜的原因及对燃烧的影响如何？

气流产生偏斜的原因，主要有：

（1）射流两侧压力不同，在压差作用下，被压向一侧产生偏斜。由于直流燃烧器的四角射流相切于炉膛中心假想圆或炉膛横截面不是正方形，致使射流两侧与炉墙间夹角不同。夹角大的一侧、空间大，炉膛高温烟气向空间补气充分；而夹角小的一侧补气不足，致使夹角大的一侧的静压高于夹角小的一侧，在压差的作用下，射流向夹角小的一侧偏斜。炉膛宽深尺寸差别越大，切圆直径越大，两侧夹角的差别越大，压差越大，射流的偏斜越大。

（2）射流受燃烧器上游邻角燃烧器射流的横向推力作用，迫使气流偏斜。

（3）射流本身刚性大小，也影响气流的偏斜。射流速度越高、动量越大、喷口截面积越大、喷口的高宽比越小，则刚性越强，射流的偏斜越小。反之，刚性越差，气流偏斜越大。

当气流偏斜不大时，可改善炉内气流流动工况，使部分高温烟气正好补充到邻组燃烧器气流的根部，不但保证了煤粉气流的迅速着火和稳定燃烧，又不致于结渣，这是比较理想的炉内空气动力工况。但当气流偏斜过大时，会形成气流贴墙以致炉墙结渣、磨损水冷壁等不良后果，且炉膛中心有较大的无风区，火焰充满程度降低。

107. 多功能直流煤粉燃烧器的结构怎样？

主要由稳燃器（船形体）、火嘴、油枪室及小油枪四部分组成（见图）。

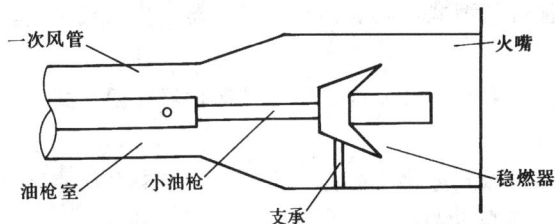

多功能直流燃烧器结构示意图

稳燃器用 1Cr18Ni9Ti 的不锈钢板支承，并分别与火嘴和稳燃器焊接。小油枪从稳燃器中间插进，油枪室焊在一次风短管上，小油枪可自由地在油枪室推进、抽出。

108. 多功能直流煤粉燃烧器的特点如何？

由于多功能直流煤粉燃烧器的特殊结构使煤粉气流射入

燃烧室后形成特殊的束腰形射流，这是一般的直流煤粉燃烧器所不具有的。由于稳焰器和火嘴壳体的作用，煤粉气流逐渐向外扩展，并在喷口出口形成束腰，使射流的束腰部两侧外缘形成局部高浓度煤粉区，而在射流中心形成稳定的回流区，使煤粉气流处于燃烧室内高温烟气的加热之中。从而使该区形成了高煤粉浓度、高温烟气加热、高氧浓度的"三高区"，成为稳定的着火源，保证了煤粉的迅速着火和稳定燃烧。

其主要功能特点是稳定着火和燃烧，节约助燃油；扩大锅炉负荷调节范围，提高对煤质多变的适应能力；降低烟气中 NO_x 的含量，减轻了环境污染。而且结构简单，操作方便，使用寿命长。

109. 轻油枪（即雾化器）的型式主要有哪些？

轻油枪的型式主要有：压力雾化器和蒸汽机械式雾化器两种。

压力式雾化器又分为简单机械雾化器和回油式机械雾化器。

蒸汽机械式雾化器的种类很多，近年来电厂使用最多的是 Y 型蒸汽雾化器。

110. 简单机械雾化器（不回油式）的结构如何？工作原理如何？

主要由雾化片、旋流片和分流片三部分组成。油在一定压力下经分流片的小孔汇合到一个环形槽中，然后经过旋流片的切向槽进入旋流中心的旋流室，产生高速的旋转运动，并经中心孔喷出。油在离心力的作用下克服了本身的粘性力和表面张力，被粉碎成细小油滴，并形成具有一定角度的圆锥形雾化矩。雾化矩的雾化角一般在 60°～100°范围内。

111. 重油压力式雾化喷嘴型式有哪些？各有何优缺点？

重油雾化方式很多，目前电厂中使用的重油雾化喷嘴一般都是压力式雾化喷嘴，其型式有简单机械雾化喷嘴和回油式机械雾化喷嘴两种。

简单机械式雾化喷嘴的优点是供油系统简单，雾化后油滴分布均匀，有利于混合燃烧。缺点是用改变进油压力来调节喷油量，因而锅炉负荷的调节幅度不大。这是因为当锅炉低负荷运行时，由于油压降得过低，将使雾化质量变差，增加了不完全燃烧损失。对较大的负荷变化，只能用增减油枪数量和调换不同出力雾化器的办法来实现。所以，适用于带基本负荷的锅炉。

回油式机械雾化喷嘴的优点是可以在维持进油压力基本不变的情况下，通过控制回油量来调节喷油量，进行锅炉负荷的调节，因此适应负荷变化能力强，调节性能较好。主要缺点是：当负荷降低时，回油量增加，由于进入炉膛的重油流量减少，使喷油孔出口轴向流速降低，雾化角会相应扩大，可能导致燃烧器烧坏或喷口附近结渣，所以回油量控制不宜过大；另外系统复杂。

112. 泵的种类有哪些？

根据泵的结构特性可分为三大类：

（1）容积泵：包括往复泵、齿轮泵、螺杆泵、滑片泵等。

（2）叶片泵：包括离心泵、轴流泵等。

（3）喷射泵。

目前应用最广泛的是叶片泵类的离心泵。

113. 离心泵的构造是怎样的？工作原理如何？

离心泵主要由转子、泵壳、密封防漏装置、排气装置、轴向推力平衡装置，轴承与机架（或基础台板）等构成，转子又包括叶轮、轴、轴套、联轴器、键等部件。

离心泵的工作原理是：当泵叶轮旋转时，泵中液体在叶片的推动下，也作高速旋转运动。因受惯性和离心力的作用，液体在叶片间向叶轮外缘高速运动，压力、能量升高。在此压力作用下，液体从泵的压出管排出。与此同时，叶轮中心的液体压力降低形成真空，液体便在外界大气压力作用下，经吸入管吸入叶轮中心。这样，离心泵不断地将液体吸入和压出。

114. 离心泵的出口管道上为什么要装逆止阀？

逆止阀也叫止回阀，它的作用是在该泵停止运行时，防止压力水管路中液体向泵内倒流，致使转子倒转，损坏设备或使压力水管路压力急剧下降。

115. 为什么有的泵入口管上装设阀门，有的则不装？

一般情况下吸入管道上不装设阀门。但如果该泵与其它泵的吸水管相连接，或水泵处于自流充水的位置（如水源有压力或吸水面高于入水管）都应安装入口阀门，以便设备检修时的隔离。

116. 为什么有的离心式水泵在启动前要加引水？

当离心泵进水口水面低于其轴线时，泵内就充满空气，而不会自动充满水。因此，泵内不能形成足够高的真空，液体便不能在外界大气压力作用下吸入叶轮中心，水泵就无法工作，所以必须先向泵内和入口管内充满水，赶尽空气后才能启动。为防止引入水的漏出，一般应在吸入管口装设底阀。

117. 离心式水泵打不出水的原因、现象有哪些？

打不出水的原因主要有：

（1）入口无水源或水位过低。

（2）启动前泵壳及进水管未灌满水。

（3）泵内有空气或吸水高度超过泵的允许真空吸上高度。

（4）进口滤网或底阀堵塞，或进口阀门阀芯脱落、堵塞。

（5）电动机反转，叶轮装反或靠背轮脱开。

（6）出口阀未开，阀门芯脱落或出水无去向。

当离心泵打不出水时，会发生电机电流或出口压力不正常或大幅度摆动、泵壳内汽化、泵壳发热等现象。

118. 风机的类型有哪些？

按工作原理分类，风机主要有离心式和轴流式两种。

119. 离心式风机的结构及工作原理是怎样的？

离心式风机主要由叶轮、蜗壳、进气箱、集流器（即进风口）、扩压器、导流器（或叶片调整挡板）、轴及轴承等部件组成。其中叶轮则由叶片、前盘、后盘及轮毂所构成。当风机的叶轮被电动机经轴带动旋转时，充满叶片之间的气体在叶片的推动下随之高速转动，使气体获得大量能量，在惯性离心力的作用下，甩往叶轮外缘，气体的压能和动能增加后，从蜗形外壳流出，叶轮中部则形成负压，在大气压力作用下源源不断吸入气体予以补充。

120. 风机叶片的类型及其特点如何？

叶片按其形状分有径向、前弯、后弯和机翼形等型式。径向叶片虽然加工简单，但效率低、噪声大；前弯叶片可以获得较高的压力；后弯叶片效率较高，噪声也不大；机翼形空心叶片使叶片线型更适应气体的流动要求，使效率得以提高。具有机翼形空心叶片的风机称为高效风机。

121. 集流器（进风口）的型式有哪些？其作用是什么？

集流器有圆柱型、圆锥型、组合型、流线型及缩放体型五种，其中流线型是目前应用最广泛的一种。这是因为它较好的发挥了集流器的作用，既保证气流能均匀地引入并充满叶轮的进口断面又使气流在进口处阻力损失最小。

122. 风机调节挡板的作用是什么？一般装在何处？

风机调节挡板亦即导流器，其作用是：

（1）用以调节风机流量大小；

（2）风机启动时关闭，可避免电机带负荷启动，烧坏电机。

一般安装在风机进口集流器之前。

123. 风机型号所表示的意义是什么？

现以 Y4-73-11NO29$\frac{1}{2}$D 风机为例,介绍型号各项（及数字）表示的意义如下：

Y——表示引风机；

4——表示风机在最高效率点时的全压系数乘 10 后并取整数；

73——表示风机最高效率点时比转数；

1（前）——表示风机单吸进风（0 为双吸）；

1（后）——表示风机设计顺序号为第一次设计；

NO29 $\frac{1}{2}$——表示风机叶轮直径为 2950mm；

D——表示连接方式为联轴器直接联接。

124. YOTC$_{-800}^{-1000}$调速型液力偶合器的结构及工作原理怎样？

该液力偶合器由泵轮轴、泵轮、涡轮、涡轮轴、转动外壳和勺管等主要零部件组成。泵轮和涡轮对称布置，几何尺寸相同，并保持一定的间隙形成一个腔体。工作时，通过电动机带动泵轮轴旋转，固定于泵轮轴上的传动齿轮和泵轮同时转动，带动齿轮油泵工作，为偶合器提供工作油和润滑油。工作油充入腔体形成循环圆，在泵轮叶片的带动下，工作油因离心力的作用从涡轮内侧流向外缘形成高压高速液流，冲击涡轮叶片，使涡轮跟泵轮同向旋转。涡轮固定于涡轮轴上，从而使涡轮带动工作机（离心泵或风机）工作。控制循环圆中的油量就能控制涡轮轴的转速，从而达到工作机无级调速的目的。

125. YOTC$_{-800}^{-1000}$调速型液力偶合器的用途和特点如何？

该液力偶合器是一种动力传递装置，它联接于电动机、发动机与风机、泵等工作机之间，用以传递动力。它具有如下特点：

（1）实现无级变速。在主轴转速不变的情况下，只要操纵勺管改变循环圆流量，就可以进行无级调速，从而使输出轴获得无级变化的转速，适用于机、炉在启、停或调峰状态下所配套的风机或泵有效工作。

（2）空载启动、离合方便。偶合器在流通充油时，即可传递扭矩，把油排空即行脱离。因此利用充油、排油就可实现离合作用，且易于遥控，若充油量从零开始而逐步增加，则几乎可达到无载启动。

（3）防止动力过载。因偶合器是柔性传动、工作中有较小的滑差，当从动轴阻力扭矩突然增加时，偶合器的滑差会增大，甚至使从动轴制动，而电机仍然可继续运转而不致损坏。

（4）工作平衡，机械寿命长。偶合器的泵轴和涡轮之间没有机械联系，扭矩是通过液体来传递，是柔性联接，原动机或工作机的振动和冲击可被吸收，故工作平稳。而且工作中泵轮与涡轮不直接接触，无磨损，故使用寿命长。

（5）节能。在调速过程中偶合器的效率将下降，但对离心泵和风机一类负载在转速下降后扭矩也随之大幅度下降，相对于使用挡板、阀门来控制工作机流量，可以节约原动机的能量。

（6）调速性能较差。偶合器调速是操纵勺管，改变循环圆流量来实现的，故在调节时有一个过程。增减转速改变风量或水量不如挡板、阀门调节快。另外勺管调节开度与转速偏离值大，故调节难度大，尤其在事故状况下，大幅度调整比较困难。

126. 轴承按转动方式可分几类？各有何特点？

一般可分为滚动和滑动轴承两类。滚动轴承采用铬轴承钢制成，耐磨又耐温，轴承的滚动部分与接触面的摩擦阻力小，但一般不能承受冲击负荷。

滑动轴承主要部位为轴瓦。发电厂大型转动设备使用的滑动轴承，一般轴瓦采用巴氏合金制成，其软化点、熔化点都较低，与轴的接触面积大，可承重载荷、减震性好、能承受冲击负荷。若润滑油储在其下部时需有油环带动，以保证瓦面油膜的形成。一般规定滚动轴承温度不超过 80℃，滑动轴承则不应超过 70℃，对于钢球磨煤机大瓦的温度限制应根据制造厂家的要求，一般不超过 50℃。

127. 辅机轴承箱的合理油位是怎样确定的？

（1）确定合理油位的根据：

a. 轴承的类型：带油环的乌金瓦轴承，是利用油环对油的吸附作用把油带到轴和瓦之间的间隙而起润滑作用。润滑的好坏取决于油环浸入油中的面积，对于同一油位，油环浸入油中的面积会随油环的直径的增大而增加。因此油位的高低与油环的直径要成一定比例。对于滚珠轴承是直接浸入油中，润滑的好坏是由弹子带油情况而定，因为弹子可以滚动着轮换进入油中，所以油位的高低是以最下部的弹子能浸入油中为标准。

b. 油位过高，会使油环运动阻力增加而打滑或打脱，油分子的相互摩擦会使轴承温度升高。还会增大间隙处的漏油量和油的摩擦功率损失。

c. 油位过低，会使轴承的弹子或油环带不起油来，造成轴承得不到润滑而使温度升高，把轴承烧坏。

（2）确定油位的方法：

a. 带油环的乌金瓦应根据油环的直径而定，油环直径为内径（D）25～40mm 的，油位为 $\dfrac{D}{4}$；40～60mm 的为 $\dfrac{D}{5}$；65～300mm 的为 $\dfrac{D}{6}$；轴的最低点，离油面为 5～15mm。

b. 滚动轴承要根据转速而定。1500r/min 以下的，油位保持在最低一个弹子的中心线处。1500r/min 以上的，油位以最低弹子能带起油为宜（但不得低于最低弹子的 $\dfrac{1}{3}$ 处）。

128. 如何识别真假油位？如何处理？

（1）对于油中带水的假油位，由于油比水轻，浮于水的上面，可以从油位计或油面镜上见到油水分层现象，如果油已乳化，则油位变高，油色变黄。

（2）对于无负压管的油位计，如它的上部堵塞形成真空产生假油位时，只要拧开油位计上部的螺帽或拨通空气孔，油位就会下降，下降后的油位是真实数。

（3）对于油位计下部孔道堵塞产生的假油位，可以进行如下鉴别及处理：

a. 如有负压管时，可以拉脱油位计上部的负压管（如是钢管可拧松联接螺帽），或用手卡住负压管，这时如油位下降，在下降以前的油位是真实数。

b. 如无负压管或负压管已堵时，可以拧开油位计上部的螺丝或拉开负压管向油位计中吹一口气，油位下降后又复原，复原后的油位是真实数。

c. 对油位计上部与轴承端盖间有联通管而无负压管的油位计，如将联通管卡住或拔掉时，油位上升，上升以前的油位是真实数。

d. 对于带油环的电动机滑动轴承，可先拧开小油位计螺帽，然后打开加油盖时，油位上升，则上升以前的油位是真实的。

（4）因油面镜或油位计表面模糊，有结垢痕迹而不能正确判断油位时，首先可以采用加油、放油的方法，看油位有无变化及油质的优劣。若油位无变化，再把油面镜拆开清洗，疏通上下油孔。

129. 风机振动的原因一般有哪些？

风机振动的原因一般有：

（1）基础或基座刚性不够或不牢固（如地脚螺丝松等）；

（2）转轴窜动过大或联轴器连接松动；

（3）风机流量过小或吸入口流量不均匀；

（4）除尘器效率低，造成风机叶轮磨损或积灰，出现不平衡；

（5）轴承磨损或损坏。

130. 轴流风机的工作原理如何？

轴流风机的工作原理是：当叶轮旋转时，气体从进风口轴向进入叶轮，受到叶轮上叶片的推挤而使气体的能量升高，然后流入导叶。导叶将偏转气流变为轴向流动，同时将气体导入扩压管，进一步将气体动能转换为压力能，最后引入工作管路。

轴流风机的叶片一般都是可以转动角度的，大部分轴流风机都配有一套叶片液压调节装置。当风机运行时，通过叶片液压调节装置，可调节叶片的安装角，并保持在一定角度上，使其在变工况工作时仍具有较高的效率。

131. 风机启动时应注意哪些事项?

(1) 风机启动前应将风机进口调节风门严密关闭,以防误操作,带负载启动。

(2) 检查轴承润滑油位是否正常、冷却水管供水情况、联轴器是否完好、检修孔门是否封闭。

(3) 注意启动时间及空载电流是否正常。

(4) 电流表指示恢复到空载电流后,可调节风门开度在适当位置。

(5) 检查风机运行应无异常。

132. 风机喘振后会有什么问题?如何防止风机喘振?

当风机发生喘振时,风机的流量周期性的反复,并在很大范围内变化,表现为零甚至出现负值。风机流量的这种正负剧烈的波动,就像哮喘病人呼吸一样。由于流量波动很大而发生气流的猛烈撞击,使风机本身产生剧烈振动,同时风机工作的噪声加剧。大容量的高压头风机产生喘振时的危害很大,可能导致设备和轴承的损坏、造成事故,直接影响了锅炉的安全运行。为了防止风机的不稳定性,可采取如下措施:

(1) 保持风机在稳定区域工作。因此,管路中应选择 p-Q 特性曲线没有驼峰的风机;如果风机的性能曲线有驼峰,应使风机一直保持在稳定区(即 p-Q 曲线下降段)工作。

(2) 采用再循环。使一部分排出的气体再引回风机入口,不使风机流量过小而处于不稳定区工作。

(3) 加装放气阀。当输送流量小于或接近喘振的临界流量时,开启放气阀,放掉部分气体,降低管系压力,避免喘振。

（4）采用适当调节方法，改变风机本身的流量。如采用改变转速、叶片的安装角等办法，避免风机的工作点落入喘振区。

133. 除尘器的作用是什么？

除尘器的作用是将烟气中携带的飞灰进行分离并除去，以防止对引风机的磨损，减轻对大气和环境的污染。

134. 除尘器的类型有哪些？

按照除尘器的工作原理可分为①机械力除尘器：又分为重力式、惯性式、离心式三种；②洗涤式除尘器：又分立式、卧式旋风水膜除尘器，文丘里除尘器，管式水膜除尘器，冲击水浴除尘器等种；③静电除尘器；④袋式过滤除尘器等四大类。

135. 文丘里水膜式除尘器的结构及其特点怎样？

该型除尘器由文丘里管和离心式捕滴器旋风筒两部分组成。文丘里管有收缩段、喉部和扩散段三部分组成，并在喉部设有喷水装置。捕滴器由筒体、环形喷水装置、进口切向烟道、下部灰斗及水封、冲灰等装置组成。它的特点是除尘效率较高，投资较少，设备系统简单，但需耗用大量的水，而且容易造成烟气带水，使引风机叶片积灰等问题。

136. 文丘里水膜除尘器的工作原理是怎样的？

烟气先进入文丘里管收缩段，流速逐渐提高，到喉部时达最高值，这时，从喉部喷水装置喷入的水滴受到高速烟气的冲击，雾化成微小的水珠充满喉管，与烟气中高速运动的灰粒碰撞、接触、吸附凝聚成团。烟气到扩散段后，流速又逐渐降低，动能大部分转换为压力能。然后切向进入捕滴器内旋转上升，在离心力的作用下将烟气携带的灰水团甩向捕滴器内壁，灰被由上部沿环向布置的贴壁向下流的水膜冲入下部灰斗，再由落灰管经水封装置流入灰沟。

137. 文丘里水膜除尘器的文丘里喷嘴的结构怎样？它由何处供水？

沿文丘里管喉部的圆周，布置有 6～8 只喷嘴，每只喷嘴连同一个托架支撑的撞击圆锥插入喉管，撞击圆锥的作用是将喷嘴喷出的水击碎。由于喷嘴雾化要一定的水压，故该处供水一般由除尘器供水母管上接出。

138. 水膜除尘器水膜筒的环形喷水为何采用高位水箱供水？

因为采用高位水箱静压供水的方式，没有水压波动的影响，使环形喷水避免因水压的变化而破坏水膜筒内壁形成的水膜。

139. 电除尘器的特点如何？

电除尘器的除尘效率高达 99％左右；处理气体量大；烟气流速低，阻力小，运行费用也低。缺点是结构复杂；体积庞大，占地面积大；造价昂贵；维修也较复杂；对粉尘电阻有一定的要求。

140. 电除尘器的组成部件有哪些？

电除尘器由集尘极（阳极）、电晕极（放电极、阴极）、振打装置、气流分布装置、壳体以及排灰装置等组成。

141. 电除尘器的工作过程分为几个阶段？

电除尘器的工作过程大致可分为尘粒荷电、收集灰尘粒、清除捕集的尘粒三个阶段。

142. 什么叫电晕放电？

把针电板和平板电极相对放置，并在针电板侧加以高压直流电压（60kV），当电场超过游离场强时，在电极针尖附近就发生急剧的火花放电,此时针电极针尖附近的气体被电离,这种自持放电现象称为电晕放电。

143. 电除尘器对电晕板的要求有哪些？

电晕板是除尘器中使气体产生电晕放电的电极，它主要包括电晕线、电晕框架、框架吊杆和支撑绝缘管等。因此对它的要求是电晕放电效果好，电晕线机械强度高但又要尽量细，电晕线上的积灰要容易振落，方便安装和维修。

144. 电除尘器的工作原理是怎样的？

在电晕极和集尘极组成的不均匀电场中，以放电极（电晕极）为负极，集尘极为正极，并以 60kV 的高压直流电源来充电。当这一电场强度提高到某一值时，电晕极周围形成负电晕，气体分子的电离作用加强，产生了大量的正、负离子。正离子被电晕极中和，负离子和自由电子则向集尘极转移,当带有粉尘的气体通过时，这些带负电荷的粒子就会在运动中不断碰到并被吸附在尘粒上，使尘粒荷电，在电场力的作用下，很快运动到达集尘极（阳极板），放出负电荷，本身沉积在集尘板上。

在正离子的运行中，电晕区里的粉尘带正电荷，移向电晕极，因此电晕极也会不断积灰，只不过量较小。收集到的粉尘通过振打装置使其跌落、聚集到下部的灰斗中排出，使气体得到净化。

145. 水力除灰系统的流程是怎样的？

煤粉在炉内燃烧后，小部分颗粒较大的灰渣（一般称为大灰）依靠自身的重力落入炉膛下部冷灰斗至渣室，被湿灰喷嘴喷入的水激冷，然后经碎渣机、捞渣机等设备排入灰沟，用高压水将其冲入灰沟。另外大部分的细灰（一般称为飞灰）被烟气携带经部分受热面后由除尘器分离下来，也排入灰沟。

渣和灰排入灰沟后，被激流喷嘴喷出的高压水携带至灰渣池，再由灰渣泵将灰水打入灰场。

146. 过热器和再热器向空排汽门的作用是什么？

它们的作用主要是在锅炉启动时用以排出积存的空气和部分过热蒸汽及再热蒸汽，保证过热器和再热器有一定流通量，以冷却其管壁。另外，在锅炉压力升高或事故状态下同安全门一起排汽泄压，防止锅炉超压。在启动过程中，还能起到增大排汽量、减缓升压速度的作用，必要时通过排汽还可起到调整两侧汽温差的作用。当锅炉进水、放水时能起到空气门的作用。对于再热器向空排汽，当二级旁路不能投用的情况下，仍可使用一级旁路向再热器通汽，通过向空排汽门排出，以起到再热器的保护作用。

147. 670t/h 锅炉为何不设省煤器再循环管？

现代高参数、大容量的锅炉，由于工质的各阶段加热量份额比例发生变化和炉膛布置的需要，水的加热要部分地移到炉膛内水冷壁中进行,因此大都将省煤器设计为非沸腾式，而呈单级布置在烟温 500℃ 以下的烟道内，这是省煤器钢材（一般为 20A），所能承受的，更何况在低负荷或启动初期等不能连续进水的情况下，该处的烟温更低。因此 670t/h 锅炉设计中认为该省煤器没有保护必要而取消了再循环管。同时还防止因再循环阀门的内漏给汽包带来不利的影响。

148. 安全阀的作用是什么？一般有哪些种类？

它的作用是，当锅炉压力超过规定值时能自动开启，排出蒸汽，使压力恢复正常，以确保锅炉承压部件和汽轮机工作的安全。

常用的安全阀有重锤式、弹簧式、脉冲式三种。

149. 弹簧式安全门的结构、动作原理如何？

弹簧式安全门由阀体、阀座、阀瓣、阀杆、阀盖、弹簧、调整螺丝、锁紧螺母等部件组成。

弹簧式安全阀的阀瓣是靠弹簧的力量压紧在阀座上，当蒸汽作用在阀瓣上的力超过弹簧的压紧力时,弹簧被压缩，同时阀杆上升，阀瓣开启，使蒸汽排出。安全阀的开启压力是通过调整螺丝，即调节弹簧的松紧来实现的。当容器内介质压力低于弹簧压紧力时，阀瓣又被弹簧压紧在阀座上，使阀门关闭。有些弹簧式安全门还设有附加装置，以帮助弹簧开启或关闭安全门，防止阀门关闭不严而漏汽或有利于自动控制其动作。

150. 脉冲式安全阀由哪些部分组成？动作原理如何？

脉冲式安全阀由主安全阀、脉冲阀和连接管道组成。

主安全阀由小脉冲阀控制。在正常情况下，主阀被高压蒸汽压紧，严密关闭。当汽压超过规定值时，小脉冲阀先打开，蒸汽经导汽管引入主阀活塞上面，蒸汽在活塞上的压力可以克服弹簧压紧的作用力，故将主阀打开排汽泄压；当压力下降到一定数值后，小脉冲阀关闭，活塞上的汽流切断，因此主安全阀又关闭。而活塞上的余汽可以起缓冲作用，使主阀缓慢关闭，以免阀瓣与阀座因撞击而损伤。

151. 阀门按结构特点可分为哪几种？

按结构特点主要可分为闸阀、球阀。

闸阀：闸阀的阀芯（即闸门）移动方向与介质的流动方向垂直。

球阀：又称截止阀，球阀的阀芯沿阀座中心线移动。

152. 按用途分类阀门有哪几种？各自的用途如何？

按用途可分为以下几类：

（1）关断用阀门。如截止阀（球型阀）、闸阀及旋塞等，主要用以接通和切断管道中的介质。

（2）调节用阀门。如节流阀（球型阀）、压力调整阀、水位调整器等，主要用于调节介质的流量、压力、水位等，以适应于不同工况的需要。

（3）保护用阀门。如逆止阀、安全阀及快速关断阀等。其中逆止阀是用来自动防止管道中介质倒向流动；安全阀是在必要时能自动开启，向外排出多余介质，以防止介质压力超过规定的数值。

153. 为什么闸阀不宜节流运行？

在主蒸汽和主给水管道上，要求流动阻力尽量减少，故往往采用闸阀。闸阀结构简单，流动阻力小，开启、关闭灵活。因其密封面易于磨损，一般应处于全开或全闭位置。若作为调节流量或压力时，被节流流体将加剧对其密封结合面的冲刷磨损，致使阀门泄漏，关闭不严。

154. 什么叫阀门的公称压力、公称直径？

阀门的公称压力是指在国家标准规定温度下阀门允许的最大工作压力，以便用来选用管道的标准元件（规定温度：对于铸铁和铜阀门为 0～120℃；对于碳素钢阀门为 0～200℃；对于钼钢和铬钼钢阀门为 0～350℃），以符号 PN 表示。

阀门的通道直径是按管子的公称直径进行制造的，所以阀门公称直径也就是管子的公称直径。所谓公称直径是国家标准中规定的计算直径（不是管道的实际内径），用符号 DN 表示。

155. 膨胀指示器的作用是什么？一般装在何处？

膨胀指示器是用来监视汽包、联箱等厚壁压力容器在点火升压过程中的膨胀情况的，通过它可以及时发现因点火升压不当或安装、检修不良引起的蒸发设备变形，防止膨胀不均发生裂纹和泄漏等。一般装在联箱、汽包上。

156. 联合阀的结构及操作方法怎样？

联合式阀门由阀芯和阀座组成，阀座上部接有 4～5 根进水管，下部有一个出水管。阀芯是一个柱体，在柱体底部和中部钻有互相垂直相通的孔道，阀芯与阀座采用动配合联接。

当锅炉进行排污时，通过手轮转动阀芯，当阀芯中部的孔与阀座上的某一根进水管口相对时，则进水管所联接的循环回路的水经阀座、阀芯后从阀座下部出水管排出，停止排污时，只须转动手轮，使阀芯中部的孔与阀座上的孔错开就行了。

当停炉放水时，将联合阀门上的销钉退出，抬起阀芯，五点所联接的五个循环回路就能同时经阀座下部出水管排水，缩短了锅炉放水时间。

157. 水封或砂封的作用是什么？一般装在何处？

水封和砂封的作用是使锅炉某些结合处保持密封状态，不使空气漏入炉内，同时使锅炉各受热部件能自由膨胀或收缩。

冷灰斗处温度和负压均较低，一般采用水封。高温空气预热器处负压大，若用水封，水易被抽光，而应用砂封。炉顶过热器转折烟道处负压不大，但温度高，且周围是水冷壁，若采用水封，水封的冷水会溢流到水冷壁上，威胁水冷壁的安全，故要采用砂封。

158. 锅炉排污扩容器的作用是什么？

锅炉有连续排污扩容器和定期排污扩容器。它们的作用是：当锅炉排污水排进扩容器后，容积扩大、压力降低，同时饱和温度也相应降低，这样，原来压力下的排污水，在降低压力后，就有一部分热量释放出来，这部分热量作为汽化热被水吸收而使部分排污水发生汽化，将汽化的这部分蒸汽引入除氧器，从而可以回收这部分蒸汽和热量。

159. 炉膛及烟道防爆门的作用是什么?

炉膛及烟道防爆门的作用是,当炉膛发生爆燃或烟道发生二次燃烧时,烟气压力突然升高,在压力作用下防爆门首先开启(例如重力式防爆门),让部分烟气泄出,使炉膛或烟道内压力降低(这时防爆门自动关闭),以防止锅炉受热面、炉墙或烟道在压力作用下损坏。

160. 什么是减压阀? 其工作原理如何?

减压阀是用来降低工质压力的一种阀门。

减压阀的减压作用是借节流圈组来实现的,调节阀杆的行程即能改变节流圈组的通流截面以满足减压的要求。其结构如图所示。

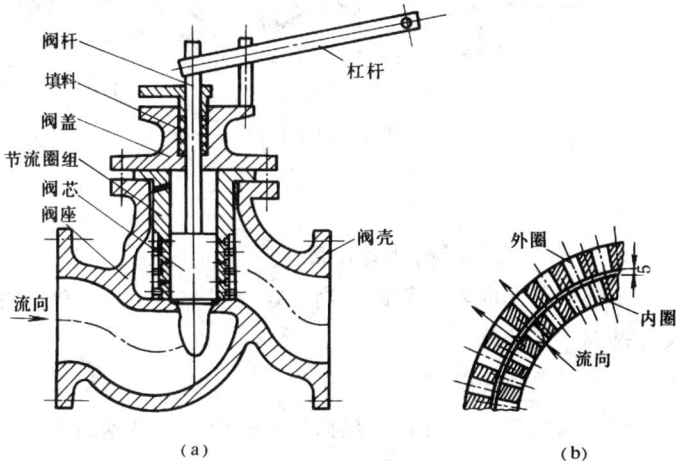

减压阀

(a) 减压阀结构;(b) 节流圈阻

161. 什么是减温减压阀？其工作原理如何？

减温减压阀是用来降低工质温度，同时又降低压力的一种阀门。如汽轮机 I 级旁路和大旁路都装有这种阀门，它是由减温器、减压阀和扩散管等三个部件构成，蒸汽首先经减温器喷水减温，再由减压阀减压，最后从扩散管流出（见图）。

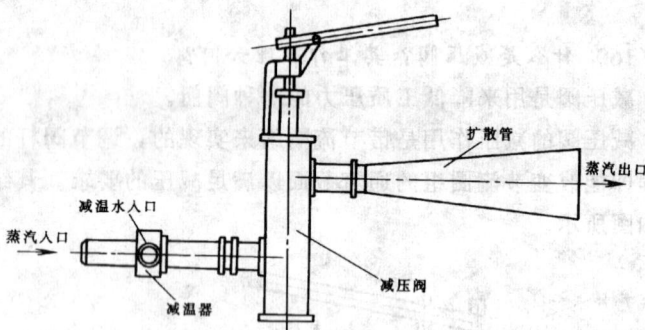

减温减压阀示意图

162. 锅炉空气阀起什么作用？

在锅炉某些联箱导管的最高点，一般都要引出气管，并装有排放空气的阀门。

它的主要作用是：

（1）在锅炉进水时，受热面水容积中空气占据的空间逐渐被水代替（水的重度大于空气的重度），在给水的驱赶作用下，空气向上运动聚拢，所占的空间越来越小，空气的体积被压缩，压力高于大气压，最后经排空气管通过开启的空气门排入大气。防止了由于空气滞留在受热面内对工质的品质及管壁的不良影响。

（2）当锅炉停炉后，泄压到零前开启空气门可以防止锅炉承压部件内因工质的冷却，体积缩小所造成的真空（即负压）；可以利用大气的压力，放出锅水。

163. 过热器疏水阀有什么作用？

过热器疏水阀有两个作用：一是作为过热器联箱疏水用；另一作用是在启、停炉时保护过热器管，防止超温烧坏。因为启、停炉时，主汽门处于关闭状态，过热器管内如果没有蒸汽流动冷却，管壁温度就要升高，严重时导致过热器管烧坏。为了防止过热器管在升火、停炉时超温，可将疏水阀打开排汽，以保护过热器。

164. 电除尘器投入要具备哪些条件？

（1）烟气温度为 160℃，最高不超过 200℃；

（2）烟气负压力不大于 400mmH₂O（1mmH₂O＝9.8Pa）；

（3）烟气中易爆易燃气体的含量必须低于危险程度，一氧化碳含量小于 1.8%；

（4）烟气最大含尘量一般不超过 35g/m³；

（5）烟气尘粒的比电阻在 160℃时应小于 $3.27\times10^{12}\Omega$/cm 范围内；

（6）接地电阻小于 4Ω。

165. 发电厂管道漆色有何规定？

根据部颁《电力工业技术管理法规》（试行）电厂管道漆色规定如下：

管道内工作介质	涂漆颜色	
	底 色	色 环
过热蒸汽	银	无 环
饱和蒸汽	银	黄
中间过热蒸汽	银	无 环
凝结水	浅 绿	蓝
化学净水	浅 绿	白
给水	浅 绿	无 环
疏水和排水	浅 绿	红
循环水和工业水	黑	无 环
消防水	橙 黄	无 环
油管	浅 黄	无 环
空气	天 蓝	无 环
天然气或高炉瓦斯	白	黑

三、锅炉燃料及制粉设备

1. 什么是燃料？按其物态分为哪几种？

燃料是指能与氧发生剧烈化学反应以取得热量的物质。

按其物态可分为固体、液体、气体三种。

2. 什么是标准煤？

收到基（应用基）低位发热量为 29270kJ/kg 的煤。

3. 煤的成分分析有哪几种？

有元素分析和工业分析两种。

4. 煤的主要特性是指什么

指煤的发热量、挥发分、焦结性、灰的熔融性、可磨性等。

5. 煤中最主要的可燃元素是什么？

碳是煤中最主要的可燃元素。

6. 煤中单位发热量最高的元素是什么？

氢是煤中单位发热量最高的元素。

7. 什么叫发热量？什么叫高位发热量和低位发热量？

单位质量的燃料在完全燃烧时所发出的热量称为燃料的

发热量。

高位发热量是指 1kg 燃料完全燃烧时放出的全部热量，包括烟气中水蒸气已凝结成水所放出的汽化潜热。从燃料的高位发热量中扣除烟气中水蒸气的汽化潜热时，称燃料的低位发热量。

8. 发热量的大小取决于什么？

发热量的大小取决于燃料中碳、氢硫元素含量的多少。

9. 煤粉细度指的是什么？

煤粉细度是指煤粉经过专用筛子筛分后，残留在筛子上面的煤粉质量占筛分前煤粉总量的百分值。用 R 表示，其值越大，表示煤粉越粗。

10. 煤粉的经济细度是怎样确定的？

煤粉的细度是衡量煤粉品质的重要指标。从燃烧角度希望磨得细些，以利于燃料的着火与完全燃烧，减少机械不完全燃烧热损失，又可适当减少送风量，降低排烟热损失。从制粉角度希望煤粉磨得粗些，可降低制粉电耗和钢耗。所以选取煤粉细度时，应使上述两方面损失之和为最小时的煤粉细度作为经济细度。应依据燃料性质和制粉设备型式，通过燃烧调整试验来确定。

11. 煤粉品质的主要指标是什么？

是指煤粉的细度、均匀程度和煤粉的水分。

12. 动力煤依据什么分类？一般分为哪几种？

动力煤主要依据煤的干燥无灰基挥发分 V_{daf} 来分类。一般分为五种：无烟煤、贫煤、烟煤、褐煤和低质煤。

13. 无烟煤有何特点？

无烟煤的碳化程度最高，即含碳量最多水分、灰分较少，发热量较高，挥发分含量较低；呈金属光泽，颜色为灰黑或黑色，重度较其它煤大，质坚硬，不易碎裂，燃烧时只有很短的蓝色火焰，焦炭没有焦结性。

14. 煤的成分有哪几种不同的基准？分别用什么符号表示？

有收到基、空气干燥基、干燥基、干燥无灰基。在各成分的右下角分别用"ar"、"ad"、"d"、"daf"表示。

15. 煤中的硫（S）由几部分组成？有何危害？

煤中的硫由有机硫、黄铁矿中的硫和硫酸盐中的硫三部分组成。前两种硫均可燃烧，称为可燃硫或挥发硫。硫酸盐硫不能燃烧，属于灰分硫是煤中的有害元素，虽然挥发硫可以燃烧放出一定的热量，但其燃烧产生物是 SO_2 或 SO_3 气体，这种气体和水蒸气结合产生亚硫酸或硫酸蒸汽，当烟气流经低温受热面时，若金属受热面温度低于硫酸蒸汽开始结露的温度（露点）时，硫酸蒸汽便在其上凝结而腐蚀受热面。SO_2 和 SO_3 气体以烟囱排出时也会污染大气，对人体和动植物都有危害。

16. 什么叫煤的可磨系数？

煤的可磨系数是煤的磨制难易程度的数值表示。在风干状态下将标准煤样和待测煤样由相同的粒度磨碎到相同的细度时，所耗电能之比，称为待测煤样的可磨性系数 K_{km}（其中标准燃料是用一种比较难磨的无烟煤，可磨性系数定义为等于 1.0）。

17. 什么是挥发分？是否包括煤中的水分？

失去水分的煤样，在隔绝空气条件下加热至 850（±20)℃，使燃料中有机物分解而析出的气体产物，称为挥发分。

挥发分不包括水分。

18. 不同煤的灰分的熔点是否相同？同一种煤的灰熔点是否相同？为什么？

不同的煤具有不同的灰熔点，同一种煤的灰熔点也不是固定不变的。因为灰分的熔点与灰分的各种成分、灰分所处的周围介质条件和含灰量的多少有关。即使同一种煤，若周围介质条件不同，其灰熔点也不同。

19. 火电厂锅炉主要燃用什么油

主要燃用重油，有时也用柴油。

20. 燃油的物理特性是什么？

粘度、凝固点、闪点、燃点、密度。

21. 什么叫油的闪点？

对燃油加热到某一温度时，表面有油气产生，油气和空气混合到某一比例，当明火接近时即产生蓝色的闪光，瞬间即逝，此时的温度称为闪点。

22. 什么叫油的燃点？

当温度升高到某一温度时燃油表面上油气分子趋于饱和，与空气混合且有火焰接近时即可着火，并能保持连续燃烧，持续时间不小于 5s，此时的温度称为着火点。

23. 什么叫油的凝固点？

当油温降到某一数值时，重油变得相当粘稠，以致使盛油的试管倾斜 45°时，油表面一分钟内尚不能表现移动倾向，此时的温度称为凝固点。

24. 什么是重油？它是由哪些成分组成的？

重油是石油炼制后的残余物，因其重度较大，故称重油。

重油是由不同成分的碳氢化合物组成的，从元素分析上看，它是由碳、氢、氧、氮、硫、水分、灰分等组成。

25. 重油有哪些特点？

重油含碳，氢量较高，灰分、水分含量较少，所以发热量较高。

26. 什么叫油的粘度？

粘度是液体流动性的指标，它对油的输送和燃烧有重要影响。燃油的粘度通常以恩氏粘度表示，符号为°E_t。所谓恩氏粘度，就是 $200cm^3$ 的油，在某一温度下，流经一标准尺寸孔口所需的时间与同体积的水在 20℃下通过同一孔口时间的比值。

27. 什么叫煤的工业分析？

煤的工业分析就是按规定条件把煤试样进行干燥、加热和燃烧来确定煤中水分、挥发分、固定碳和灰分的百分含量，从而了解煤在燃烧方面的某些特性。

28. 煤的工业分析成分有哪些？

煤的工业分析成分有水分、挥发分、固定碳和灰分。

29. 锅炉用燃油的特性指标怎样？

锅炉用燃油的特性指标见下表：

轻柴油牌号 \ 项目	0	—10	—20	—35	农用柴油
运动粘度（20℃）（×10⁻⁶m²/s）	3.0~8.0	3.0~8.0	2.5~8.0	2.5~7.0	50℃时不大于≯6
凝固点（℃）不大于	0℃	—10℃	—20℃	—35℃	20℃
闪点（闭口）（℃）不小于	60	60	60	60	60
灰分（%）不大于	0.025	0.025	0.025	0.025	0.025
水分（%）不大于	痕迹	痕迹	痕迹	痕迹	痕迹
含硫量（%）不大于	0.2	0.2	0.2	0.2	0.2
机械杂质（%）不大于	无	无	无	无	0.01

重柴油牌号 \ 项目	10	20	30	重油牌号 \ 项目	20	60	100	200
运动粘度 (50℃) (×10⁻⁶ m²/s)	13.5	20.5	36.2	粘度 (°E50)不大于	5.0	11	15.5	5.5 ～ 9.5
凝固点 (℃) 不大于	10	20	30	凝固点不大于	15	20	25	36
闪点 (闭口) (℃) 不小于	65	65	65	闪点 (开式) (℃) 不小于	80	100	120	130
灰分 (%) 不大于	0.04	0.06	0.08	灰分 (%)不大于	0.3	0.3	0.3	0.3
水分 (%) 不大于	0.5	1.0	1.5	水分 (%)不大于	1.0	1.5	2.0	2.0
含硫量 (%) 不大于	0.5	0.5	1.5	含硫量 (%)不大于	1.0	1.5	2.0	3.0
机械杂质 (%) 不大于	0.1	0.1	0.5	机械杂质 (%) 不大于	1.5	2.0	2.5	2.5

30. 重油的粘度主要与哪些因素有关？

粘度是液体燃料的一个重要特性，粘度小，表示液体容易流动，易于输送和雾化，对锅炉的运行操作是有利的；粘度大，液体流出时间长。

重油的粘度与温度有关，也与油质有关。温度高，油的粘度小，油易于流动和雾化，但油温不能加热过高，如当重油油温达120～130℃以上时，粘度降低不多，且易引起重油的气化，导致储油罐冒顶、火灾等事故。

31. 燃料油燃烧为什么首先要进行雾化？

燃料油油滴的燃烧必须在油气和空气的混合状态下进行，其燃烧速度取决于油滴的蒸发速度以及油气和空气的混合速度。油滴的蒸发速度与直径大小和温度有关，直径愈小、温度愈高、蒸发愈快。另一方面，直径愈小增加了与空气接触总表面积，有利于混合和燃烧的进行。所以，燃油在燃烧前必须进行雾化，使重油喷入炉膛之后，能迅速加热蒸发，充分燃烧。

32. 煤的挥发分对锅炉燃烧有何影响？

挥发分高的煤易于着火，燃烧比较稳定，而且燃烧完全，磨制的煤粉可以粗些。缺点是易于爆燃。挥发分低、含碳量高的煤，不易着火和燃烧，则磨制的煤粉细度要求细些。

33. 什么是燃料的燃烧？

燃烧是指燃料中的可燃成分（C、H、S）同空气中的氧发生剧烈化学反应并放出热量的过程。

34. 什么是理论空气需要量？

根据燃烧反应，计算出1kg燃料完全燃烧所需要的空气量称为理论空气量。

35. 什么是实际空气供给量？

为了保证燃料完全燃烧，所供应的空气量要比理论空气量大些，这一空气量称为实际空气量。

36. 什么是过量空气系数？

过量空气系数 $\alpha = \dfrac{\text{实际空气量}\ V^K}{\text{理论空气量}\ V^\circ}$。

37. 炉内过量空气系数指的是什么？什么是最佳过量空气系数？

炉内过量空气系数一般是指炉膛出口处的过量空气系数"α_1"，它的最佳值与燃料种类，燃烧方式及燃烧设备的完善程度有关，应通过试验确定。

过量空气系数过大或过小，都会使锅炉效率降低。当运行中排烟、化学不完全燃烧、机械不完全燃烧热损失总和为最小时的过量空气系数为最佳过量空气系数。通常需要通过试验确定。

38. 空气含湿量指什么？一般为多少？

空气的含湿量是指 1kg 干空气带入的水蒸气量。一般为 10g/kg。

39. 什么是漏风系数？它与什么有关？

对任何一受热面来说，出口过量空气系数与入口过量空气系数之差为该受热面的漏风系数。$\Delta\alpha = \alpha'' - \alpha'$，对负压系统其值为正值，正压系统为负值。

它与锅炉的结构、安装、检修质量、运行操作情况有关。

40. 什么是烟气焓？用什么表示？

1kg 固体或液体燃料燃烧生成的烟气，在等压下，从 0℃ 加热到 θ℃ 所需要的热量称为烟气焓。

用 I_y 表示，单位为 kJ/kg。

41. 煤粉在炉内的燃烧过程大致经历哪几个阶段？

大致分为三个阶段。①着火前的准备阶段；②燃烧阶段；③燃尽阶段。

42. 影响煤粉气流火焰传播速度的因素有哪些？

有煤粉的挥发分、灰分、最佳气粉比和煤粉细度。

43. 什么叫燃烧反应速度和燃烧程度？

燃烧反应速度通常是指单位时间内反应物或生成物浓度的变化。燃烧的快慢决定于燃烧过程中化学反应所需的时间和氧气供给燃料所需的时间。此外，也与某些催化剂有关。

燃烧程度即燃料燃烧的完全程度。表现为燃烧产物离开燃烧室时带走可燃质的多少。

44. 什么叫完全燃烧？什么叫不完全燃烧？

燃料中的可燃成分在燃烧后全部生成不能再进行氧化的燃烧产物，如 CO_2、SO_2、H_2O 等，叫做完全燃烧。燃料中的可燃成分在燃烧过程中有一部分没有参与燃烧，或虽进行燃烧，但生成的烟气中还存在可燃气体 CO、H_2、CH_4 等，称为不完全燃烧。

45. 要使煤粉迅速而又完全燃烧，应满足哪些条件？

要满足以下条件：

（1）炉内要维持足够的温度；

（2）要供给适量的空气；

（3）燃料与空气的良好混合；

（4）足够的燃烧时间。

46. 按化学条件和物理条件对燃烧速度的影响不同，可将燃烧分为哪几类？

可分为三类：动力燃烧、扩散燃烧、过渡燃烧。

47. 何谓动力燃烧？何谓扩散燃烧？何谓过渡燃烧？

当温度较低、化学反应速度较慢，而物理混合速度相对较快时，燃烧速度主要取决于化学条件，即炉内温度，这种燃烧情况叫做动力燃烧。

当温度较高，化学反应速度较快，而物理混合速度相对较小时，燃烧速度主要取决于炉内氧对燃料的扩散情况，这种燃烧情况叫做扩散燃烧。

当炉内温度与混合速度相适应时，燃烧速度既与温度有关，又与氧气的混合、扩散速度有关，我们把这种燃烧情况叫做过渡燃烧。

48. 表示灰渣熔融特性的指标是哪三个温度？

变形温度 DT，软化温度 ST 和熔化温度 FT。

49. 什么叫煤粉的自燃？

煤粉与空气接触，缓慢氧化所产生的热量，如不能及时散发，将导致温度升高，使煤的氧化加速而产生更多的热量，当温度升高到煤的燃点，就会引起煤粉的燃烧，这个现象称为煤粉的自燃。

50. 什么叫炉膛容积热负荷？

炉膛容积热负荷是指每小时、每立方米炉膛容积放出的热量。

51. 烟气是由哪些成分组成的？

烟气中含有 CO_2、H_2O、SO_2、N_2 等，当不完全燃烧时，还有 CO，当供以过剩空气时，还有剩余在烟气中的 O_2。

52. 油枪雾化性能的好坏，从哪几方面判断？

油枪雾化性能的好坏，可由雾化细度、均匀度、扩散角、射程和流量密度等方面来判断。

雾化质量好的油滴小而均匀，射程应根据炉膛断面来调整，流量密度分布也应均匀。

53. 油的强化燃烧有何措施？

燃料油入炉前应事先加热，加热所达到的温度，视燃料油的种类和特性而定，油温提高以后，便于油的输送和雾化；必须提高燃料油的雾化质量，使油滴颗粒直径小而均匀，便于蒸发，有利于和空气的充分混合；还应注意雾化角的大小，应能根据燃料油特性适当进行调节；雾化炬的流量密度分布应尽可能的均匀；加强油雾与空气的混合，混合越强烈越好；根部送风要及时。

54. 制粉系统的任务是什么？

（1）磨制出一定数量的合格煤粉；

（2）对煤粉进行干燥；

（3）用一定的风量将合格的煤粉带走；

（4）储存有一定数量的合格煤粉满足锅炉负荷变动需要（储仓制）。

55. 发电厂磨煤机如何分类

按磨煤机的工作转速，磨煤机大致可分为三种：

（1）低速磨煤机，转速为 15～25r/min，如筒式钢球磨煤机。

（2）中速磨煤机：转速为 50～300r/min，如中速平盘磨煤机、中速钢球磨煤机、中速碗式磨煤机。

（3）高速磨煤机：转速为 500～1500r/min，如锤击磨煤机、风扇磨煤机。

56. 直吹式制粉系统有哪两种形式？各有什么优缺点？

直吹式制粉系统由于排粉机设置位置不同，可分为正压和负压系统。排粉机装在磨煤机之后，整个系统处于负压下工作，称为负压直吹系统。排粉机装在磨煤机之前整个系统处于正压下工作，称为正压直吹式制粉系统。在负压系统中，由于燃烧所需要的全部煤粉，均经过排粉机，因而风机叶片容易磨损，降低了风机效率，增加了通风电耗，使系统可靠性降低，维修工作量增加；它的优点是磨煤机处于负压状态，不易向外冒粉，工作环境比较干净。

正压系统中通过排粉风机的是洁净空气，不存在风机叶片的磨损问题，冷空气也不会漏入系统，因此运行可靠性与经济性都比负压系统高。但是，磨煤机需采取密封措施，否则向外漏粉污染环境，并有引起煤粉自燃爆炸的危险。另外，若风机装在空气预热器后的热风管道上，因它输送的是高温介质，因此对风机结构有特殊要求，运行可靠性较差，风机效率降低。

57. 中间储仓式制粉系统与直吹式制粉系统比较有哪些优缺点？

储仓式制粉系统的特点是，以原煤进入制粉系统到煤粉送进燃烧室的制粉过程中，有储存煤粉的设备。它与直吹式制粉系统比较有以下优点：

（1）磨煤机出力不受锅炉负荷限制，可以保持在经济工况下运行。

（2）磨煤机工作对锅炉本身影响较小，各粉仓之间或各炉之间可用输粉机相互联系，以提高供粉可靠性。有利于锅炉机组安全运行。

（3）锅炉所需大部分煤粉经给粉机送到炉膛，因此排粉机工作条件大为改善。

缺点：

（1）由于储仓式制粉系统在较高负压下工作，漏风量大，因而输粉电耗大。在保证最佳过量空气系数时，锅炉送风量减少，使 q_4、q_2 增大，锅炉效率降低。

（2）储仓式制粉系统部件多，因而投资大，占地面积大，设备维护量大，同时爆炸的危险性也较直吹式大。

58. 锅炉常用给煤机有哪几种？

锅炉常用给煤机有圆盘式、皮带式、刮板式电磁振动式和电子重力式。

59. 振动式给煤机是怎样工作的？

振动式给煤机是目前应用较广泛的一种给煤机，它主要是由给煤槽以每秒 50 次频率振动。振动器与给煤槽输煤平面之间的夹角为 α，所以输煤平面上的煤就以 α 角逐抛物线向前跳动，并均匀地下落到煤管中。见附图。

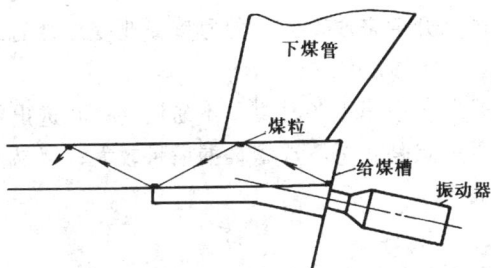

振动式给煤机的工作原理示意图

60. 简述振动给煤机电磁振动器的工作原理？

振动器中有一个电磁线圈，通过电磁线圈的电流是经过半波整流的脉冲电流。当正半波时，电流通过电磁铁有吸力；而负半波时无电流，电磁铁无吸力。有吸力时，电磁铁吸引与给煤槽连成一体的振动板，无吸力时，因弹簧的作用，振动板又回到原来位置，这样使给煤槽不断振动。

调节给煤量的方法是调节振幅，即调节振动力，用调节器来调节电压或者用可控硅改变电路中的电流量，都可以实现给煤量的调节。适当调整振动槽的角度，也可调整给煤量。

61. 振动式给煤机有哪些优缺点？

这种给煤机结构简单、轻巧、使用安全可靠；因无转动部分，不需润滑，磨损部件少，维修简单，检修方便；给料均匀；调节灵活；便于自动控制；耗电量很小。但原煤过湿时，给煤量的控制较困难。

62. 什么是皮带式给煤机？它有何优缺点？

皮带式给煤机就是小型的皮带输送机，可以用调节皮带上面的煤闸门开度来改变煤层的厚度或改变皮带的速度来调节给煤量。

优点是：①适用于各种煤，不易堵塞；②进出料口布置距离较长。缺点是：①不严密，漏风量较大；②易撒煤；③占地面积大。

63. 简述木块分离器的结构及工作原理？

结构：内有一个前侧椭圆后方形的筛子，用螺丝紧固在轴上，可以上下翻转90°，筛子下面有两块挡板，上面的挡板开启时，可使木头进入栅格，下面挡板开启时，可使栅格底部的煤粉流净，便于取出木头和杂物。

工作原理：正常运行时，木块分离器筛子放在水平位置，由于负压的作用，使木块和杂物附着在筛子下部，拉筛子时，先关闭下部挡板，开启上部挡板，然后再拉筛子，使筛子翻转90°，让木块和杂物落入栅格中，迅速使筛子复位，并关闭上部挡板，开启下部挡板，再拉开手孔，取出木头和杂物。

64. 钢球磨煤机由哪些主要部件组成？

球磨机主体是一个大圆筒体，其筒的内壁衬有波浪形锰钢瓦组成的护板，护板外面是一层绝热石棉垫，石棉垫外是钢板制成的筒身，筒身外包一层隔音用的毛毡，毛毡外还有一层薄钢板制成的外壳.圆筒的两端是两个锥形端盖封头,封头上装有空心轴颈,轴颈放在大轴承上。两个空心轴颈的端部各连接着一个带倾斜度的短管,其中一个是热风与原煤的进口,另一个是气粉混合物的出口。空心轴颈的内壁有螺旋形槽,在运行中,当有钢球或煤落上时,能沿着槽回入筒内(见图)。

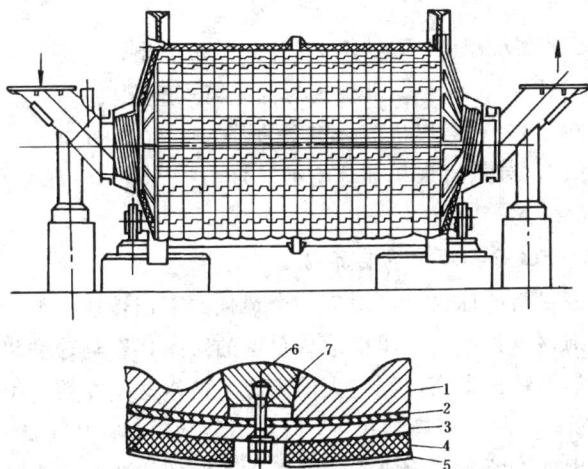

钢球磨煤机

1—钢瓦;2—石棉板垫层;3—筒体;4—毛毡层;

5—钢板外壳;6—压紧用的楔形块;7—螺栓

65. **简述筒式球磨机的工作原理。**

圆筒由电动机通过减速箱拖动旋转,筒内的钢球及煤在圆筒转动时,由筒内波浪形护板带动提升到一定高度,钢球从一定高度落下,将煤击碎,所以球磨机主要是以撞击作用磨制煤粉的，同时也兼有挤压和碾压的作用。

煤和热风在入口短管前相遇，煤初步被干燥，随即进入圆筒。煤在圆筒内被磨制的过程也是被干燥的过程。最后热风携带煤粉经出口短管送至粗粉分离器，气粉混合物中不合格的粗颗粒经粗粉分离器分离出来，又回到磨煤机内重新制磨，合格的煤粉被送出。

66. 磨煤机型号"DTM 320/580"表示什么意思？

"DTM"：表示磨煤机型式为低速筒式磨煤机；

"320"：表示磨煤机筒体有效直径为 3200mm；

"580"：表示磨煤机筒体有效长度为 5800mm。

67. 什么是钢球磨的临界转速

一定规格的球磨机，对应一个最佳的工作转速，如转速太低，则钢球带不高，不能形成足够的落差，影响球磨机的出力。如果转速太高，则过大的离心力使钢球贴在筒壁上随着筒体旋转，起不到撞击作用，以致不能磨煤。根据试验，当作用在钢球上的离心力等于钢球的重量时的转速，称为临界转速。

68. 球磨机的筒长、筒径与出力有什么关系？

球磨机筒体容积大，制粉出力高；筒身长、出粉细，所以难磨的煤要用筒身长而细的磨煤机来磨；易磨的煤用筒身短而粗的磨煤机来磨。

69. 磨煤机的最佳装球量是怎样确定的？

在一定范围内，钢球装载量越多，球磨机的出力越大，但当钢球量超过一定限度时，由于钢球在圆筒内所占的容积增大，增加了通风阻力，降低了钢球落下的有效高度和空气携带煤粉的能力，使球磨机的出力降低。因此，对于给定的燃煤和钢球存在着一个钢球最佳装载量，一般用最佳钢球充满系数 ψ 表示。$\left(\psi = \dfrac{G}{4.9V}\right)$ 式中 G 为钢球装载量（t），V 为筒体体积（m^3），ψ 值一般在 $0.2\sim0.35$ 范围内。最佳装载量可由最佳钢球充满系数决定，亦可由试验方法确定。

70. 球磨机为什么要选用不同直径的钢球？

球磨机在运行中，原煤中大颗粒、坚硬的煤主要依靠大钢球砸碎，因为钢球直径大，重量越大，被磨煤机提到一定高度落下来的撞击能量大。而将粗煤粉制成合格的细粉，主要依靠小些的钢球，因为直径较小、数量多，相互接触面积大，相互撞击次数多，便于碾磨。一般对于难磨的煤采用大直径钢球，易磨的煤采用较小直径钢球。新装钢球可按下列比例掌握：$\phi40$——30%，$\phi50$——35%，$\phi60$——35%。

71. 选用钢球应考虑哪些因素？

（1）考虑钢球的硬度和韧性，使适合被磨煤种要求，既要减少钢球的破碎率，又要有耐磨性。

（2）考虑钢球的大小。对硬度不大的煤，宜用直径较小的球，不宜用大球，大球的磨煤出力低，而且对衬板也有害；对硬度较大的煤，钢球直径可选大些，因为大球冲击能量大，砸碎能力强，能保证一定的磨煤出力。

（3）考虑钢球硬度与衬板硬度相匹配。一般钢球硬度为衬板硬度的 $0.85\sim0.9$ 倍。

72. 球磨机内的细小钢球及杂物有哪些害处？

当磨煤机长期运行时，由于随原煤一起带入的杂物以及金属的磨损，使磨煤机内积累了细小钢球和杂物，这些细小钢球和杂物便成为吸收钢球撞击能力的缓冲物，降低了钢球的作功能力。另外细小钢球和杂物积累多了，就会占去一定的容积，使球磨机内的载球量减少，使磨煤机出力下降，增加了制粉电耗，因此，磨煤机运行一段时间后，应剔除细小杂物和细小钢球。

73. 球磨机大牙轮应选用什么样的润滑剂？

因为钢球磨转速低，传动齿轮扭矩大，应选用较大粘度和干净的润滑剂，以保证传动齿轮在啮合齿面上有良好的润滑油膜。大都采用7份石油沥青和3份40号机油加热搅拌均匀，用喷枪均匀地喷到清洗干净的大牙轮上，使齿轮面在传动过程中形成一层半固体油膜，以达到润滑目的。

干油喷雾则利用较大粘度的 #150 机油来作为润滑剂。

74. 球磨机的减速箱是怎样减速的？

磨煤机的减速箱实际上是一对齿数不同的齿轮，与电动机转子连接的称为主动轮，与被传动的机械连接的称为从动轮，由于主动齿轮的齿数比从动齿轮齿数少，从而达到减速的目的。从动齿轮与主动齿轮转速之比称为减速箱的减速比。例如 DTM320/580 型球磨机所配减速机减速比为 6.42。磨煤机电动机转速为 985r/min，经减速箱减速后的转速为 $\frac{985}{6.42}=$ 153.4r/min。实际上磨煤机大牙轮与小牙轮也是一组减速器，其减速比为 8.33，由此可以得出磨煤机大罐的转速为 $n=$

$$\frac{153.4}{8.33} = 18.42 \text{r/min}。$$

75. DZM380/550 型双锥型钢球磨有哪些特点？

在球磨机中，钢球在整个筒体长度上基本是均匀分布的，但进口侧的煤多而粗，出口侧的煤少而细，所以进口侧磨煤效率不高，而出口磨得过细。双锥型球磨机结构（见图）是除中间靠近进口段以保持圆柱型外，两端均做成锥型。这样布置球磨机内钢球分布比较合理。进口处因有回粉进入，所以有一较短的锥形体，在煤多而粗的圆柱体部分钢球数量最多。出口侧煤少而细，相应做成较长的锥型，其中钢球量较少。在磨煤时，不同直径的钢球也能得到合理的分布，大的钢球在中间段圆柱体内磨大颗粒煤，小的钢球可在两侧圆锥

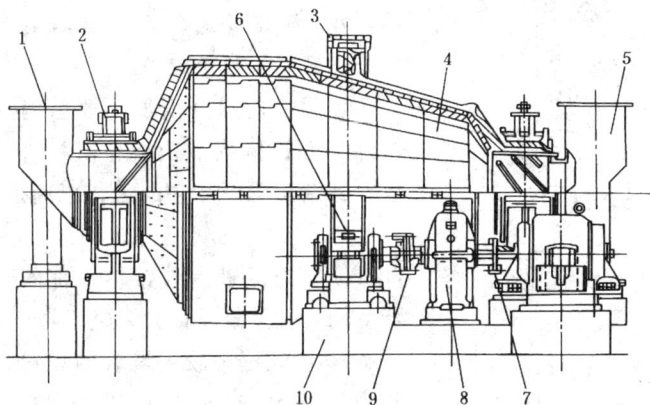

DZM380/550 锥筒式双传动磨煤机结构示意图

1—进口料斗；2—主轴承；3—传动齿轮罩；4—转筒；

5—出口料斗；6—传动齿轮组；7—弹性联轴器；

8—减速机（A-750）；9—弹性联轴器；10—基础

111

体内磨小颗粒的煤。

76. 粗粉分离器的作用是什么？

粗粉分离器的作用主要是将不合格的粗煤粉分离出来，送回磨煤机重新磨制。另一个作用是可以调节煤粉的细度，以便在煤种或干燥剂量变化时，保证一定的煤粉细度。

77. 粗粉分离器有几种型式？

目前国内广泛应用的分离器有：①离心式粗粉分离器，它包括普通径向型和轴向型两种；②回转式粗粉分离器。

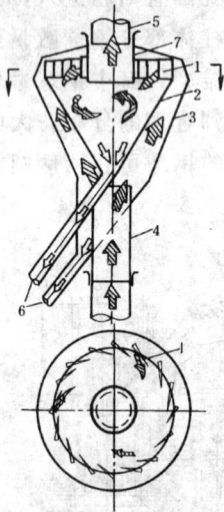

普通径向型
离心式粗粉分离器

1—折向挡板；2—内圆锥体；
3—外圆锥体；4—进口管；
5—气粉混合物出口管；
6—回粉管；7—活动环

78. 简述普通径向型离心式粗粉分离器的工作原理。

普通径向型分离器主要由两个内外空心锥体调节挡板和回粉管组成，其结构见图。它的工作原理是：由磨煤机出来的气粉混合物以18～20m/s的速度进入外锥体下部的环形空间，由于截面扩大，速度降至4～6m/s，气流中较大颗粒的粗粉在重力作用下被分离出来，并经回粉管返回磨煤机重新磨制，而进入分离器上部的煤粉气流经过切向调节挡板产生旋转运动，在离心力作用下，较粗的煤粉被甩到器壁落下，由另一回粉管送回磨煤机重新磨制。最后煤粉气流进入出口管时，由于急转弯，惯性力使一部分粗粉进一步分离出来。

79. 径向改进型粗粉分离器的工作原理是什么？

从磨煤机出来的气粉混合物,首先碰撞到锥体锁气器而折向上升,因流通截面增大,气粉混合物速度降低,在重力的作用下,较粗的煤粉被分离出来。气粉流经上部切向叶片间隙, 产生旋转运动, 在离心力作用下, 粗煤粉被分离出落在锁气器上。当锁气器上部的粗粉增加到一定数量时,锁气器动作, 使粗粉落下, 粗粉中合格的细粉又一次被气粉混合物带走,减少了回粉管中合格细粉数量,从而提高了磨煤机出力。见附图。

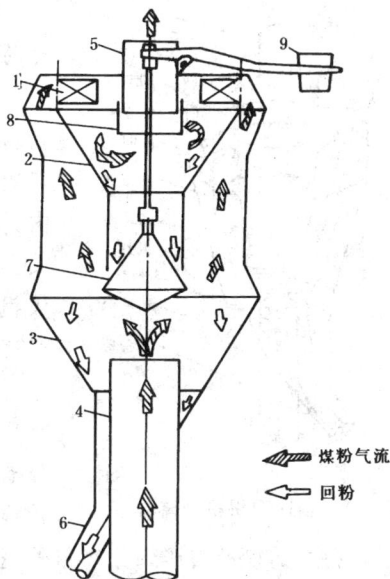

径向改进型粗粉分离器

1—折向挡板(切向叶片);2—内圆锥体;

3—外圆锥体;4—进口管;5—出口管;

6—回粉管;7—锁气器;8—活动环;9—重锤

80. 离心式粗粉分离器中径向改进型和普通型相比有何特点？

改进型分离器主要特点是：取消内锥体的回粉管，代之以可以活动的锁气器，由内锥体分离出来的回粉达到一定重量时，锁气器打开，使回粉落到外锥体中，从而使其中的细粉又被吹起，这样可以减少回粉中的合格细粉，提高分离器效率，达到提高制粉系统出力，降低电耗的目的。

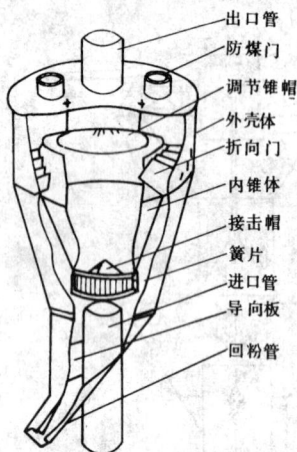

出口管
防煤门
调节锥帽
外壳体
折向门
内锥体
接击帽
簧片
进口管
导向板
回粉管

轴向型粗粉分离器

81. 简述轴向型粗粉分离器的工作原理。

从磨煤机出来的气粉混合物以 18～20m/s 的速度，经进口短管进入分离器以后，由于内外锥体之间环形截面积增大，气流速度骤降至 4～6m/s，较粗的粉粒由于重力的作用从气流中分离落下。气粉混合物流过分离器上部折向门（轴向叶片）间隙时，方向偏移，在分离器外锥体上部形成倒漏斗状旋转气流。在离心力的作用下，粗大的粉粒被压到分离器外壳壁分离落下，而较粗的煤粉被抛向锥帽落入内锥体内，经回粉锁气器装置进入回粉管，与外锥体分离出的粗粉一起返回磨煤机重新磨制，合格的煤粉随气流从分离器短管引出（见图）。

82. 轴向型粗粉分离器有何特点？

（1）降低容积强度，可以大大改善离心的分离效果。

（2）折向门选用轴向式，有利于气流旋转，可提高离心分离效果。折向门布置在内外筒体之间，它的最大开角为 45°。

（3）轴向型粗粉分离器进出口流速控制在 18～20m/s，同时出口管与分离器隔板平齐,缩短流程对降低阻力十分有利。

（4）内锥圆柱体上部加装一圆锥形盖帽,与内锥圆柱体之间形成环形间隙,锥帽可以上下移动,用它来改变第二级分离区气粉混合物的径向速度,从而实现煤粉细度的调节。

83. 简述旋风分离器的工作原理。

气粉混合物由入口管切向引入,在外圆筒与中心管之间高速旋转,由于离心力的作用,使煤粉集中于圆筒壁,并沿壁落下至筒体出口,进入煤粉仓或绞龙内。气流则经中心管引出,然后进入排粉机（见图）。

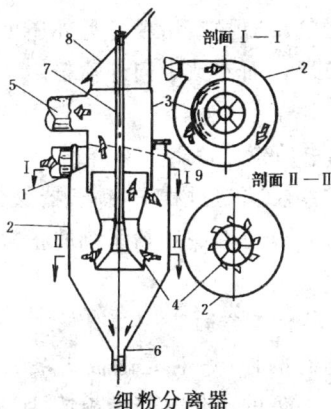

细粉分离器

1—进口管；2—外圆柱体；3—内圆柱体；4—导向叶片；
5—出口管；6—煤粉出口；7—拉杆；8—中部防爆门；
9—外圆柱体上的防爆门

84. 制粉系统为什么要装防爆门？

制粉系统的防爆门通常是用金属薄膜按一定要求制成,其承压强度很小。当制粉系统发生爆炸时,它首先破裂使气体排出降压防止管道、设备爆破损坏。

85. 制粉系统再循环门的作用是什么？

再循环门的作用是将一部分排粉机出口的气流返回磨煤机进口，增加制粉系统的通风量和气体流速，从而调整磨煤出力与干燥出力平衡。但由于排粉机出口空气温度降低、湿分较大、故而在原煤水分较高时，再循环门不宜使用；若煤的水分小，挥发分高时，并且要求加强磨煤机通风，则再循环门可以适当开大，但要注意煤粉细度合格。

86. 制粉系统的吸潮管起什么作用？

吸潮管主要是利用排粉机的负压，把煤粉仓和绞龙内的潮气吸走，避免潮气冷凝导致堵粉。另外还可以保证煤粉仓和绞龙有一定的负压，而不致于向外喷粉。

87. 制粉系统中的锁气器起什么作用？

在制粉系统的煤粉输送过程中，锁气器只允许煤粉通过，而不允许空气流过，以免影响制粉系统的正常工作。

88. 锁气器是怎样工作的？

常用的锁气器有两种：一种是翻板式，另一种是草帽式。它们都是利用杠杆原理的工作，当翻板或活门上的煤粉超过一定重量时，翻板或活门自动打开，煤粉落下，当煤粉通过后，翻板或活门重又因重锤的作用而关闭。

89. 锁气器为什么要串联使用？

在制粉系统的同一管路中，锁气器必须两只串联组装，这样当第一只打开时，第二只关闭，当第二只打开时，第一只关闭，它们不应同时开启，以防空气通过。

90. 排粉机的作用是什么?

排粉机一般就是一种离心式风机,它的作用就是使制粉系统中输送煤粉用的热空气或气粉混合物能克服各种阻力而流动。

91. 叶轮式给粉机由哪些主要部件组成?

叶轮式给粉机由带齿轮的叶轮轴、装于轴上的上下叶轮、搅拌器、壳体、固定于壳体上的上孔板、下孔板及给粉机挡板组成(见图)。

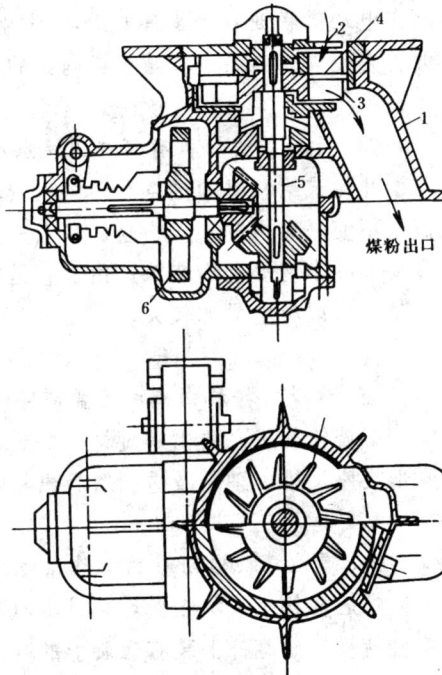

叶轮式给粉机
1—外壳;2 和 3—叶轮;
4—孔板(固定盘);
5—轴;6—减速器

92. 简述叶轮式给粉机的工作原理。

电动机经减速器带动上、下叶轮及搅拌器转动,上孔板上的煤粉受到搅拌器的搅动，并通过上孔板（固定盘）上一侧的下粉孔落入上叶轮槽内，然后由上叶轮经下孔板另一侧的下粉孔、拨落入下叶轮的槽道内，最后由下叶轮板送至对侧、落入一次风管内。

93. 叶轮式给粉机的内外销起什么作用？

叶轮式给粉机的结构比较复杂，由于煤粉中的木屑等杂物很容易使叶轮卡死，因此装有内销，内销的作用主要是保护叶轮不致卡死，以免电动机过载损坏。由于换内销较麻烦，故在电动机联轴节处装有外销，在发生杂物卡住给粉机时，一般首先使外销断掉，以减少换内销的次数。

94. 叶轮式给粉机有哪些优缺点？

叶轮式给粉机的优点有：供粉较均匀；不易发生煤粉自流；不使一次风冲入煤粉仓。缺点是：结构比较复杂；易被煤粉中的木屑等杂物堵塞；由于它是靠调节叶轮转速来调节粉量，所以耗电量比较大。

95. 螺旋输粉机由哪些主要部件组成？

螺旋输粉机主要由螺旋杆、外壳、固定于外壳上的轴承、端部支座、推力轴承及进粉管、出粉管等组成。

96. 简述螺旋输粉机的工作原理。

螺旋输粉机又称绞龙，它是由电动机通过减速器带动螺旋杆转动，螺旋杆上装有螺旋形的叶片，因而螺旋杆转动能把煤粉由入口端推向另一端，并由出口落入邻炉的煤粉仓。当螺旋杆反转时，又可将邻炉的煤粉送入本炉的粉仓。

97. 埋刮板给煤机由哪些主要部件组成？

埋刮板给煤（即输送）机由头部、刮扳链条、中间观察段、中间段、中间卸料段、清扫段、尾部及驱动装置部分组成。头部是动力的输入部件，壳体内装有头轮、头轮轴，外伸端装有驱动大链轮。尾部壳体内装有尾部和尾部轴等，尾部端部装有断链保护器。驱动装置系由电动机、减速器、柱销联轴器组成。

98. 埋刮板给煤机的工作原理怎样？

煤等物料在水平埋刮板给煤（即输送）机中进行输送是依靠内摩擦力的作用而实现的。与刮板直接接触的一层物料，由于受到刮板沿运动方向推力作用，直接地被推着沿料槽底部向前滑动，这层物体通过料层间的推力大于物料与槽壁的外摩擦力时，整个物料层，就随刮板链条一起向前运动。

四、锅 炉 运 行

1. 新安装的锅炉在启动前应进行哪些工作？

这些工作包括：

（1）水压试验（超压试验），检验承压部件的严密性。

（2）辅机试转及各电动门、风门的校验。

（3）烘炉。除去炉墙的水分及锅炉管内积水。

（4）煮炉与酸洗。用碱液与酸液清除蒸发系统受热面内的油脂、铁锈、氧化皮和其它腐蚀产物及水垢等沉积物。

（5）炉膛空气动力场试验。

（6）冲管。用锅炉自生蒸汽冲除一、二次汽管道内杂渣。

（7）校验安全门等。

2. 锅炉启动前上水的时间和温度有何规定？为什么？

锅炉启动前的进水速度不宜过快，一般冬季不少于 4h，其它季节 2～3h，进水初期尤应缓慢。冷态锅炉的进水温度一般不大于 100℃，以使进入汽包的给水温度与汽包壁温度的差值不大于 40℃。未完全冷却的锅炉，进水温度可比照汽包壁温度，一般差值应控制在 40℃ 以内，否则应减缓进水速度。原因是：

（1）由于汽包壁较厚，膨胀较慢，而连接在汽包壁上的管子壁较薄，膨胀较快。若进水温度过高或进水速度过快，将会造成膨胀不均，使焊口发生裂缝，造成设备损坏。

（2）当给水进入汽包时，总是先与汽包下半壁触，若给水温度与汽包壁温度差值过大,进水时速度又快,汽包的上、下壁,内外壁间将产生较大的膨胀差,给汽包造成较大的附加应力,引起汽包变形,严重时产生裂缝。

3. 锅炉水压试验有哪几种?水压试验的目的是什么?

水压试验分为工作压力试验、超压试验两种。

水压试验的目的是为了检验承压部件的强度及严密性。一般在承压部件检修后,如更换或检修部分阀门、锅炉管子、联箱等,及锅炉的中、小修后都要进行工作压力试验。而新安装的锅炉、大修后的锅炉及大面积更换受热面管的锅炉,都应进行工作压力 1.25 倍的超压试验。

4. 水压试验时如何防止锅炉超压?

水压试验是一项关系锅炉安全的重大操作,必须慎重进行。

(1) 进行水压试验前应认真检查压力表投入情况。

(2) 向空排汽、事故放水门电源接通,开关灵活,排汽、放水管系畅通。

(3) 试验时应有总工程师或其指定的专业人员在现场指挥,并由专人控制升压速度,不得中途换人。

(4) 锅炉起压后,关小进水调节门,控制升压速度不超过 0.3MPa/min。

(5) 升压至锅炉工作压力的 70%时,还应适当放慢升压速度,并做好防止超压的安全措施。

5. 锅炉酸洗的目的是什么?怎样进行酸洗工作?

酸洗的目的主要是除去锅炉蒸发受热面内氧化铁、铜垢、铁垢等杂质，也有消除二氧化硅、水垢等作用。

酸洗过程实质上是一个腐蚀内表面层的过程，分为循环酸洗和静置酸洗两种。

循环酸洗就是把锅炉水冷壁分成数个回路，水冲洗后进行酸洗。先将水加热至 40～50℃，然后采用循环式加药、加酸。即先加抑止剂，待均匀后，利用酸洗泵把酸液从一组水冷壁的下联箱注入，经汽包后由另一组水冷壁的下联箱排出。为了保证有较好的酸洗效果，酸液流速应大于 0.3m/s。为了不使酸液流入过热器，酸洗时酸液液位应维持在汽包较低可见水位处。

静置酸洗。就是利用酸泵把酸液从下联箱注入水冷壁，并维持一定高度，浸置 4h 后排出。

酸洗后还要进行水洗和碱中和，使所有与酸接触过的金属表面得到碱化。

6. 锅炉冲管的目的是什么？怎样进行冲管？

锅炉冲管的目的就是利用锅炉自生蒸汽冲除过热器、再热器受热面管及蒸汽管道内的铁锈、焊渣、铁屑、灰垢和油垢等杂物，否则向汽轮机供汽时将会产生如下危害：

（1）高速汽流携带杂物撞击汽轮机叶片，形成大量麻点，严重时引起叶片断裂，造成重大事故。

（2）杂物残留在过热器中，将使蛇形管的通流面积减少，甚至堵塞，造成管子过热爆破。

（3）残留物中的硅酸盐杂质会严重影响蒸汽品质。

冲管前锅炉应具备正式启动的条件。所以锅炉冲管也是锅炉本身的第一次整套启动过程，它起到了考验设备、检查设备、初步掌握设备运行特性的作用，为设备顺利试运行奠定了基础。

主蒸汽系统的冲管流程是在锅炉集汽联箱出口装设临时闸阀，由主蒸汽管的电动隔离门前经临时排汽管排出。再热蒸汽系统的冲管是利用一级旁路向再热蒸汽系统充汽，其流程是：主蒸汽管→一级旁路→低温段再热器→高温再热器→再热蒸汽出口联箱→中压联合汽门前接的临时排汽管排出。

冲管时的蒸汽参数一般是：主蒸汽温度低于额定值的 30～50℃，主汽压力为额定值的 30％～60％，甚至更低，蒸汽流量约为额定值的 1/3。每次冲管时间约持续 15min 左右，两次冲管间隔时间应根据壁温能降到 100℃ 以下所需的时间来定，这是为了使粘在管壁上的杂物能因管壁冷却而脱落。为了检验和判断冲管效果，在临时排汽管出口处装设铝质靶板，一般情况下，靶板每平方厘米面积上 1～3mm 痕坑个数平均在 0.7 以下，且无大于 3mm 痕坑则为合格。

7. 怎样才能放掉垂直过热器管内积水？

水压试验后，可采用以下方法放掉垂直过热器管内积水：

（1）打开事故放水门（不开向空排汽和空气门）。

（2）待汽包压力降到零的同时，打开向空排汽门，利用虹吸原理将过热器管内积水放掉。

（3）汽包水位达到锅炉点火水位时，关事故放水门，开启汽包上部空气门。

8. 什么叫锅炉的点火水位？

由于水的受热膨胀及汽化原理，点火前的锅炉进水常在低于汽包正常水位时即停止，一般把汽包水位计指示数为 −100mm 时的水位称为锅炉点火水位。

9. 为什么在锅炉启动过程中要规定上水前后及压力在 0.49MPa 和 9.8MPa 时各记录膨胀指示一次？

因为锅炉上水前各部件都处于冷态，膨胀为零，当上水后各部件受到水温的影响，就有所膨胀。锅炉点火升压后，0～0.49MPa 压力下饱和温度上升较快，则膨胀值也较大，4.9～9.8MPa 压力下，饱和温度上升较慢，则膨胀变缓，但压力升高，应力增大。由于锅炉是许多部件的组合体，在各种压力下，记录膨胀指示，其目的就是监视各受热承压部件是否均匀膨胀。如膨胀不均匀，易引起设备的变形和破裂、脱焊、裂纹等，甚至发生泄漏和引起爆管。所以要在不同的状态下分别记录膨胀指示，以便监视、分析并发现问题。当膨胀不均匀时，应及时采取如减缓升压、切换火嘴、进行排污、放水等措施，以消除膨胀不均的现象，使锅炉安全运行。

10. 使用底部蒸汽加热有哪些优点？

在锅炉冷态启动之前或点火初期，投用底部蒸汽加热有以下优点：

（1）促使水循环提前建立，减小汽包上下壁的温差。

（2）缩短启动过程，降低启动过程的燃油消耗量。

（3）由于水冷壁受热面的加热，提高了炉膛温度，有利于点火初期油的燃烧。

（4）较容易满足锅炉在水压试验时对汽包壁温度的要求。

11. 使用底部蒸汽加热应注意些什么？

投用底部蒸汽加热前，应先将汽源管道内疏水放尽，然后投用。投用初期应先稍开进汽门，以防止产生过大的振动，再根据加热情况逐渐开大并开足。投用过程中应注意汽源压力与被加热炉的汽包压力的差值，特别是锅炉点火升压后更应注意其差值不得低于 0.5MPa，若达此值时要及时予以解列，防止锅水倒入备用汽源母管。

12. 锅炉启动方式可分为哪几种？

按设备启动前的状态可分为冷态启动和热态启动。热态启动是指锅炉尚有一定的压力、温度，汽轮机的高压内下缸壁温在 150℃以上状态下的启动。而冷态启动一般是指锅炉汽包压力为零，汽轮机高压内下缸壁温在 150℃以下状态时的启动。

按汽轮机冲转参数可分为额定参数、中参数和滑参数启动三种方式。额定参数和中参数启动都是锅炉首先启动，待蒸汽参数达到额定或中参数，才开始对汽轮机冲转。目前高参数、大容量的锅炉很少采用这种方式（热态例外）。滑参数启动又可分为真空法和压力法两种，就是在锅炉启动的同时或蒸汽参数很低的情况下，汽轮机就开始启动。

13. 什么是真空法滑参数启动？

这种启动方法是在锅炉点火前，锅炉主蒸汽系统至汽轮机沿途管道上所有通流阀门打开，疏水、排气等阀门关闭，汽轮机凝汽器抽真空一直到汽包，锅炉点火产生蒸汽就直通汽轮机，在较低的压力和温度下（0.1MPa）即可冲动汽轮机。随着锅炉燃料量增加，汽压、汽温、流量也随之增加，使汽轮机升速，并网、带负荷。

14. 什么是压力法滑参数启动？

压力法滑参数启动是在启动前将汽轮机电动主汽门关闭，锅炉点火产生一定压力和温度的蒸汽时，对汽轮机送汽冲转。冲转时参数一般为主汽压力 0.8～1.5MPa，新蒸汽温度在 250℃左右。目前这种方法被广泛采用。

15. 滑参数启动有何特点？

（1）安全性好。对于汽轮机来说，由于开始进入汽轮机的是低温、低压蒸汽，容积流量较大，而且汽温是从低逐渐升高，所以汽轮机的各部件加热均匀，温升迅速，可避免产生过大的热应力和膨胀差。对锅炉来说，低温低压的蒸汽通流量增加，过热器可得到充分冷却，并能促进水循环，减少汽包壁的温差，使各部件均匀地膨胀。

（2）经济性好。锅炉产生的蒸汽能得到充分利用，减少了热量和工质损失，缩短启动时间，减少燃料消耗。

（3）对汽温、汽压要求比较严格，对机、炉的运行操作要求密切配合，操作比较复杂，而且低负荷运行时间较长，对锅炉的燃烧和水循环有不利的一面。

16. 锅炉启动前炉膛通风的目的是什么？

炉膛通风的目的是排出炉膛内及烟道内可能存在的可燃性气体及物质，排出受热面上的部分积灰。这是因为当炉内存在可燃物质，并从中析出可燃气体时，达到一定的浓度和温度就能产生爆燃，造成强大的冲击力而损坏设备；当受热面上存在积灰时，就会增加热阻，影响换热，降低锅炉效率，甚至增大烟气的流阻。因此，必须以 40%左右的额定风量，对炉膛及烟道通风 5～10min。

17. 锅炉启动初期控制汽包水位为什么应以云母水位计和电接点水位计为准？

这是因为就地云母水位计是根据连通管原理直接与汽包连通，它不需要媒介和传递，直观而可靠地指示汽包水位。电接点水位计是根据汽和水的导电率不同的原理测量水位，指示值不受汽包压力变化影响。而其他水位计如差压型低置水位计由"水位、差压"转换装置等组成，转换装置包括热套管、正压室、漏斗传压管等，在启动初期由于正压室内还未充满饱和水时，就不能正确反应汽包内水位。所以，启动初期应以云母水位计和电接点水位计为准，控制汽包水位。

18. 锅炉启动过程中何时投入和停用一、二级旁路系统？

锅炉冷态启动时，可在点火前投入一、二级旁路系统，若锅炉尚有压力或经蒸汽加热，锅炉已起压，则应锅炉先点火，再开启一、二级旁路，当发电机并网后，可适当关小旁路调整门，在负荷为额定值的 15％时，全关一、二级旁路。

19. 为什么锅炉点火前就应投入水膜式除尘器的除尘水？

锅炉点火前就投入除尘水是为了防止除尘筒内和文丘里喷管内的内衬被烟气加热后突然投入除尘水造成急剧冷却而形成炸裂损坏。特别是对在进口烟道里设置栅栏的除尘器，对栅栏的破坏作用更大。另外锅炉从启动风机开始就会有大量灰尘被带出，除尘水及早投入可提高除尘效率，并可及早发现除尘水系统的一些设备缺陷。

20. 为什么锅炉点火初期要进行定期排污？

此时进行定期排污,排出的是循环回路底部的部分水,不但使杂质得以排出,保证锅水品质,而且使受热较弱部分的循环回路换热加强,防止了局部水循环停滞,使水循环系统各部件金属受热面膨胀均匀,减小了汽包上下壁的温差。

21. 锅炉启动初期为什么要严格控制升压速度?

锅炉启动时,蒸汽是在点火后由于水冷壁管吸热而产生的。蒸汽压力是由于产汽量的不断增加而提高,汽包内土质的饱和温度随着压力的提高而增加。由于水蒸气的饱和温度在压力较低时对压力的变化率较大,在升压初期,压力升高很小的数值,将使蒸汽的饱和温度提高很多。锅炉启动初期,自然水循环尚不正常,汽包下部水的流速低或局部停滞,水对汽包壁的放热为接触放热,其放热系数很小,故汽包下部金属壁温升高不多;汽包上部因是蒸汽对汽包金属壁的凝结放热,故汽包上部金属温度较高,由此造成泡包壁温上高下低的现象。由于汽包壁厚较大,而形成汽包壁温内高外低的现象。因此,蒸汽温度的过快提高将使汽包由于受热不均而产生较大的温差热应力,严重影响汽包寿命。故在锅炉启动初期必须严格控制升压速度以控制温度的过快升高。

22. 锅炉启动过程中如何控制汽包壁温差在规定范围内?

启动过程中要控制汽包壁温差在规定的 40℃ 内可采取以下措施:

(1) 点火前的进水温度不能过高,速度不宜过快,按规程规定执行。

(2) 进水完毕,有条件时可投入底部蒸汽加热。

（3）严格控制升压速度，特别是 0～0.981MPa 阶段升压速度应不大于 0.014MPa/min。升温速度不大于 1.5～2℃/min。

（4）应定期进行对角油枪切换，直至下排四支油枪全投时，尽量使各部均匀受热。

（5）经上述操作仍不能有效控制汽包上、下壁温差，在接近或达到 40℃时应暂停升压，并进行定期排污，以使水循环增强，待温度差稳定且小于 40℃时再行升压。

23. 为什么锅炉启动后期仍要控制升压速度？

此时虽然汽包上下壁温差逐渐减小，但由于汽包壁较厚，内外壁温差仍很大，甚至有增加的可能；另外，启动后期汽包内承受接近工作压力下的应力。因此仍要控制后期的升压速度，以防止汽包壁的应力增加。

24. 锅炉启动过程中如何调整燃烧？

锅炉启动过程中应注意对火焰的监视，并做好如下燃烧调整工作：

（1）正确点火。点火前炉膛充分通风，点火时先投入点火装置（或火把），然后开启油枪。

（2）对角投用火嘴，注意及时切换，观察火嘴的着火点适宜，力求火焰在炉内分布均匀。

（3）注意调整引、送风量，炉膛负压不宜过大。

（4）燃烧不稳定时特别要监视排烟温度值，防止发生尾部烟道的二次燃烧。

（5）尽量提高一次风温，根据不同燃料合理送入二次风。调整两侧烟温差。

（6）操作中做到制粉系统开停稳定。给煤机下煤量稳定，给粉机转速稳定。风煤配合稳定及氧量稳定。汽温、汽压上升稳定及升负荷稳定。

25. 锅炉启动过程中如何控制汽包水位？

锅炉启动过程中，应根据锅炉工况的变化控制调整汽包水位。

（1）点火初期，锅水逐渐受热、汽化、膨胀，使水位升高，此时不宜用事故放水门降低水位，而应从定期排污门排出，既可提高锅水品质，又能促进水循环。

（2）随着汽压、汽温的升高，排汽量的增大，应根据汽包水位的变化趋势，及时补充给水。

（3）在进行锅炉冲管或安全门校验时，常因蒸汽流量的突然增大，汽压速降而造成严重的"虚假水位"现象，因此在进行上述操作前应先保持较低水位，而后根据变化了的蒸汽流量加大给水，防止安全门回座等原因造成水位过低。

（4）根据锅炉负荷情况，及时切换给水管路运行，并根据规定的条件，投入给水自动装置工作。

26. 锅炉启动过程中，何时停助燃油？应注意什么？

停助燃油的首要条件是，在锅炉燃烧稳定，而且炉内油枪支数不多，燃油量不大的情况下进行，同时还应注意粉仓粉位不应过低，有足够的给粉调节范围等，以免引起停油后的蒸汽参数波动。

一般规定在70%左右，额定负荷时可停助燃油，但必须在满足上述条件的前提下，谨慎进行，以防止燃烧失稳。

27. 热态启动应注意事项？

（1）机组热态启动，若锅炉为冷态时，则锅炉的启动操作程序应按冷态滑参数启动方式进行。

（2）热态启动，汽轮机冲转参数要求主汽温度大于高压内下缸内壁温度50℃，且有50℃过热度，但因考虑到锅炉设备安全，主汽温度应低于额定汽温值50～60℃。

（3）机组启动时，若锅炉有压力，则应在点火后方可开启一、二级旁路或向空排汽门。

（4）再热汽进口汽温应不大于400℃，若一级旁路减温水不能投用，则主汽温度不高于450℃。

（5）因热态启动时参数高，应尽量增大蒸汽通流量，避免管壁超温，调整好燃烧。

28. 为什么热态启动时锅炉主汽温度应低于额定值？

热态启动时对锅炉本身来说，实际上是把冷态启动的全过程的某一阶段作为起始点。当机组停止运行后，锅炉的冷却要比汽轮机快得多。如果汽轮机处于半热态或热态时，锅炉可能已属冷态，这样锅炉的启动操作基本上按冷态来进行升温、升压，为尽量满足热态下汽轮机冲转要求的参数，需投入较多的燃料量，但此时仅靠旁路系统和向空排汽的蒸汽量是不够的，使得蒸汽温度上升较快，且壁温又高。又由于燃烧室和出口烟道宽度较大，炉内温度分布不均，过热器蛇形管圈内蒸汽流速也不均，温度差较大，造成过热器管局部超温。为避免过热器的超温，延长其使用寿命，因此要规定在启动过程中主汽温度应低于额定值50～60℃。

29. 锅炉启动燃油时为什么烟囱有时冒黑烟？如何防止？

锅炉燃油时有时烟囱冒黑烟的原因主要有：

（1）燃油雾化不良或油枪故障，油嘴结焦。

（2）总风量不足。

（3）配风不佳，缺少根部风或风与油雾的混合不良，造成局部缺氧而产生高温裂解。

（4）烟道发生二次燃烧。

（5）启动初期炉温、风温过低。

防止措施主要有：

（1）点火前检查油枪，清除油嘴结焦，提高雾化质量。

（2）油枪确已进入燃烧器，且位置正确。

（3）保持运行中的供油、回油压力和燃油的粘度指标正常。

（4）及时送入适量的根部风，调整好一、二、三次风的比例及扩散角，使油雾与空气强烈混合，防止局部缺氧。

（5）尽可能提高风温和炉膛温度。

30. 锅炉启动过程中应如何使用一、二级减温器？

在机组的压力法滑参数启动过程中，汽轮机冲转之前，锅炉侧一般不采用喷水减温来调节汽温，但在之后的过程需要投用减温水时，应根据减温器的布置特点和不同状态下的参数特点，合理使用一、二级减温器，做到既保证过热器的安全，又保证平稳上升的主蒸汽温度。

如在锅炉热负荷较低的情况下，虽然蒸汽通流量较小，但汽轮机相应要求的蒸汽温度也较低，一般不致于造成屏式过热器的过高壁温，此时若采用一级减温器控制调节汽温时，由于减温水喷入后的蒸汽流程长，流速又很低，锅炉出口汽温反应非常迟纯，易造成低汽温，而且可能在部分蛇形管内形成水塞。所以此时应采用布置在靠近蒸汽出口处的二级减温器，以微量喷水、细调汽温。

当锅炉热负荷逐渐升高时（如30％额定负荷以上），屏式过热器蒸汽通流量的增加将不足以冷却其管壁，往往使管壁温度较高，甚至超温。此时的汽温调节应尽量采用一级减温器，既可降低屏式过热器的入口温度，又增加它和它以后受热面的通流量，使屏式过热器的安全系数提高。

但不论使用一级或二级减温器，都应避免喷水量大幅度变化的现象，同时应注意监视减温器出口温度的变化。

31. 在锅炉启动初期为什么不宜投减温水？

在锅炉启动初期，蒸汽流量较小，汽温较低，若在此时投入减温水，很可能会引起减温水与蒸汽混合不良，使得在某些蒸汽流速较低的蛇形管圈内积水，造成水塞，导致超温过热，因此在锅炉启动初期应不投或少投减温水。

32. 为什么在热态启动一级旁路喷水减温不能投用时，主汽温度不得超过450℃

在热态启动或事故状态下，为对再热器进行保护，必须开启一级旁路，将主蒸汽降压降温后通过再热器。因为再热器冷段钢材为20$^\#$碳钢，所处烟温一般都在500℃以上，受钢材允许温度的限制，进入再热器的汽温必须低于450℃，否则再热器管将超温。所以当一级旁路喷水不投时，规定主汽温度不得高于450℃。

33. 锅炉冬季启动初投减温水时，汽温为什么会大幅度下降？如何防止？

由于冬季气温较低，在没有投用减温器前，减温水管内水不流动，随着气温降低而降低，而锅炉减温水管道布置往往又较长，储存了一定量的低温水，若在此时投用减温水，则低温水将首先喷入，又因启动初期蒸汽流量较小，而致使汽温大幅度下降。同时还使减温器喷嘴和端部温度急剧下降，若长期反复如此，还会发生金属疲劳，造成喷嘴脱落，联箱裂纹，威胁设备安全。所以为防止以上情况发生，冬季启动锅炉初投减温水时，要先开启减温水管疏水门放去冷水，还要在投用时缓慢开启调节门，使减温水量逐渐增大。

34. 锅炉启动过程中，汽温提不高怎么办？

在机组启动过程中有时会遇到汽压已达到要求而汽温却还相差许多的问题，特别是在汽轮机冲转前往往会发生这类情况。这时可采用下列措施：

（1）部分火嘴改用上排火嘴。

（2）调整二次风配比，加大下层二次风量。

（3）提高风压、风量，增大烟气流速。

（4）开大一级旁路或向空排汽，稍降低汽压，然后增投火嘴，提高炉内热负荷。

35. 母管制锅炉具备哪些条件可进行并汽？如何进行并汽操作？

（1）启动锅炉的汽压应略低于母管汽压（中压锅炉低0.05～0.1MPa，高压锅炉一般低0.2～0.3MPa）。

（2）启动锅炉的汽温比额定值略低一些（一般低30～60℃），以免并汽后由于燃料量增加而使汽温超过额定值。

（3）汽包水位应略低一些（通常低于正常水位30～

50mm)，以免并汽时发生蒸汽带水。

（4）保持燃烧稳定，所有未投入的燃烧器应处于准备投入状态。

（5）蒸汽品质应符合质量标准。

上述条件全部具备后，可逐渐开启并汽主汽门（最后一道隔离门）的旁路门，待锅炉汽压和母管汽压平衡时，再缓慢开启并汽主汽门（最后一道隔离门），待完全开启后，关闭其旁路门。并汽时应严密监视汽温、汽压和水位的变化，并保持其稳定，操作过程需缓慢进行。

36. 锅炉水压试验合格条件是什么？

（1）从上水门完全关闭时计时，5min 内压力下降：高压锅炉不超过 0.2～0.3MPa 为合格，中压锅炉不超过 0.1～0.2MPa 为合格。超高压锅炉压力降不大于每分钟 98kPa 合格。

（2）承压部件、金属壁和焊缝上没有任何水珠和水雾。

（3）承压部件无残余变形的迹象。

37. 为什么启动前要对主蒸汽管进行暖管？

锅炉启动前，从锅炉主汽门到蒸汽母管之间的一段主蒸汽管道是冷的，管内可能存有积水，管道和附件的厚度较大，如果高温蒸汽突然通入，将会使其产生破坏性的热应力，严重时，还可能发生水击和振动。因此在投入之前，必须用少量蒸汽时主蒸汽管进行缓慢预热和充分疏水。

38. 锅炉运行调整的主要任务和目的是什么？

运行调整的主要任务是：

（1）保持锅炉燃烧良好，提高锅炉效率；

（2）保持正常的汽温、汽压和汽包水位；

（3）保持饱和蒸汽和过热蒸汽的品质合格；

（4）保持锅炉的蒸发量，满足汽机及热用户的需要；

（5）保持锅炉机组的安全、经济运行。

锅炉运行调整的目的就是通过调节燃料量、给水量、减温水量、送风量和引风量来保持汽温、汽压、汽包水位、过量空气系数、炉膛负压等稳定在额定值或允许值范围内。

39. 锅炉运行中汽压为什么会发生变化？

锅炉运行中汽压的变化实质上反映了锅炉蒸发量与外界负荷间的平衡关系发生了变化。引起变化的原因主要有两个方面：

（1）外扰。就是外界负荷的变化而引起的汽压变化。当锅炉蒸发量低于外界负荷时，即外界负荷突然增加时，汽压就降低，当蒸发量正好满足外界负荷时，汽压保持正常和稳定。

（2）内扰。就是锅炉内工况变化引起的汽压变化。如燃烧工况的变动、燃料性质的变动、火嘴的启停，制粉系统的启停或堵塞，炉内积灰、结焦、风煤配比改变以及受热面管子内结垢影响热交换或泄漏、爆管等都会使汽压发生变化。

40. 如何调整锅炉汽压？

正常运行中主蒸汽压力应控制在正常参数限额范围内定压运行，在运行中应勤检查、勤分析、勤调整；在锅炉进行升降负荷及制粉系统、给粉机的启停等操作时，应做到心中有数，合理调整，使燃烧稳定，以保证蒸汽压力的稳定。

当汽压高于或低于正常值时，必须根据蒸汽流量和电负荷判明原因来自内扰或外扰，及时调整。

(1) 当内扰引起汽压高于正常值时，应降低给粉机转速，或根据燃烧情况可停用部分给粉机，并检查制粉系统运行是否正常。但必须注意防止燃料量减少过多或者操作不当造成锅炉灭火。必要时可用向空排汽降压。

(2) 当内扰引起汽压低于正常值时，应增加给粉机转速或投入备用给粉机以加强燃烧，并检查各火嘴来粉和制粉系统工况。

(3) 当外扰引起汽压高于正常值时，应及时与电气或汽轮机值班员联系恢复原负荷，并适当降低燃烧率或开启向空排汽，尽快降至正常汽压。

(4) 当外扰引起汽压低于正常值时，应注意蒸汽流量是否超过额定值，并联系电气或汽轮机值班员恢复原负荷，提高汽压至正常，防止蒸汽流量超额定值运行。

41. 机组运行中在一定负荷范围内为什么要定压运行？

机组采用定压运行，可以提高机组循环热效率。因为汽压降低会减少蒸汽在汽轮机中作功的焓降，使汽耗增大、煤耗增加，有资料表明当汽压较额定值低 5% 时，则汽轮机蒸汽消耗量将增加 1%。另外，定压运行在一定程度上增加了调度的灵活性，可适应系统调频需要。

42. 运行中汽压变化对汽包水位有何影响？

运行中当汽压突然降低时，由于对应的饱和温度降低使部分锅水蒸发，引起锅水体积膨胀，故水位要上升；反之当汽压升高时，由于对应饱和温度的升高，锅水中的部分蒸汽凝结下来，使锅水体积收缩，故水位要下降。如果变化是由于外扰而引起的，则上述的水位变化现象是暂时的，很快就要向反方向变化。

43. 锅炉运行时为什么要保持水位在正常范围内？

运行中汽包水位如果过高，会影响汽水分离效果，使饱和蒸汽的湿分增加，含盐量增多，容易造成过热器管壁和汽轮机通流部分结垢，使过热器流通面积减小，阻力增大，热阻提高，管壁超温，甚至爆管；另蒸汽湿分增大还会导致汽轮机效率降低，轴向推力增大等。严重满水时过热器蒸汽温度急剧下降，使蒸汽管道和汽轮机产生水冲击，造成严重的破坏性事故。

汽包水位过低会破坏锅炉的水循环，严重缺水而又处理不当时，会造成炉管爆破，甚至酿成锅炉爆炸事故。对于高参数大容量锅炉，因其汽包容量相对较小，而蒸发量又大，其水位控制要求更严格，只要给水量与蒸发量不相适应，就会在短时间内出现缺水或满水事故。因此锅炉运行中一定要保持汽包水位在正常的范围内。

44. 锅炉运行中汽包水位为什么会发生变化？

引起水位变化的原因是物质的平衡（给水量与蒸发量的平衡）遭到破坏和工质状态发生变化。如给水量大于蒸发量，水位上升；给水量小于蒸发量水位则下降；给水量等于蒸发量时水位保持不变。但是即使物质平衡，如果工质状态发生变化，水位仍会变化，如炉内放热量突变或外界负荷突变，蒸汽压力和饱和温度也随着变化，从而使水和蒸汽的比容以及水容积中汽泡数量发生变化也要引起水位变化。

45. 如何调整锅炉水位？

锅炉正常运行中调整锅炉水位，保持汽包水位稳定，应做到以下几点：

（1）要控制好水位，必须对水位认真监视，原则上以一次水位计为准，以电接点水位计为主要监视表计。要保持就地水位计清晰、准确。若水位计无轻微晃动或云母片不清晰时，应立即冲洗水位计，定期对照各水位计，准确判断锅炉水位的变化。

（2）随时监视蒸汽流量、给水流量、汽包压力和给水压力等主要数据，发现不正常时，立即查明原因，及时处理。

（3）若水位超过＋50mm时，应关小给水调节门，减少进水量，若继续上升至＋75mm时，应开事故放水门放水至正常水位，并查明原因。

（4）正常运行中水位低于－50mm时，应及时开大给水调整门增大进水量，使水位尽快恢复正常，并查明原因、及时处理。

（5）在机组升降负荷、启停给水泵、高压加热器投入或解列、锅炉定期排污、向空排汽或安全门动作以及事故状态下，应对汽包水位所发生的变化超前进行调整。

46. 为什么要定期冲洗水位计？如何冲洗？

冲洗水位计是为了清洁水位计的云母片或玻璃管，防止汽或水连通管堵塞，以免运行人员误判断而造成水位事故。冲洗水位计的步骤如下：

（1）先将汽水侧二次门关闭后，再开1/4～1/3圈，然后开启放水门，进行汽水管路及云母片的清洗。

（2）关闭汽侧二次门进行水侧管路及云母片冲洗。

（3）关水侧二次门，微开汽侧二次门，进行汽侧及云母片冲洗。

（4）微开水侧二次门，关放水门，水位应很快上升，并轻微波动，指示清晰，否则应重新冲洗一次。

（5）将汽水侧二次门全开，并与另一只水位计对照，指示相符。

（6）冲洗水位计时间不应过长，并防止水位计中保护弹子堵塞。

47. 什么是"虚假水位"？

"虚假水位"就是暂时的不真实水位。当汽包压力突降时，由于锅水饱和温度下降到相对应压力下的饱和温度而放出大量热量来自行蒸发，于是锅水内汽泡增加，体积膨胀，使水位上升，形成虚假水位。汽包压力突升，则相应的饱和温度提高，一部分热量被用于锅水加热，使蒸发量减少，锅水中汽泡量减少，体积收缩，促使水位降低，同样形成虚假水位。

48. 当出现虚假水位时应如何处理？

锅炉负荷突变、灭火、安全门动作、燃烧不稳等运行情况不正常时，都会产生虚假水位。

当锅炉出现虚假水位时，首先应正确判断，要求运行人员经常监视锅炉负荷的变化，并对具体情况具体分析，才能采取正确的处理措施。如当负荷急剧增加而水位突然上升时，应明确：从蒸发量大于给水量这一平衡的情况来看，此时的水位上升现象是暂时的，很快就会下降，切不可减小进水，而应强化燃烧，恢复汽压，待水位开始下降时，马上增加给水量，使其与蒸汽量相适应，恢复正常水位。如负荷上升的幅度较大，引起的水位变化幅度也很大，此时若不控制就会引起满水时，就应先适当减少给水量，以免满水，同时强化燃烧，恢复汽压；当水位刚有下降趋势时，立即加大给水量，否则又会造成水位过低。也就是说，应做到判断准确，处理及时。

49. 锅炉启动时省煤器发生汽化的原因与危害有哪些？如何处理？

锅炉点火初期，省煤器只是间断进水时，其内的水温将发生波动。在停止进水时，省煤器内不流动的水温度升高，特别是靠近出口端，则可能发生汽化。进水时，水温又降低，这样使其管壁金属产生交变热应力，影响金属及焊口的强度，日久产生裂纹损坏。当省煤器出口处汽化时，会引起汽包水位大幅度波动和进水发生困难，此时应加大给水量将汽塞冲入汽包，待汽包水位正常后，尽量保持连续进水或在停止进水的情况下开启省煤器再循环门。

50. 水位计的平衡容器及汽、水连通管为什么要保温？

保温的目的主要是为了防止平衡器及连通管受大气的冷却散热，使其间的水温下降，与汽包内的水相比产生较大的重度差，而这种重度差越大，水位计的指示与汽包内的真实水位误差越大，所以要在这些部位保温，以减小指示误差。

51. 锅炉运行中为什么要控制一、二次汽温稳定？

锅炉运行中控制稳定的一、二次汽温对机组的安全经济运行有着极其重要的意义。当汽温过高时，将引起过热器、再热器、蒸汽管道及汽轮机汽缸、转子等部分金属强度降低，导致设备的使用寿命缩短。严重超温时，还将使受热面管爆破。若汽温过低，则影响热力循环效率，并使汽轮机末级叶片处蒸汽湿度过大，严重时可能产生水击，造成叶片断裂损坏事故。若汽温大幅度突升突降，除对锅炉各受热面焊口及连接部分产生较大的热应力外，还将造成汽轮机的汽缸与转子间的相对位移增加，即膨胀差增加，严重时甚至发生叶轮与隔板的动静摩擦，造成剧烈振动。此外汽轮机两侧的汽温偏差过大，将使汽轮机两侧受热不均匀，热膨胀不均匀。因此，锅炉运行中对汽温要严密监视、分析、调整，用最合理的方法控制汽温稳定。

52. 锅炉运行中引起汽温变化的主要原因是什么？

(1) 燃烧对汽温的影响。炉内燃烧工况的变化，直接影响到各受热面吸热份额的变化。如上排燃烧器的投、停，燃料品质和性质的变化，过剩空气系数的大小，配风方式及火焰中心的变化等，都对汽温的升高或降低有很大影响。

(2) 负荷变化对汽温的影响。过热器、再热器的热力特性决定了负荷变化对汽温影响的大小，目前广泛采用的联合式过热器中，采用了对流式和辐射式两种不同热力特性的过热器，使汽温受锅炉负荷变化的影响较小，但是一般仍是接近对流的特性，蒸汽温度随着锅炉负荷的升高、降低而相应升高、降低。

(3) 汽压变化对汽温的影响。蒸汽压力越高，其对应的饱和温度就越高；反之，就越低。因此，如因某个扰动使蒸汽压力有一个较大幅度的升高或降低，则汽温就会相应地升高或降低。

(4) 给水温度和减温水量对汽温的影响。在汽包锅炉中，给水温度降低或升高，汽温反会升高或降低。减温水量的大小更直接影响汽温的降、升。

（5）高压缸排汽温度对再热汽温的影响。再热器的进出口蒸汽温度都是随着高压缸排汽的温度升降而相应升高、降低的。

53. 什么叫热偏差？产生热偏差的原因有哪些？

在并列工作的受热面管子中，某根管内工质吸热不均的现象叫热偏差。对于管组中，工质焓值大于平均值的管子叫做偏差管。过热器产生热偏差的原因主要是热力不均和水力不均两方面的原因造成的。

54. 什么叫热力不均？它是怎样产生的？

热力不均就是同一受热面管组中，热负荷不均的现象。热力不均既能由结构特点引起，也能由运行工况引起。如沿烟道宽度烟温分布不均和烟速不均的现象；受热面的蛇形管平面不平或间距不均造成烟气走廊；受热面的积灰，结渣、炉膛火焰中心偏斜；运行操作调整不良使火焰偏斜、下移、抬高等，都将造成热力不均。

55. 什么叫水力不均？影响因素有哪些？

水力不均即蒸汽流过由许多并列管圈组成的过热器管组时，管内的流量不均现象。

并列管圈中的工质流量与管圈进出口压差、阻力特性及工质密度有关。在过热器进出口联箱中，蒸汽引入、引出的方式不同，各并列管圈的进出口压差就不一样。压差大的管圈蒸汽流量大；压差小的管圈蒸汽流量小。由于管子的结构特性、粗糙度不同，使得管组的阻力特性不同，阻力大的管组流量小，反之阻力小的管组流量大。当并列管受热不均匀时，受热强的管子吸热多，工质温度高，密度减少，由于蒸汽容积增大，阻力增加，因而蒸汽流量减少。

56. 调整过热汽温有哪些方法？

调整过热汽温一般以喷水减温为主，作为细调手段。减温器为两级或以上布置，以改变喷水量的大小来调整汽温的高低。另外可以改变燃烧器的倾角和上、下火嘴的投停、改变配风工况等来改变火焰中心位置作为粗调手段，以达到汽温调节的目的。

57. 调整再热汽温的方法有哪些？

再热汽温的调整大致有烟气再循环、分隔烟道挡板、汽-汽热交换器和改变火焰中心高度四种方法。利用再循环风机，将省煤器后部分低温烟气抽出，再从冷灰斗附近送入炉膛，以改变辐射受热面和对流受热面的吸热比例。对于布置在对流烟道内的再热器，当负荷降低时，再热汽温降低，可增加再循环烟气量，使再热器吸热量增加，保持再热汽温不变。用隔墙将尾部烟道分成两个并列烟道，在两烟道中分别布置过热器与再热器，并列烟道省煤器后装有烟道挡板，调节挡板开度可以改变流经两个烟道的烟气流量，从而调节再热汽温。汽-汽热交换器是利用过热蒸汽加热再热蒸汽以调节再热汽温的设备。对于设置壁式再热器和半辐射式再热器的锅炉可以通过改变炉膛火焰中心的高度来调节再热汽温。另外再热器还设置微量喷水作为辅助细调手段。

58. 再热器事故喷水在什么情况下使用？

事故喷水的主要作用是保护再热器的安全。如锅炉发生二次燃烧，或减温减压装置故障，高温、高压的过热蒸汽直接进入再热器，或其它一些造成再热器超温的情况下，都应使用事故喷水减温。既可使再热器管壁不致超温，而且降低了再热汽温，正常运行中还能起到调整再热器出口汽温在额定值以及减小两侧温度偏差的作用。

59. 燃烧调整的主要任务是什么？

燃烧调整的主要任务是，在满足外界负荷需要的蒸汽量和合格的蒸汽质量的同时，保证锅炉运行的安全和经济性。

（1）保证蒸汽参数达到额定并且稳定运行。

（2）保证着火稳定，燃烧中心适当，火焰分布均匀，不烧坏设备，避免积灰结焦。

（3）使锅炉和机组在最经济条件下安全运行。

60. 什么叫锅炉的储热能力？储热能力的大小与什么有关？

当外界负荷变动而锅炉燃烧工况不变时，锅炉工质、受热面及炉墙能够放出或吸入热量的能力叫做锅炉的储热能力。

储热能力的大小主要取决于锅炉的工作水容积及受热面金属量的大小，并且与锅炉的蒸汽压力有关。即工作水容积越大，受热面金属量越多，蒸汽压力越低，锅炉的储热能力越大。对于采用重型炉墙的锅炉，储热量还与炉墙有关。

61. 锅炉的储热能力对运行调节的影响怎样？

当外界负荷变动时，锅炉内工质和金属的温度、热量等都要发生变化。如负荷增加而燃烧未及时调整时使汽压下降,则对应的饱和温度降低,锅水液体热相应减少,此时锅水以及金属内蓄热放出将使一部分锅水自身汽化变为蒸汽。这些附加蒸发量的产生能起到减缓汽压下降的作用。所以储热能力越大则汽压下降的速度就越慢。与此相反,当燃烧工况不变,负荷减少使汽压升高时,由于饱和温度升高,工质和金属就将一部分热量储存起来,使汽压上升的速度减缓。因此,锅炉的储热能力对运行参数的稳定是有利的。但是当锅炉调节需要主动变更工况而改变燃烧率时,锅炉的负荷、压力、温度则因有储热能力而变化迟钝,不能迅速适应工况变动的要求。

62. 什么叫燃烧设备的惯性?与哪些因素有关?

燃烧设备的惯性是指从燃料量开始变化到建立新的热负荷所需要的时间。此惯性与燃料种类和制粉系统的型式等有关。如油的着火燃烧比煤粉迅速,燃油时惯性就小,储仓式系统的惯性小,直吹式系统的惯性大。所以燃烧设备的惯性越小,运行燃烧调节就越灵敏。反之就迟钝。

63. 一、二、三次风的作用是什么?

对于煤粉炉来说,一次风的作用主要是输送煤粉通过燃烧器送入炉膛,并能供给煤粉中的挥发分着火燃烧所需的氧气,采用热风送粉的一次风,同时还具有对煤粉预热的作用。

二次风的作用是供给燃料完全燃烧所需的氧量,并能使空气和燃料充分混合,通过二次风的扰动,使燃烧迅速、强烈、完全。

三次风是制粉系统排出的干燥风,俗称乏气,它作为输送煤粉的介质,送粉时叫一次风,只有在以单独喷口送入炉膛时叫做三次风。三次风含有少量的细煤粉，风速高，对煤粉燃烧过程有强烈的混合作用，并补充燃尽阶段所需要的氧气，由于其风温低、含水蒸气多，有降低炉膛温度的影响。

64. 何谓热风送粉？有何特点？

以空气预热器出口的热风作为输送煤粉进入炉膛燃烧的方式称为热风送粉。

热风送粉能使煤粉在风管内先行预热，有利于挥发分的析出及在炉膛内及时着火和稳定燃烧。但是对于高挥发分的煤种，不宜采用热风送粉，以防止煤粉在燃烧器内过早着火而烧坏火嘴。

65. 热风再循环的作用是什么？

热风再循环的作用就是从空气预热器出口引出部分热空气，再送回到入口风道内，以提高空气预热器入口风温。这样可以提高空气预热器受热面壁温，防止预热器受热面的低温腐蚀，同时还可提高预热器出口风温。但使排烟温度提高，降低了锅炉热效率。

66. 运行中如何保持和调整一次风压（指动压）？

运行中对一次风压应根据不同煤种和不同的一次风管进行调整。因为不同的煤种适应不同的一次风速和着火点，一次风管长度、弯头不同也需要不同的风压，风管长，弯头多的风口需稍高的风压，反之亦然，以保持各个风口相同的合理风速。根据上述所进行的一次风的调整，应能满足输送煤粉这个基本要求，即保证风管畅通，同时根据具体的情况保证合理的一次风量和风压来组织燃烧,防止一次风量过大,风压过高造成火嘴脱火，或风压过低、风量过小造成堵管，烧坏火嘴等不良现象。

67. 运行中如何防止一次风管堵塞？

（1）监视并保持一定的一次风压值；

（2）经常检查火嘴来粉情况，清除喷口处结焦；

（3）保持给粉量的相对稳定，防止给粉量大幅度增加；

（4）发现风压表不正常时，及时进行吹扫，并防止因测压管堵塞而造成误判断。

68. 锅炉运行中怎样进行送风调节？

锅炉总风量的控制是通过调节送风机进口的导向挡板实现的。组织锅炉燃烧，就是要使一、二次风的风压、风量配合好。

一次风量的调节应满足其所携带进入炉膛的煤粉挥发分着火所需的氧量，并保持一定的风速，不使煤粉管堵塞和喷出的射流具有一定的刚性。一次风量的过大和过小，风速的过高和过低，都应避免。

二次风的调节除应保证焦炭的燃烧所需氧量外，必须保持一定的风速并掌握好与一次风混入的时间，应具有较强的搅拌混合作用和穿透焦炭"灰衣"的动能，这就需要根据具体情况，调整各层二次风的风量，以实现燃烧稳定和烟气中过量氧量适当的目的。

69. 一、二次风怎样配合为好？

一次风量占总风量的份额叫做一次风率。一次风率小，煤粉气流加热到着火点所需的热量少，着火较快，但一次风量以能满足挥发分的燃烧为原则。

二次风混入一次风的时间要合适。如果在着火前就混入，等于增加了一次风量，使着火延迟；如果二次风过迟混入，又会使着火后的燃烧缺氧；如果二次风在一个部位同时全部混入，由于二次风温大大低于火焰温度，会降低火焰温度，使燃烧速度减慢，甚至造成灭火。所以二次风的混入应依据燃料性质按燃烧区域的需要适时送入，做到使燃烧不缺氧，又不会降低火焰温度，保证着火稳定和燃烧完全。

70. 一、二次风速怎样配合为好？

一次风速高，将使煤粉气流在离开燃烧器较远的地方着火，使着火点推迟；一次风速过低，会造成一次风管堵塞，而且着火点过于靠前，将使燃烧器烧坏，还容易在燃烧器附近结焦。所以运行中要保持一定的一次风速，使煤粉气流离开燃烧器不远处即开始着火，对燃烧有利，又可防止烧坏燃烧器。

二次风速一般应大于一次风速。较高的二次风速才能使空气与煤粉充分混合，但是二次风速又不能比一次风速大得太多，否则会吸引一次风，使混合提前，以致影响着火。所以一、二次风速应合理配比。

71. 如何判断燃烧过程的风量调节为最佳状态？

一般通过如下几方面进行判断：

（1）烟气的含氧量在规定的范围内。

（2）炉膛燃烧正常稳定，具有金黄色的光亮火焰，并均匀地充满炉膛。

（3）烟囱烟色呈淡灰色。

（4）蒸汽参数稳定，两侧烟温差小。

（5）有较高的燃烧效率。

72. 运行中保持炉膛负压的意义是什么（设计为微正压炉除外）？

运行中炉膛内压力变正时，炉膛高温烟气和火苗将从一些孔门和不严密处外喷，不仅影响环境卫生，危及人身安全，还可能造成炉膛和燃烧器结焦，燃烧器、钢性梁和炉墙等过热而变形损坏，还会造成燃烧不稳定及燃烧不完全，降低热效率。所以应保持炉膛负压运行，但负压过大时，将增加炉膛和烟道的漏风，不但降低炉膛温度，造成燃烧不稳，而且使烟气量增加，加剧尾部受热面磨损和增加风机电耗，降低锅炉效率。因此，炉膛负压值一般应维持在 30～50Pa 为宜。

73. 炉膛负压为何会变化？

锅炉运行时，炉膛负压表上的指针经常在控制值左右轻微晃动，有时甚至出现大幅度的剧烈晃动，可见炉膛负压总是波动的。主要原因是：

（1）燃料燃烧产生的烟气量与排出的烟气量不平衡。

（2）虽然有时送、引风机出力都不变，但由于燃烧工况的变化，因此炉膛负压总是波动的。

（3）燃烧不稳时，炉膛负压产生强烈的波动，往往是灭火的前兆或现象之一。

（4）烟道内的受热面堵灰或烟道漏风增加，在送引风机工况不变时，也使炉膛负压变化。

74. 什么叫风机的并联运行？并联运行的目的是什么？

有两台或两台以上的风机并行向同一管道输送气体，叫并联运行。

采用并联运行的目的是可以以增减风机运行台数来适应更大范围的流量调节，既能保证每台设备的经济运行，又不致因其中一台设备的事故而造成主设备停运。另也避免了单风机运行时，风机结构庞大、设备造价高、制造困难等问题。

75. 风机并联运行时应注意哪些？

当风机并联运行时，任何一台风机如果风量过小，达不到稳定工况区，都会产生旋转脱流；调节各风机出力时，应尽量保持一致，不能只以挡板开度、电流和转速高低为准；还应注意锅炉两侧的热偏差不能过大；防止由于管路特性、连接方式的不同，造成某台高出力运行，某台因出力过小处于不稳定工况下运行。当调节幅度过大时，应及时增减风机运行台数，使风机避开不稳定区域，提高风机运行的经济性。

76. 为什么给水高压加热器停运后要限制负荷运行？

汽轮机高压加热器停运后，锅炉的给水温度将比设计值低。给水温度降低后，从给水变为饱和蒸汽所需的热量增加很多，如要维持蒸发量，必须增加燃料消耗量，这样不仅使整个炉膛温度提高，炉膛出口烟温升高，且流过过热器和再热器的烟气数量和流速增加，此时若机组带额定负荷，锅炉热负荷处于超负荷工况运行，其结果将造成汽温上升，管壁超温，受热面磨损加剧，损坏设备。所以规定给水高压加热器未投用时，电负荷不得超过额定负荷的 90%。

77. 钢球磨直吹式制粉系统运行时应注意什么？

因直吹式制粉系统是将磨煤机磨出的煤粉直接送到炉膛燃烧的，制粉系统的出力直接反映到锅炉负荷的大小和燃烧工况的好坏及经济性。故应根据外界负荷（电负荷）的需要，及时调整制粉系统的出力，调整燃烧，保证锅炉参数在允许范围内，做到燃烧稳定。

因直吹式制粉系统对原煤质量的反映较敏感，也直接影响到制粉系统的出力和燃烧工况，故对原煤的要求严格，即应做到原煤水分适中，无"三大块"，运行中给煤机下煤稳定。在制粉系统出现异常和给煤机原煤中断时，要及时调整燃烧，不稳时投油助燃，保证锅炉安全运行。

另外，因低速筒式球磨机在低负荷运行时，磨煤单位电耗增加，所以，应尽可能使球磨机满负荷运行。

78. 为什么有些锅炉改燃用高挥发分煤易造成一次风管烧红？如何处理？

因有些锅炉设计煤种为贫煤或劣质烟煤，这些煤的特点是：挥发分低、灰分大、低位发热量低。这些煤不易点燃，火焰短，一般不结焦。针对上述情况，这些锅炉大都采用单炉膛四角切圆燃烧，一次风集中布置，并采用热风送粉，以利于煤粉着火，稳定燃烧。当改用高挥发分煤种时，由于采用较高温度的热风送粉，往往使煤粉气流着火提前，在靠近燃烧器出口，甚至在一次风管内就着火，烧坏燃烧器和一次风管。

如遇到燃用高挥发分煤种时应：

（1）提高一次风速，使着火点推迟，不致于靠燃烧器太近。

（2）增大一次风量，开大中间夹心风，使煤粉气流不致于过于集中，适当降低炉膛温度。

（3）经常检查火嘴，发现结焦及时消除。防止受热面结焦，燃烧器烧坏，一次风管堵塞。

79. 为什么要定期除焦和放灰？

所有固体燃料都含有一定量的灰分，燃煤锅炉燃烧过程中就会有焦渣和飞灰产生，焦渣落入冷灰斗，大颗粒的飞灰流经尾部时会落入省煤器、空气预热器下的放灰斗，此时就需要定期除渣和放灰，以免引起堵渣和堵灰。除焦和放灰不及时，会造成受热面壁温升高，从而使受热面严重结焦，引起汽温升高，破坏水循环，增加排烟损失，结焦严重时，还会造成锅炉出力下降。积灰严重时，还会堵塞尾部通道，甚至被迫停炉检修。

80. 冷灰斗挡板开度过大会造成什么危害？

固态排渣煤粉炉的出灰方式有定期出灰和连续出灰。不管何种形式，在出灰过程中，如果冷灰斗灰挡板开度过大，都会有大量冷风由此进入炉膛，会造成炉膛平均温度降低，火焰中心上移，导致燃烧不稳定，使锅炉热效率降低。所以除灰时，挡板开度不能过大，特别是采用连续出灰时，更应注意。

81. 炉膛结焦的原因是什么？

炉膛内结焦的原因很多，大致有如下几点：

（1）灰的性质。灰的熔点越高，越不容易结焦。反之，熔点越低，就越容易结焦。

（2）周围介质成分对结焦的影响也很大。燃烧过程中，由于供风不足或燃料与空气混合不良,使燃料未达到完全燃烧,未完全燃烧将产生还原性气体,灰的熔点就会大大降低。

(3) 运行操作不当,使火焰发生偏斜或一、二次风配合不合理,一次风速过高,颗粒没有完全燃烧,而在高温软化状态下粘附到受热面上继续燃烧,而形成结焦。

(4) 炉膛容积热负荷过大。锅炉超出力运行,炉膛温度过高,灰粒到达水冷壁面和炉膛出口时,还不能够得到足够的冷却,从而造成结焦。

(5) 吹灰、除焦不及时,造成受热面壁温升高,从而使受热面产生严重结焦。

82. 炉膛结焦有何危害?

炉膛结焦会产生如下危害:

(1) 引起汽温偏高。炉膛大面积结焦时,使水冷壁吸热量大大减小,炉膛出口烟气温度偏高,过热器传热强化,造成过热汽温偏高,管壁超温。

(2) 破坏水循环。炉膛局部结焦后,结焦部位水冷壁吸热量减少,循环水速下降。严重时会使循环停滞而造成水冷壁爆管。

(3) 增加排烟热损失。由于结焦使炉膛出口温度升高,造成排烟温度升高,从而增加了排烟热损失,降低锅炉效率。

(4) 严重结焦时,还会造成锅炉出力下降,甚至被迫停炉进行除焦。

83. 如何防止炉膛结焦?

为了防止结焦,在运行上可采取以下措施:

（1）合理调整燃烧。使炉内火焰分布均匀，火焰中心不偏斜。

（2）保证适当的过剩空气量，防止缺氧燃烧。

（3）避免锅炉负荷超出力运行。

（4）定期除灰。勤检查，发现积灰和结焦应及时清除。

在检修方面应做到：

（1）提高检修质量，保证燃烧器安装精确。

（2）检修后的锅炉严密性要好，防止漏风。

（3）及时针对运行中发现的设备不合理的地方进行改进，防止结焦。

84. 为什么各岗位要定期巡视设备？

因为设备在运行过程中，随时都有可能发生异常变化，而只有定期认真地巡视才能及时发现异常，防止扩大和发生事故。运行人员必须按时间、按路线、按项目进行认真地巡视检查。在运行方式变更、气候条件变化、负荷升降、事故操作后或设备发生异常变化时（如有特殊的音响、气味、烟雾、光亮等），更应该增加巡视检查次数。只有加强巡回检查责任制，才能及时发现设备隐患，保证安全生产。

85. 为什么要定期切换备用设备？

因为定期切换备用设备是使设备经常处于良好状态下运行或备用必不可少的重要条件之一。运转设备若停运时间过长，会发生电机受潮、绝缘不良、润滑油变质、机械卡涩、阀门锈死等现象，而定期切换备用设备正是为了避免以上情况的发生，对备用设备存在的问题及时消除、维护、保养，保证设备的运转性能。

86. 为什么要定期抄表？

定期抄表便于运行分析，及时发现异常，保证安全生产。定期抄表也是进行各项运行指标的统计、计算、分析所不可缺少的，同时运行日报表也作为运行的技术资料上报、存档。所以在日常运行工作中，抄表一定要按时、准确、认真、细心地进行。

87. 什么是单元机组的变压运行？

单元机组的变压运行又称滑压运行，是指汽轮机在不同负荷工况运行时，不仅主汽门是全开的，而且其调节汽门也都是基本上全开的，过热汽温维持额定值，不随外界电负荷的变化而变的运行方式。锅炉则按负荷需要改变出口汽压，负荷低，出口汽压低；负荷高，出口汽压高。

88. 变压运行有哪些优缺点？

优点：

（1）变压运行时，蒸汽压力随负荷减少而降低，故机组内蒸汽容积流量近乎不变，减少了蒸汽进汽的节流损失和改善了汽轮机高压端蒸汽流动情况，汽机内效率高于定压运行时的水平。

（2）变压运行中，由于蒸汽压力随负荷减少而降低，蒸汽比热容减小，而高压缸排汽温度变化不大，因此使再热汽温在很大的负荷工况变动范围内都能维持其额定值不变。所以，当机组负荷低于额定负荷的 70% 时，变压运行的经济性比定压运行有显著改善。

（3）运行机组若采用调速给水泵，低负荷变压运行时，不仅给水流量减少，而且给水泵的给水压头也降低，因而给水泵的功率消耗可大大降低。

（4）变压运行时，汽轮机内部工质温度变化不大，故机组变压运行时允许负荷变化速度比定压运行大。

（5）变压运行时，锅炉、汽轮机及主蒸汽管道等高压部件都在较低应力状态下工作，对延长机组的使用寿命是有利的。另外，由于负荷变化时，汽温稳定，减少了汽轮机各级汽缸的热应力和热变形，提高了机组运行的安全可靠性。

缺点：

（1）变压运行时，机组负荷愈低，蒸汽压力也愈低，蒸汽压力的降低，使蒸汽的焓值减少，从而降低了机组的循环热效率。

（2）变压运行的机组，对电网的调频适应性较差，因为当机组功率增大时，锅炉必然增加燃烧提高汽压，但此时锅炉的储热能力不但不能利用，还因压力的提高而储蓄了一部分热量，这样就增加了迟延时间。

89. 锅炉在变压运行时应注意什么？

（1）变压运行中，注意负荷变化时厚壁部件的温度变化，特别是汽包壁温的变化，防止过大的热应力。由于受变压的影响，汽包内工质的饱和温度变化较大，因而要控制汽包内外壁温差和负荷的变化速度。

（2）在负荷较低的情况下，必须注意锅炉的安全问题。如炉内燃烧的稳定性和锅内水循环故障等问题。

90. 运行中怎样正确使用一、二级减温水？

在正常运行中，调节主汽温度时，根据减温器布置位置，应把一级减温器作为粗调汽温使用，喷水量尽量稳定。而把二级减温器作为细调汽温用。同时还应注意减温喷水量变化时应平缓，参照减温器的进出口蒸汽温度的变化，调整喷水量，杜绝二级减温器进口超温；当一级减温进口蒸汽超温时，应从燃烧方面调整、恢复。当二级减温调节投入自动时，应经常监视其工作情况，自动失灵时，及时切换为手动调节；当发现两侧喷水流量偏差过大时，应积极分析，查找原因并消除。

91. 怎样从火焰变化看燃烧？

煤粉锅炉燃烧的好坏，首先表现于炉膛温度，炉膛中心的正常温度一般达 1500℃ 以上。若火焰充满度高，呈明亮的金黄色火焰，为燃烧正常。当火焰明亮刺眼且呈微白色时，往往是风量过大的现象。风量不足的表现为炉膛温度较低，火焰发红、发暗，烟囱冒黑烟。

92. 煤粉气流着火点的远近与哪些因素有关？

（1）原煤的挥发分含量。挥发分含量大着火点近，着火迅速，否则着火点就远。

（2）煤粉细度的大小。煤粉愈细着火点愈近，燃尽时间也短，否则着火点远。

（3）一次风的温度高低。风温高，着火热降低，煤粉易着火，着火点较近。

（4）煤粉浓度。一般风粉混合物浓度在 $0.3 \sim 0.6 \mathrm{kg/m^3}$ 时最易着火。

（5）一次风动压。动压值高，着火点远，否则着火点近。

（6）炉膛温度。炉膛温度高，着火点近，否则着火点远。

93. 煤粉气流着火的热源来自哪里？

一方面是气流卷吸炉膛高温烟气而产生的混合与传质换热。另一方面是炉内高温火焰辐射换热。其中煤粉气流的卷吸是主要的。

94. 煤粉气流着火点过早或过迟有何影响？

着火点过早时有可能烧坏喷口或引起喷口附近的结焦。着火点过迟会使火焰中心上移，可能引起炉膛上部结焦，汽温升高，甚至可能使火焰中断。

95. 为什么要调整火焰中心？

锅炉运行中，如果炉内火焰中心偏斜，将使整个炉膛的火焰充满度恶化。一方面造成炉前、后、左、右存在较大的烟温差，使水冷壁受热不均，有可能破坏正常的水循环。另一方面造成炉膛出口左右两侧的烟温差，使炉膛出口一侧的温度偏高，导致该侧过热器等受热面超温爆管，因此运行中要注意调整好火焰中心位置，使其位于炉膛中央。

96. 运行中如何调整好火焰中心？

对于四角布置的燃烧器要同排对称运行，不缺角，出力均匀。并尽量保持各燃烧器出口气流速度及负荷均匀一致。或通过改变摆动燃烧器倾角或上下二次风的配比来改变火焰中心位置。

97. 运行中为什么要定期校对水位计？

因为锅炉运行中汽包水位是以就地布置的一次水位计为准的，而运行人员在控制盘上是根据低置水位计来控制水位，调整给水量的；由于低置水位计需要较多的传递环节、转换过程和设备，有时难免在某个环节出现一些异常、故障，影响了水位指示的正确性，而造成各个低置水位计之间的误差。因此必须定期根据汽包就地水位计的指示，校对低置水位计的正确性，防止因水位监视不准确而引起水位事故发生。

98. 锅炉出灰、除焦时为什么要事先联系？应注意哪些事项？

因为煤粉炉一般都采用微负压燃烧方式运行，进行出灰或除焦时又必须打开孔门，因此大量冷风进入炉内，使炉膛温度降低，导致燃烧不良。炉膛负压因燃烧的变化和风量的送入与烟气的排出不平衡，将出现摆动幅度大、甚至正压现象，高温烟气喷出既污染环境，又容易伤人。因此必须事先联系经同意后，方可除焦、出灰。司炉应采取稳定燃烧的措施，并保持一定的炉膛负压。出灰、除焦人员应戴手套，使用专用工具，并做好闪避的准备，谨慎进行操作，一当操作完毕，就及时通知司炉。

99. 定期排污有哪些规定？

（1）锅炉的定期排污，应根据化学值班员的通知，并在实施监护的情况下进行操作。

（2）排污必须在征得司炉同意后进行。

（3）排污操作人员的穿戴应符合安规要求。操作场所应有照明，通道无杂物堆积，在排污装置有缺陷时，禁止排污操作。

（4）使用专门的扳手操作并不准加套管。

（5）操作应逐一回路进行，并按规定的时间执行。

100. 燃烧自动调节或压力自动调节投运须注意什么？

燃烧自动调节或压力自动调节投入运行时，必须注意监视其工作情况，遇有工况变化及重大操作，必须将其解列。压力自动调节投入时，必须保持下两层给粉机在稳定转速（500r/min 以上）运行，以保证稳定的火焰。

101. 为什么燃烧器四角布置的锅炉应对角投用给粉机？

对于四角布置燃烧器的锅炉，对角投用火嘴，可维持稳定的炉内空气动力特性及较好的火焰充满程度，使燃烧稳定，避免火焰偏斜，可有效地提高锅炉的燃烧效率。

102. 为什么运行中给水泵故障，炉侧给水压力不到零？

运行中当给水泵突然故障，出口压力降到零时，锅炉侧给水压力表仍有指示。这是因为给水泵出口装有逆止门，当给水突然中断时，使锅炉瞬间似一静止的容器，根据液体静压力的特性，静止液体内任一给定点的各个方向的液体静压力均相等。此时给水压力表的指示应为当时的汽包压力，而不到零。

103. 为什么给水高压加热器解列后，锅炉给水流量指示会比实际值小？

因为锅炉给水管道上装的流量计系压差式流量计，流量的大小是通过压差的测定而得到的，实际上测的是容积流量。因为高压加热器投入运行和解列时，给水温度会相差很大，给水温度低，重度增大，容积减小，给水流量指示就会比实际小。此种现象，在锅炉滑压运行中也出现，即主蒸汽流量指示比实际值要偏大，原因是主蒸汽压力的下降，造成蒸汽密度的变化。对于这种指示偏离实际值的现象，可通过修正补偿来解决。

104. 中间储仓式制粉系统启停对汽温有何影响？

启动制粉系统后，一次风要适当地减少，为了使燃料达到完全燃烧，总风量要增加，这样使烟气容积增大，流经过热器的烟速增大，由于炉膛出口烟温升高，所以汽温上升。另外对于热风送粉的制粉系统由于三次风的风温较低，它的投入也相对降低了炉膛温度，使得炉内辐射传热减弱，因烟气流量大、流速加快，对流过热器、再热器区域换热加强，这些因素使一、二次汽温上升。停运制粉系统时，情况则相反，汽温应下降。

105. 空气预热器漏风有何危害？

空气预热器漏风使送、引风机电耗增加，严重时因风机出力受限，锅炉被迫降负荷运行。漏风造成排烟热损失增加，降低了锅炉的热效率。漏风还使热风温度降低，导致受热面低温段腐蚀、堵灰。对于空气预热器和省煤器二级交叉布置的管式空气预热器高温段漏风，还会造成烟气量增大，对低温省煤器磨损加剧。

106. 回转式空气预热器漏风的原因是什么？

由于烟气侧与空气侧存在压差，预热器动、静部分之间的间隙不可避免要引起漏风。

影响漏风的原因：

（1）结构设计不良。密封装置在热态运行中补偿不足。

（2）制造工艺欠佳。加工精度不够，焊接质量差。

（3）安装与检修质量差。未能按设计要求安装和检修。

（4）运行与维护不当，造成预热器积灰和腐蚀及二次燃烧。

107. 防止回转式空气预热器漏风的措施有哪些？

（1）采取 SOS 系统（密封自动调节系统）解决热态运行中"蘑菇"状变形。

（2）改进喉口密封结构（即风管与固定风道间的密封）。

（3）改进环向密封。

（4）改进径向密封。

（5）加汽封管。

（6）在安装、维修中应严格保证各密封间隙尺寸。

（7）风罩、转子（或定子）焊毕，经整体热处理后再机械加工。

（8）上风罩吊簧改压簧以防止风罩跳动。

（9）空气预热器大轴改短轴，以减小热膨胀变形和晃动。

（10）空气预热器导向轴承用石墨轴承以防磨损。

（11）加强运行维护和提高管理水平。

108. 什么是乏气送粉？

在中间储仓式制粉系统中，把制粉系统的排气（俗称为乏气）作为输送煤粉的介质，称为乏气送粉。

乏气送粉系统中，排粉机进口风可切换，当磨煤机停运时，可直接用温风送粉。乏气送粉适用于煤质较好、挥发分较高的煤种。

109. 什么叫火焰中心？火焰中心高低对炉内换热影响怎

样？

煤粉着火后由于燃烧逐渐发展，燃烧所放出的热量大于传热量，所以烟气温度不断升高，因而形成一个燃烧迅速、温度较高的区域。在此区域中热量放出最多。通常称此区域为火焰中心（或燃烧中心）。

在一定的过量空气系数下，若火焰中心上移，使炉膛内总换热量减少，炉膛出口烟气温度升高；若火焰中心位置下移，则炉膛内换热量增加，炉膛出口烟气温度下降。

110. 为什么要对锅炉受热面进行吹灰？

吹灰是为了保持受热面清洁。因灰的导热系数很小，锅炉受热面上积灰影响受热面的传热，吸热工质温度下降，排烟温度升高，从而使锅炉热效率降低；积灰严重时使烟气通流截面积缩小，增加流通阻力，增大引风机电耗，降低锅炉运行负荷，甚至被迫停炉；由于积灰使后部烟温升高，影响尾部受热面安全运行。局部积灰严重，有可能形成"烟气走廊"，使局部受热面因烟速提高，磨损加剧。故应定期对锅炉受热面进行吹灰。

111. 燃煤水分对煤粉气流着火有何影响？

燃煤水分较高，不利于煤粉气流的着火。一方面，水分提高将使燃料在炉膛内吸热、蒸发所需热量增加，煤粉气流着火热升高，着火困难；另一方面，由于水分在炉膛内的蒸发吸热，使炉膛温度降低。故燃煤水分过大将使煤粉着火推迟。

112. 燃煤灰分对煤粉气流着火的影响？

由于煤粉中的灰分阻碍挥发分的析出和氧气向炭粒表面的扩散，因而灰分含量越大，煤粉的燃烧速度越低。导致燃烧器出口区域的烟气温度降低，煤粉着火推迟，燃烧的稳定性变差。

113. 燃煤挥发分对煤粉气流着火的影响？

煤粉燃烧首先是挥发分着火燃烧，放出热量，并加热焦炭，使焦炭温度迅速升高，并燃烧起来。如果燃煤挥发分低，则着火温度愈高，即愈不易着火，使煤粉着火推迟。另一方面，挥发分对煤粉气流的着火速度也有很大影响，挥发分较低的燃煤着火速度低，燃烧不易稳定，甚至发生灭火。

114. 煤粉细度对煤粉气流的燃烧有什么影响？

煤粉越细，总表面积越大，挥发分析出就越快，这对于着火的提前和稳定燃烧是有利的，而且煤粉燃烧越完全。一般来讲，对无烟煤或贫煤，煤粉细度要求较细且较均匀，对于烟煤和褐煤，因其着火并不困难，煤粉可适当粗些。

115. 按优质煤设计的锅炉改烧劣质煤时应采取哪些稳燃措施？

按优质煤设计的锅炉，一般均采用乏气送粉，燃烧器都采用一、二次风间隔布置，因此改烧劣质煤时，可采取以下措施稳燃：

（1）根据实际情况，可适当关小或关闭中二次风。

（2）上层二次风可开大些，下层二次风可开小些，但下二次风喷口应以托住煤粉，使火焰不下沉为原则。

（3）控制一次风量适当降低一次风速及风率，提高一次风温。改乏气送粉为热风送粉。

（4）根据燃煤情况，适当提高磨煤机出口温度及煤粉均匀性。

（5）适当提高煤粉细度值。

（6）运行中尽量投入全部一次风喷嘴，避免缺角运行，以利于四股射流互相引燃，但要保证一次风喷嘴的煤粉浓度。

116. 低氧燃烧有何利弊？

低氧燃烧能减少硫矸的含量，使烟气露点大大降低，可有效地减轻尾部受热面腐蚀和结灰，同时引、送风机电耗也会下降。但低氧燃烧时，往往使化学和机械不完全燃烧损失增大，燃烧程度下降，降低了锅炉热效率，破坏了燃烧稳定性。

117. 操作阀门应注意哪些事项？

（1）使用操作阀门扳手应合乎规定。严禁用大扳手紧阀门，以防阀门损坏。

（2）操作阀门时，操作人应站在阀门的侧面防止气流冲出伤人。

（3）开关阀门应缓慢，进行充分暖管，防止冲击和振动。

（4）开关阀门不应用力过猛，以防阀杆螺纹损坏。全开后，可适当倒回一圈；不常开的阀门应定期活动阀盘，以防阀杆锈死。

（5）阀门开关过紧以及有泄漏现象，应及时联系检修人员处理。

（6）冬季，管道停用后，应全开阀门，放尽疏水，阀门要保温。

118. 什么叫锅炉的经济负荷？

当锅炉负荷变化时，其效率也随之变化。由图可以看出，锅炉负荷在 75%～85% 范围时，其效率最高。我们把锅炉效率最高时的负荷称为经济负荷。

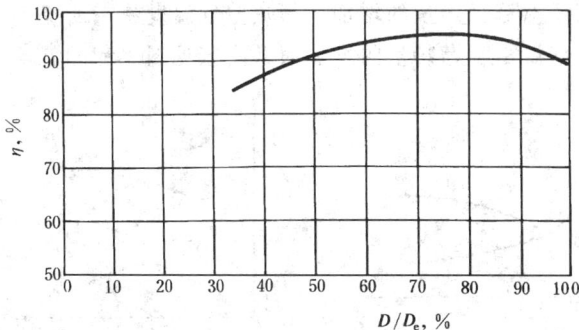

负荷与锅炉效率关系图

在经济负荷以下时效率低的主要影响因素是炉内温度低，不完全燃烧损失增大所致。此时若负荷增加，其效率也增高。

在经济负荷以上时，效率低的主要影响因素是排烟损失增大。此时锅炉效率随着负荷增加而下降。

119. 锅炉的运行特性包括哪些？

锅炉的运行特性包括静态特性和动态特性两类。

当锅炉工作遇到扰动时，某些方面受到影响，引起参数的变动，其变化方向和变动幅度都是由锅炉的静态特性决定的。

在参数变化过程中的变动速度和波折，即参数变量与时间的关系，则是动态特性的问题。

120. 影响锅炉静态特性的因素有哪些？

（1）负荷的变化。锅炉负荷改变，燃料量相应变化，炉内温度水平和燃料在炉内的停留时间都将发生变化，这两种变化对锅炉效率的影响是相反的：当锅炉负荷增高时，由于单位工质对流吸热量的增加，预热空气温度将有所提高；炉膛出口烟温由于燃料量的增加而升高（见图1和图2）。

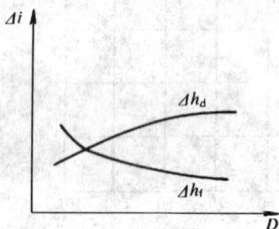

图1　单位工质吸热量
Δh 与负荷 D 的关系

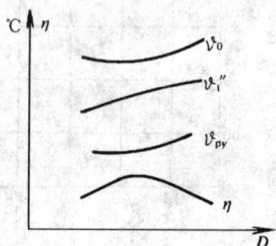

图2　锅炉效率 h、
烟气温度 θ 与负荷 D 的关系

（2）炉内过量空气系数的改变。分三种情况：

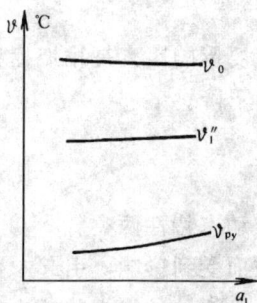

a. 增加送风量，炉内过量空气增大，将增大烟气流量和降低绝热燃烧温度 θ_0；而炉膛出口烟温 θ''_L 的改变很少；可能稍许上升或下降；排烟温度则高出过量空气较小时的水平（见图3）。

b. 如烟气容积与过量空气系数近乎正比关系，且考虑排烟温度的变化，则排烟热损失 q_2 与炉内过量空气系数亦

图3　炉内过量空气
系数 a_1 对各种
烟温 θ 的影响

近乎正比关系（假设烟道漏风量不变）。当锅炉过量空气系数加大后，增加排烟损失 q_2，但在一定范围内增加炉内过量空气系数，将有利于燃烧，使 q_3、q_4 有所减小，使锅炉效率有所提高或近于不变，然而太大的过量空气，必将使锅炉效率显著降低（见图4）。

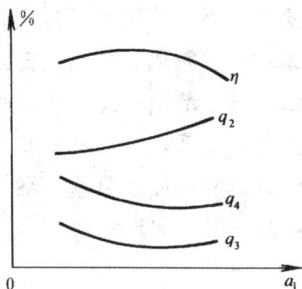

图 4　炉内过量空气系数 a_1 对各种热损失 q 和锅炉效率 η 的影响

c. 与增加燃料量一样，加大炉内过量空气系数，会减少单位辐射传热量和增大单位对流传热量。

（3）燃料的水分。燃料中水分增加时，绝热燃烧温度显著降低，所以炉膛出口烟温总是降低的，这样，辐射热量减少和对流传热量增加的程度比增大炉内过量空气时的影响要大得多（见图5）。

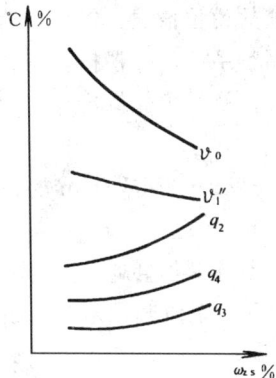

图 5　燃料折算水分对锅炉工作的影响

（4）当给水温度低于规定值时，单位工质在对流区的吸热量 $\dfrac{B_j Q_d}{D}$（Q_d 为相应于单位燃料在对流区的传热量）将增大；对自然循环锅炉的对流过热器来说，通常必须加大蒸汽侧的减温；在直流锅炉里，热水的蒸发段和过热段的分界点将移位；给水温度降低会使省煤器的传热温压加大。

（5）锅炉漏风的影响。漏风点位置不同，产生的影响不同，如炉膛下部或燃烧器附近漏风，对着火和燃烧不利，漏风点在炉膛上部，则降低炉膛出口烟温；对流烟道的漏风降低烟道后烟温和传热温差；漏风点接近锅炉出口，排烟温度有所降低，但排烟损失增大。

121. 锅炉停炉分为哪几种？

锅炉停炉一般分为正常停炉和事故停炉两类。

锅炉的正常停炉方法有两种：一种是定参数停炉；一种是滑参数停炉。事故停炉又可根据事故的严重程度，需要立即停炉的称为紧急停炉；若事故不甚严重，允许在一定的时间内停止运行时，则称之为故障停炉。

122. 定参数停炉的步骤是什么？应注意哪些事项？

（1）根据预计停炉时间，煤粉仓的粉位情况，锅炉负荷大小和燃用煤量的情况，适时停运制粉系统。并根据煤粉仓两仓粉位的偏差轮流切换给粉机运行，使粉位保持比较均匀的下降。

（2）当接到值长停炉命令后，首先以 $1\sim3MW/min$ 的速度降负荷，减少粉量和风量。

（3）对于直吹式制粉系统，则应先减少各组制粉系统的给煤量，各组制粉系统的给煤量减少到一定值时，则应停止一组制粉系统。

（4）当负荷降到 50% 时，要视给水量和蒸汽量的情况可停一台给水泵（两台泵同时运行时）。同时应根据各自动装置运行调节性能的具体情况，对不适应的自动装置要及时切换成手动调节。

（5）随着负荷的下降，主汽压力也逐渐下降，但超高压锅炉主汽压力最低不得低于 10MPa，降压速度应为 0.05MPa/min，降温速度是 1～1.5℃/min。

（6）当负荷降至额定负荷的 5%～10%时，停止所有燃料，并通知司机停机。锅炉熄火后，通风 5～10min 以后停止送风机、引风机。

定参数停炉的注意事项：

（1）降负荷过程中相应减少给粉机台数，此时燃烧器要尽量集中，而且对称运行。运行的给粉机台数减少，应保持较高的转速，并调整二次风门挡板，这种运行方式是在低负荷情况下使燃烧稳定的一个具体措施。

（2）对于直吹式制粉系统，在停止一组制粉系统的操作时，要停止减负荷，待其停完后仍以原来的速度继续降负荷，主要是为了防止汽压波动过大。

（3）停炉三天以上应将煤粉仓煤粉烧尽。

（4）熄火前投入空气预热器吹灰，防止预热器受热面积灰，吹灰前应充分疏水。

（5）熄火前为防止汽包壁温差过大，可将锅炉上水至最高水位，停止给水后开启省煤器再循环门。

（6）回转式空气预热器在送、引风机停运后，仍继续转动，待进口烟温低于 150℃时停止。

123. 滑参数停炉的步骤是什么？应注意什么？

滑参数停炉的步骤是：

（1）按汽轮机要求逐渐进行降温、降压、减负荷。首先以 0.5～3MW/min 的速度降低机组负荷，使机组负荷降至额定负荷的 70%～80%左右。

（2）逐渐降低主汽压力和温度，调速汽门全开。

（3）继续降温、降压，负荷随着汽温、汽压的下降而下降。

（4）在锅炉降至滑停最终参数（一般为冷态启动的冲转参数）时，汽轮机打闸、锅炉熄火。

滑停过程应注意事项：

（1）注意控制汽温、汽压下降的速度要均匀。一般主汽压力下降不大于 0.05MPa/min，主汽温度下降不大于 1～1.5℃/min。再热汽温下降不大于 2～2.5℃/min。

（2）汽温不论任何情况都要保持 50℃以上的过热度。防止汽温大幅度变化，尤其使用减温水降低汽温时更要特别注意。

（3）在滑停过程中，始终要监视和确保汽包上下壁温差不大于 40℃。

（4）为防止汽轮机解列后的汽压回升，应使锅炉熄火时的负荷尽量低些。

124. 滑参数停炉有何优点？

滑参数停炉是和汽轮机滑参数停机同时进行的，采用滑参数停炉有以下优点：

（1）可以充分利用锅炉的部分余热多发电，节约能源。

（2）可利用温度逐渐降低的蒸汽使汽轮机部件得到比较均匀和较快的冷却。

（3）对于待检修的汽轮机，采用滑参数法停机可缩短停机到开缸的时间，使检修时间提前。

125. 停炉时何时投入旁路系统？为什么？

当负荷降至额定负荷的 25% 时投入旁路系统，先开二级旁路再开一级旁路。主要是低负荷时存在着热偏差，为防止受热面金属壁超温，投入一、二级旁路后将增加蒸汽通流量，起到保护再热器和过热器的作用。

126. 在停炉过程中怎样控制汽包壁温差？

在停炉过程中，因为汽包绝热保温层较厚，向周围的散热较弱，冷却速度较慢。汽包的冷却主要靠水循环进行，汽包上壁是饱和汽，下壁是饱和水，水的导热系数比汽大，汽包下壁的蓄热量很快传给水，使汽包下壁温度接近于压力下降后的饱和水温度。而与蒸汽接触的上壁由于管壁对蒸汽的放热系数较小，传热效果较差而使温度下降较慢，因而造成了上、下壁温差扩大。因此停炉过程中应做到：

（1）降压速度不要过快，控制汽包壁温差在 40℃ 以内。

（2）停炉过程中，给水温度不得低于 140℃。

（3）停炉时为防止汽包壁温差过大，锅炉熄火前将水进至略高于汽包正常水位，熄火后不必进水。

（4）为防止锅炉急剧冷却，熄火后 6～8h 内应关闭各孔门，保持密闭，此后可根据汽包壁温差不大于 40℃ 的条件，开启烟道挡板、引风挡板，进行自然通风冷却。18h 后方可启动引风机进行通风。

127. 锅炉熄火后应做哪些安全措施？

（1）继续通风 5min。排除燃烧室和烟道可能残存的可燃物，然后关闭各风门并停止送、引风机运行，以防由于冷却，造成汽压下降过快。

（2）熄火后保留一、二级旁路或开启一级旁路和再热器向空排汽，10min 后关闭，以保持过热器和再热器不致超温。

（3）停炉后应严格控制锅炉的降压速度，采取自然泄压方式（即随停炉后的冷却自行降压），严禁采取开启向空排汽等方式强行泄压，以免损坏设备。

（4）停炉后当锅炉尚有压力和辅机留有电源时，不允许对锅炉机组不加监视。

（5）为防止锅炉受热面内部腐蚀，停炉后应根据要求做好停炉保护工作。

（6）冬季停炉还应做好设备的防冻工作。

128. 停炉时对原煤仓煤位和粉仓粉位有何规定？为什么要这样规定？

（1）凡停炉备用或停炉检修时间超过七天，需将原煤仓的煤用尽。

（2）凡停炉备用或检修时间超过三天时，需将煤粉仓中的煤粉用尽。停炉时间在三天以内时煤粉仓粉位也应尽量降低，仔细做好煤粉仓的密封工作，严格监视煤粉仓的温度。

以上规定主要是为了防止原煤结块和煤粉的结块或长时间沉积引起自燃和爆炸。

129. 停炉后为什么煤粉仓温度有时会上升？

煤粉在积存的过程中，由于粉仓不严密或粉仓吸潮阀关不严及煤粉管漏入空气的氧化作用会缓慢地放出热量，粉仓内散热条件又差，燃料温度也会逐渐上升，温度的上升又促使氧化的加剧，氧化作用的加剧又使温度上升，直至上升到其燃点。所以停炉后必须监视粉仓温度，一旦发现粉仓温度有上升趋势，应及时采取措施。

130. 停炉备用锅炉防锈蚀有哪几种方法？

一般停炉备用锅炉防锈蚀有两种方法：湿保护，干保护。

湿保护：联氨法、氨液法、保持给水压力法、蒸汽加热法、碱液化法、磷酸三钠和亚硝酸混合溶液保护法。

干保护：烘干法（热炉放水）、干燥剂法。

131. 热炉放水如何操作？

以 SG400/13.7 锅炉为例：

（1）锅炉滑停到熄火前，汽包压力应不大于 1.5MPa，汽包水位维持在 0～50mm，灭火后汽压降到 1MPa，开启过热器疏水门，通知汽机关闭一、二级旁路。

（2）锅炉熄火后各风门、挡板、人孔门、看火门等均应严密关闭。

（3）锅炉熄火前开始抄录汽包各点壁温，以后每隔半小时抄录一次，直至汽压降到零以后 4h 为止。

（4）锅炉熄火后 60min，开启大直径下降管放水门（一次门开足，直通门开 1/4 圈），微开事故放水门进行放水，放水至电接点水位计指示为 −250mm 时，再继续放 30min，然后关闭各放水门，使汽包内的水基本放完。

（5）锅炉熄火后 4h，屏式过热器后烟温不大于 400℃，汽包压力在 0.8MPa 以下，汽包上、下壁各测点温度不大于 200℃，进行锅炉水冷壁与省煤器放水。

（6）开启各水冷壁下联箱、大直径下降管放水门（一次门开足，直通门开 1/4 圈）、事故放水门，同时开启省煤器放水门 1/8 圈。严格控制锅炉泄压速度，0.8～0.3MPa 所需时间一般为 2~2.5h；0.3~0MPa 所需时间一般为 3h。

（7）当汽包压力降到零时，开启所有空气门和微开联箱向空排汽门，同时开启给水操作台和减温水系统放水门。

（8）在带压热炉放水过程中，汽包上、下壁温差最大值不得超过 40℃，当温差达到 40℃时，应暂停放水，待温差稳定后，重新放水。

（9）当炉膛内有大块焦渣包住炉管或炉膛敷设的卫燃带时，应根据具体情况，适当推迟放水时间，减缓放水速度，以防止该处炉管过热。

（10）停炉前检查省煤器再循环门是否关闭严密，以免给水进入汽包，造成汽包下壁温度降低。

（11）停炉后应开启再热器向空排汽门和冷段疏水门。

（12）在锅炉放水过程中，应检查各处膨胀正常。

132. 停炉过程中加入十八胺的作用是什么？如何操作？

停炉过程中加入十八胺，能够使其吸附在金属表面形成保护作用的膜，把水和金属完全隔开，因而可以防止水中的 O_2 和 CO_2 对金属的腐蚀。

（1）停炉前 2~3h 开始加十八胺，直到锅炉熄火。

（2）化学人员接到停机通知，先用除氧器水（80℃）通过加药管道 20min，以维持加药管道有一定温度，避免十八胺析出，加十八胺结束后，仍用除氧水冲洗加药管道半小时。

（3）加药过程应维持十八胺乳化液温度在 70℃ 左右。

（4）自加药开始到锅炉放水前，锅炉不得向空排汽，以免排放掉保护物质。

（5）锅炉汽压在 0.8MPa 热炉放水时，应先放掉省煤器内水，使十八胺气体进入省煤器，然后放掉锅水（其它按热炉放水具体操作执行）。向空排气门不得提前开启。

（6）锅炉重新进水时，化学人员要在给水中加氨水。

133. 锅炉停止运行后为什么要求汽机一、二级旁路再运行 $10\sim15min$？

锅炉停运后，锅炉余热尚高，一方面有可能使汽压回升，另一方面有可能使过热器、再热器管壁超温，这种现象尤其在较高参数停运后更明显。这样对各受热面和汽包的冷却不利，也推迟了停炉放水的时间，所以对单元制机组，在锅炉停止运行后，一般要求汽机旁路再运行 $10\sim15min$（视汽压、汽温不回升为原则）。

134. 汽机关闭一、二级旁路后，为什么要开启再热器冷段疏水和向空排汽？

汽机关闭一、二级旁路后，因这时再热器压力已相当低，如果再热器疏水和再热器向空排汽等到热炉放水时再开，再热器利用自身压力排放余汽和水就相当困难，有可能放不掉，滞留在管内，对管子造成腐蚀。积水在管内，造成水塞，给下一次启动带来困难，容易造成管壁超温，所以锅炉熄火后，汽机一、二级旁路运行一段时间后关闭，应立即开启再热器冷端疏水和向空排汽。

135. 锅炉熄火后，为什么风机需继续通风 $5min$ 后才能停止运行？

因为在停炉熄火过程中，由于炉膛温度下降，燃烧不稳，使未完全燃烧的可燃物增多，这些可燃物滞留在炉膛和烟道后，在炉内余热的加热下，将会产生再燃烧，直接威胁锅炉设备的安全。因此锅炉熄火后，风机继续通风一段时间将炉内可燃物抽走，但通风时间不宜过长，否则由于大量冷空气直接进入炉内，会使炉膛、烟道及各受热面急剧冷却收缩，造成损坏。所以锅炉熄火后，风机继续通风5min停止运行，然后关闭烟风挡板，使炉膛及烟道处于密闭状态，并且还要继续监视烟气温度，以防未抽尽的可燃物重新燃烧。

136. **锅炉正常停运后，为什么要采用自然降压？**

由于水蒸气在一定压力下具有一定的饱和温度，当压力变化时，饱和水、饱和汽的温度也相应发生变化。如果锅炉停炉后压力下降过快，则饱和水、饱和汽的温度也大幅度下降。由于在较低压力时饱和温度对压力的变化率较高，又因汽包上壁与饱和汽接触、下壁与饱和水接触，水的导热系数比汽大，则汽包下壁的蓄热量很快传给水，使汽包下壁温度接近于压力下降后新的压力下的饱和温度，而汽包上壁传热效果差维持较高的温度，汽包上壁温高于下壁温，汽压下降越快，汽包上、下壁温差越大。同时汽压下降速度过快，其对应的饱和温度也下降加快，水冷壁、省煤器及联箱的壁温下降也越快，由于急剧冷却、收缩将会产生很大温度应力，局部接头、焊口处易产生裂纹，所以锅炉正常停运后要采取自然降压。当锅炉正常熄火停运后，应关闭所有汽水门，关闭烟道挡板、人孔门，使锅炉处于密闭状态，自然冷却降压。

137. **锅炉停运后回转式空气预热器什么时候停运？**

因为锅炉停运后，炉内烟气温度仍很高，如果回转式空气预热器停止，则回转式预热器在烟气侧温度较高，在空气侧温度较低，造成转子受热面或风罩变形，从而使预热器卡死,难以重新启动,甚至过负荷而损坏。所以锅炉停运后,回转式预热器继续运行,经自然冷却至预热器入口烟温降至150℃时停运。

138. 冬季停炉后防冻应采取哪些措施?

(1)可采取热炉放水,将本体各疏水门、省煤器放水门、给水、减温水各疏水门、各联箱疏水门和给水、减温水调整门、隔离门、反冲洗门都打开。

(2)锅炉维持正常水位,投用底部蒸汽加热。

(3)除尘水、冲灰水、辅机冷却水系统可采用节流运行,维持管道与喷嘴畅通。

(4)备用泵可开启进口门,稍开空气门。

139. 紧急停炉的步骤是什么?

(1)立即停止制粉系统和停止向锅炉输送燃料(停止全部给粉机、燃油泵,并关闭燃油速断阀)。

(2)保持25%的风量、通风5min后停止引风机、送风机。当发生炉膛汽、水管爆破时,为保持炉膛负压可进行通风,并可保留一台引风机继续运行。如尾部受热面和烟道产生二次燃烧时则应立即停止引风机、送风机,并严密关闭各风门及烟道挡板。

(3)停炉后,因紧急停机,负荷下降幅度较大,使汽压升高和造成水位变化较大,如超过范围,应采取措施(开事故放水门和向空排汽门)维持在规定范围之内。

(4)如水冷壁和省煤器爆破,停炉后禁止开启省煤器再循环门。

(5)停炉后的其它操作和正常停炉的操作相似。

140. 什么叫锅炉效率？

锅炉效率就是有效利用热量占输入热量的百分数。即：

$$\eta_{gl} = q_1 = \frac{Q_1}{Q_r} \times 100\%$$

式中　Q_1——有效利用热量，kJ/kg；

　　　Q_r——输入锅炉的热量，kJ/kg；

　　　η_{gl}——锅炉效率；

　　　q_1——锅炉有效利用热量占输入热量的百分数。

141. 什么叫锅炉机组热平衡？研究锅炉机组热平衡的目的是什么？

锅炉机组的热平衡是指输入锅炉机组的热量与锅炉机组输出热量之间的平衡。输出热量包括用于生产蒸汽或汽水的有效利用热量和生产过程中的各项热量损失。输入热量主要来源于燃料燃烧放出的热量。

研究热平衡的目的就是分析燃料的热量有多少被有效利用，有多少变成为热损失，这些损失又表现在哪些方面，便于找出减少损失的措施，提出提高锅炉经济性的途径。另一方面就是用以确定锅炉在稳定工况下的燃料消耗量。

142. 什么叫锅炉反平衡效率？发电厂为什么用反平衡法求锅炉效率？

利用反平衡法，通过确定锅炉各项热量损失，根据热平衡方程确定的锅炉效率称为锅炉反平衡效率。即：

$$\eta_{gl} = 100 - (q_2 + q_3 + q_4 + q_5 + q_6) \quad \%$$

目前发电厂采用反平衡法求效率。是因为入炉煤计量不完善和不准确，采用正平衡法求效率常会有较大的误差，而反平衡法必须先求得各项损失，有利于对各项热损失进行分析，以便于找出提高锅炉效率的途径。

143. 锅炉的热损失有哪几项？其中哪一项损失最大？

锅炉的热量损失有以下几项：

q_2——排烟热损失；

q_3——气体不完全燃烧热损失；

q_4——固体不完全燃烧热损失；

q_5——锅炉散热损失；

q_6——灰渣物理热损失。

对室燃炉排烟损失为最大。

144. 什么是锅炉的净效率？

在求得锅炉效率 η_{gl} 的基础上，扣除自用汽、水、电能消耗后的效率，称为净效率，用 η_j 表示。即：

$$\eta_j = \eta_{gl} - \Delta\eta$$

$\Delta\eta$ 为自用汽、水及电能消耗折算成热量后占输入热量的百分数，%。

145. 影响锅炉排烟热损失 q_2 的主要因素有哪些？

主要因素有：排烟温度、排烟量。排烟温度愈高、排烟量愈大，则排烟热损失 q_2 愈大。

146. 与锅炉效率有关的经济小指标有哪些？

排烟温度、烟气中氧量值或二氧化碳值、一氧化碳值、飞灰可燃物、灰渣可燃物等。

147. 影响 q_3、q_4、q_5、q_6 的主要因素有哪些？

影响 q_3 损失的主要因素是：炉内过量空气系数、燃料的挥发分、炉膛温度、燃料与空气混合情况和炉膛结构等。

影响 q_4 的因素有燃料的性质、煤粉细度、燃烧方式、炉膛结构、锅炉负荷、炉内空气动力工况以及运行操作情况等。

影响 q_5 的因素有锅炉容量、锅炉负荷、炉墙面积、周围空气温度、炉墙结构等。

影响 q_6 的因素有燃料灰分、炉渣份额以及炉渣温度。一般液态排渣炉其排渣量和排渣温度均大于固态排渣炉。

148. 为降低锅炉各项热损失应采取哪些措施？

（1）为降低排烟损失 q_2：应选择合理的过量空气系数，消除烟道各处漏风，运行中应及时对受热面进行吹灰打焦，并注意监视给水、锅水和蒸汽品质，以保持受热面内外清洁，降低排烟温度。

（2）降低气体不完全燃烧热损失 q_3；要保持适当的过量空气系数，尽力保持较高的炉温，并使燃料与空气充分混合。锅炉燃烧设备布置合理。

（3）降低固体不完全燃烧热损失 q_4：要保证合理的煤粉细度，炉膛容积和高度应合理，在燃烧器有良好结构、性能、布置适当的基础上，根据负荷作好燃烧调整工作，保持炉内良好的空气动力工况，火焰能最大限度地充满炉膛，过量空气系数控制适当，一、二次风调整合理。

（4）降低散热损失 q_5：要完善和保护好锅炉炉墙金属结构及锅炉范围内的烟风道、汽水管道及联箱等部位的保温。

149. 锅炉的输入热量主要来自哪些方面？有效利用热包

括哪些？

对应于 1kg 燃料输入锅炉的热量，通常包括燃料的低位发热量，燃料的物理显热，雾化燃油所用蒸汽带入的热量等。

锅炉有效利用热包括过热蒸汽带走的热量、再热蒸汽带走的热量、锅炉排污水带走的热量等。

150. 锅炉负荷变化时，其效率如何变化？为什么？

因为每台锅炉都有一个经济负荷范围，一般都在锅炉额定负荷的 75%～90% 左右，超过此负荷，效率要下降，低于此负荷，效率也要下降。因为每台锅炉的炉膛和烟道容积是固定的，当超出额定负荷时，会使燃料在炉膛停留时间过短，没有足够的时间燃尽就被带出炉膛，造成 q_4 热损失增大；因烟气量大，烟气流速和烟温大于正常值，造成排烟损失大，其效率降低。在低负荷运行时，由于炉膛温度下降较多，燃烧扰动减弱，固体不完全燃烧热损失增加，锅炉效率也会降低。

151. 锅炉运行技术经济指标有哪些？

锅炉运行技术经济指标主要有：锅炉效率（%）、锅炉标准煤耗(kg/h)标准煤耗率[kg/(kW·h)]、自用电率(%)。锅炉效率越高，标准煤耗率、自用电率越低，说明锅炉经济性越好。因为上述考核指标计算比较复杂，常分成许多小指标在运行中考核。即汽温、汽压、产汽量、补水率、炉烟含氧量、排烟温度、飞灰可燃物、制粉电耗、风机电耗、燃油量消耗、锅炉效率等。

152. 什么叫制粉电耗？

在制粉过程中，制出 1t 煤粉，制粉设备所消耗的电量。单位是 kW·h/t。

153. 什么叫发电厂的煤耗率？

发电厂生产单位电能和热能所耗用的燃料量，称为发电厂的煤耗率。

154. 什么叫机组补水率？

锅炉与汽轮机在运行中，为了保证水汽品质合格，需排出一些汽水，如锅炉连续排污、定期排污、除氧器排汽等。还有些由于运行设备泄漏，造成的汽水损失，加上事故状态下的疏排放汽、水。故机组在生产过程中要定期补水。电厂一般根据不同类型的机组制定出一定的补水率，即补水量与锅炉蒸发量之比。

155. 什么叫发电煤耗和供电煤耗？

发电厂的燃料消耗量（折算成标准煤）与发电量之比，叫发电煤耗。单位：kg/（kW·h）。

发电厂中发电量扣除厂用电，实际供出的电量所消耗的燃料（折算成标准煤）叫供电煤耗。单位是 kg/（kW·h）。

156. 什么叫空气预热器的漏风系数和漏风率？

漏风系数指预热器烟气侧出口与进口过量空气系数的差值。用公式表示：$\Delta\alpha = \alpha'' - \alpha'$。

漏风率指漏入预热器烟气侧的空气量与烟气量的百分比。公式表示：

$$A_e(经验公式) = \frac{K''_{O_2} - K'_{O_2}}{K''_{O_2}} \times 90\%$$

157. 回转式空气预热器的漏风系数和漏风率规定值为多少？

对回转式空气预热器最大漏风系数应不超过 0.2；漏风率最大不超过 15%。

158. 什么是厂用电率？

厂用电率是指发电厂各设备自耗电量占全部发电量的百分比。

159. 什么叫压红线运行？为何要提倡压红线运行？

所谓压红线运行，就是把运行机组的运行工况稳定在设计参数上运行。如国产 200MW 机组，其设计主汽压力为 13.8MPa，主汽温度为 540℃，锅炉运行中能控制在这个参数上运行，即称之为压红线运行。

提倡压红线运行主要有以下两点好处：

（1）可以节煤降耗，提高机组效率。因为压红线运行，热效率最高，经济性最高。据某厂实践表明，坚持压红线运行，仅此一项每生产 1kW·h 电量，就降低标准煤耗 2.6g。

（2）防止设备在较高的温度和压力下运行，延长设备寿命。另外，对操作人员素质的提高有一种促进作用。故可提高操作人员的生产技能和设备健康水平。

160. 对制粉设备运行有哪些基本要求？

（1）磨制锅炉燃烧所需要的煤粉，保证制粉系统运行的稳定，保持一次风压和磨煤机出口温度稳定。

（2）保证煤粉的经济细度和均匀性。

（3）根据运行工况，保持磨煤机在最大出力下运行，满足锅炉负荷需要和系统运行的经济性。

（4）防止发生煤粉自燃、爆炸和系统堵塞。

161. 启停制粉系统时应注意什么？

（1）启动时严格控制磨煤机出口气粉混合物的温度不超过规定值。因为磨煤机在启动过程中，属于变工况运行，此时出口温度若控制不当，很容易使温度超过极限，而导致煤粉爆炸。

（2）磨煤机在启动时进行必要的暖管。因中间储仓式制粉系统设备较多，管道较长，启动时煤粉空气混合物中的水蒸气很容易在旋风分离器等管壁上结露，使之增加流动阻力，造成煤粉结块，甚至引起分离器堵塞。

（3）磨煤机停运时，必须抽尽余粉，防止自燃和爆炸。为下次启动创造良好的条件。

162. 球磨机空转有哪些危害？

按规程规定，球磨机空转时间不得大于 10min，因为空转时间长了，一方面钢球与钢球之间，钢球与波浪瓦之间的金属磨损增加。磨煤机正常运行和空转时所产生的磨损比是1：50。另一方面磨煤机空转时，钢球与钢球之间，钢球与波浪瓦之间的撞击容易产生火花，产生火花又是制粉系统爆炸的原因之一。

163. 影响钢球磨煤机出力有哪些原因？怎样提高磨煤机出力？

球磨机出力低的原因有：

（1）给煤机出力不足，煤质坚硬，可磨性差。

（2）磨煤机内钢球装载量不足或过多。钢球质量差，小钢球未及时清理，波浪瓦磨损严重未及时更换。

（3）磨煤机内通风量不足，干燥出力低，或原煤水分增高。如排粉机出力不足，系统风门故障，磨煤机入口积煤或漏风等。

（4）回粉量过大，煤粉过细。

提高制粉系统出力的措施有：

（1）保持给煤量均匀，防止断煤。在保持磨煤机出口温度不变的情况下，尽量提高磨煤机入口风温。

（2）定期添加钢球，保持磨煤机内一定的钢球装载量，并定期清理不合格的钢球及铁件杂物。

（3）保持磨煤机内适当的通风量，磨煤机入口负压越小越好，以不漏粉为准。

（4）消除制粉系统的漏风，加强粗细粉分离器的维护，保持各锁气器动作灵活。

（5）保持合格的煤粉细度，适当调整粗粉分离器折向门，煤粉不应过细。

164. 煤粉仓温度高怎样预防和处理？

预防煤粉仓温度高的措施：

（1）保持磨煤机出口温度不超过规定值。

（2）按规定进行降粉。

（3）经常检查和消除制粉系统及粉仓漏风。

（4）建造和检修粉仓时要保证合理角度，四壁光滑，不应有积粉。

煤粉仓温度高应作如下处理：

（1）停止制粉系统，进行彻底降粉。

（2）关闭吸潮管阀门及绞龙下粉插板。

（3）温度超过规定值时可用二氧化碳灭火。

（4）待温度正常后，启动制粉系统。

（5）消除各处漏风。

165. 影响煤粉过粗的原因有哪些？

（1）制粉系统通风量过大。

（2）磨煤机内不合格的钢球太多，使磨碎效率降低。

（3）粗粉分离器内锥体磨透，致使煤粉短路或粗粉分离器折向门开得过大。

（4）回粉管堵塞或停止回粉，而失去粗粉分离作用。

（5）原煤优劣混合不均匀，变化太大。

（6）煤质过硬或原煤粒度过大等。

166. 润滑油对轴承起什么作用？

无论是滚动轴承或滑动轴承，在轴转动时，其转动部分和静止部分都不能直接接触，否则会因摩擦生热而损坏。为了防止动静部分摩擦，必须添加润滑剂。润滑剂对轴承的作用主要表现在润滑作用、冷却作用和清洗作用三个方面。

167. 筒式钢球磨煤机大瓦润滑有哪几种方式？

钢球磨煤机大瓦润滑方式一般采用高位油箱静压润滑；强制润滑和毛线润滑等几种方式。

168. 为什么煤粉仓粉位不应低于某一值？

当煤粉仓粉位低时，由于煤粉静压力减少，空气薄膜增厚，造成煤粉流动性增大，通过给粉机时产生自流。另外，粉仓粉位低时，会使煤粉仓表面高低不平，四周积粉，并产生间断性下落，使给粉机下粉量随之波动。因此煤粉仓粉位必须不低于某一值。如220t/h以上锅炉粉仓粉位不得低于3m。

169. 辅机试转时，人应站在什么位置？为什么？

《电业安全工作规程》明确规定，在转动机械试转时，除运行操作人员外，其他人员应先远离，站在机械转动的轴向位置，以防止转动部件飞出伤人。这是因为：

（1）设备刚刚检修完，转动部件还未做动平衡，转动体上其他部件的牢固程度也未经转动考验，还有基础部分不牢固等其它因素，很有可能在高速旋转的情况下有个别零部件飞出。

（2）与轴垂直方向是最危险区，而轴向位置就相对比较安全，这样即使有物体飞出也不致伤人，可确保人身安全。

170. 钢球磨内煤量过多时为什么出力反而会降低？

磨煤机内的煤量过多时，使磨煤机内的煤位过高，钢球落差减小，冲击能力也相应减小（从磨煤机电流减小可以看出）。另一方面煤位过高，使钢球之间的煤层加厚，钢球的一部分动能消耗在使煤层的变形上，另一部分动能消耗在磨煤上；再则磨煤机内的煤位高时，使通风阻力增加，因此，使系统内通风量减少和磨煤机内的温度下降，干燥出力降低。所以磨煤机内的煤量过多时，其出力反而会降低，还容易造成磨煤机堵塞。

171. 制粉系统漏风有哪些危害？

中间储仓式制粉系统漏风部位一般在磨煤机进口颈、出口颈、给煤机、下煤管以及磨煤机后管道上的法兰、检查孔、锁气器、防爆门等处。磨煤机前漏风，使筒内通风量增加，干燥介质温度降低，干燥能力下降，因而造成煤粉变粗。当漏风量过大时，使排粉机达到最大出力，将使进入磨煤机的热空气减少，以致磨煤机出口温度下降，为了保持此温度，只有减少给煤量，降低磨煤出力，制粉电耗相应提高。磨煤机后漏风也会增加排粉机电耗，降低一次风（或三次风）温度，增大一次风率，给燃料的着火燃烧带来不利，同时降低锅炉效率。因此，制粉系统漏风是有害而无益的。

172. 清理木块分离器时，对锅炉运行有何影响？

清理木块分离器时，当设备有缺陷或清理不当时，将造成大量冷风直接进入系统。冷风进入后，一方面使木块分离器以后的设备通风量增加，通过排粉机的乏气量也增加，乏气中携带的煤粉量随之增加，所以就要造成锅炉汽温、汽压升高。另一方面磨煤机内抽吸力降低，即通风量降低，磨煤机内的负压减小，此时如不减小给煤量，磨煤机进、出口易漏粉或满粉。

173. 磨煤机出入口为什么容易着火？

主要原因是原煤的挥发分高，当原煤较潮湿，煤粘附或堆积在磨煤机入口下煤管或出口的死角处。由于磨煤机入口要通过 $280\sim320℃$ 的高温风，粘附和堆积在管壁上的煤长时间与高温介质接触，逐渐氧化，达到一定温度后就会自燃。为了防止磨煤机入口着火，应消除入口角处的积煤，特别是雨季煤湿时，发现入口积煤，应及时清除，一旦着火应停止磨煤机，消除火源。

174. 磨煤机出口气粉混合物温度是怎样规定的？

根据《电力工业技术管理法规》规定，为防止制粉系统自燃爆炸，磨煤机出口气粉混合物的温度不应超过下列数值：

（1）中间储仓式制粉系统：贫煤130℃；烟煤80℃；褐煤70℃；无烟煤不受限制。

（2）直吹式制粉系统：贫煤150℃；烟煤130℃；褐煤100℃。

175. 煤粉为什么会爆炸？

煤粉与原煤相比具有较大的表面积，输送煤粉的介质通常使用热空气，当煤粉与空气中氧接触时，会产生氧化，使温度升高，随着温度升高又会加速氧化的进行。如果散热条件好，氧化产生的热量能被顺利带走，则不会发生自燃或爆炸；如果由于煤粉堆积，氧化产生的热量聚积起来，使氧化过程加剧，就会引起自燃。制粉系统中，煤粉和空气混合成雾状，当这种雾状的气粉混合物达到一定的温度和浓度时，一旦遇到明火就会突然着火，造成煤粉的爆炸。爆炸所产生的压力可达0.25～0.35MPa，对容器产生冲击，击破防爆门，严重时会损坏设备，甚至会引起火灾。

176. 如何防止制粉系统爆炸？

（1）制粉系统内无死角，不使用水平管道，以免煤粉积存自燃而引起爆炸。

（2）限制气粉混合物流速，既防止流速过低引起煤粉存积，又要防止流速过高引起摩擦静电火花。

（3）加强原煤管理，防止易燃易爆物混入原煤。

（4）严格控制磨煤机出口气粉混合物温度不超过规定值。

（5）粉仓定期降粉。锅炉停用三天以上时，应将粉仓中煤粉烧尽，并清除粉仓漏风。

177. 煤粉仓为什么要定期降粉?

锅炉在正常运行中，煤粉仓中部的煤粉是处于流动状态的，而粉仓四壁的煤粉是处于相对静止的，时间久了，这些静止的煤粉周围的空气薄膜会逐渐消失，造成煤粉结块。结块的煤粉会使给粉机给粉不均，造成炉膛燃烧不稳，甚至造成灭火放炮事故。因此，《电力工业技术管理法规》（试行）规定，煤粉仓的粉位应定期降低粉位。降粉的最低粉位的高度以保证给粉机的正常运行为限。

178. 中间储仓式制粉系统运行中，当给煤量增加时，风压和磨后温度怎样变化? 为什么?

这种制粉系统在正常运行时，主要靠维持磨煤机入口负压、进出口压差和出口温度来保证运行工况的。当给煤量增加时，入口负压变小，进出口压差增大，出口温度下降。因为给煤量的增加，磨内载煤量增多，使通风截面减小，通风阻力增加，所以出口负压增大，入口负压减小，进出口压差增大。再者由于给煤量增多，需要的干燥热量增加，而热风温度不变，当通风量一定时，磨煤机出口温度就会因干燥能力不足而下降。

179. 磨煤机的最佳通风量是如何确定的?

钢球装载量不变时，制粉单位电耗最小值所对应的磨煤通风量，称最佳磨煤通风量。它的大小一般决定于所磨煤的性质，磨制煤粉的细度、磨煤机规范及工作状态等，一般通过试验确定。球磨机的通风量是以通风速度来反映的，根据试验与运行实践，建议球磨机筒体的风速为：烟煤 1.5～2.0m/s；褐煤 2～3.5m/s；无烟煤 1.2～1.7m/s。

180. 钢球磨煤机在运行中，为什么要定期添加钢球？

磨煤机在磨煤过程中，钢球不断的被磨损，钢球量不断减少，而且筒体内小钢球不断增多，使磨煤机出力降低。所以，运行中必须定期添加钢球。

在日常运行中，每天应补充一定数量的 φ50 或 φ60 的钢球，以保持球磨机最佳钢球充满系数时的电流。根据规定，磨煤机运行 2500～3000h 后，应筛选钢球一次，把直径小于 20～25mm 的小钢球及金属废物清理掉。

181. 运行中球磨机哪些部位容易漏粉？其原因是什么？

（1）筒体大罐压紧条螺丝断裂漏粉。主要原因是空负荷运行时，钢球将压条螺栓砸断，煤粉从螺栓孔处流出；启、停磨煤机时，温度变化，螺栓受热不均匀引起松动，而造成漏粉。

（2）筒体进出口连接管密封圈处漏粉。主要原因是密封圈安装质量欠佳，间隙过大，一旦筒体内煤量过多，煤粉就从密封间隙处流出来。

182. 高位油箱静压润滑系统的流程及特点如何？

这种润滑方式油的流程一般是：低位油箱→润滑油泵→滤油器→冷油器→高位油箱→各润滑点→低位油箱。该系统的特点是：比较安全可靠，当润滑油泵故障停运时，不会立即断油而造成停磨；利用高位油箱的静压力，下油稳定；在循环过程中有多次过滤，油质有保障；高位油箱装有油位保护，造成磨煤机断油烧瓦的可能性减少，安全性较高。

183. 煤粉细度对燃烧有何影响？

煤粉越细总表面积越大，接触空气的机会越多，挥发分析出快，容易着火，燃烧完全。所以，挥发分低的煤，煤粉应细些。

煤粉过粗时，在一次风管内不能很好的预热，到燃烧器里也不能很好地与空气搅拌混合，结果在炉膛里着火不好，着火时间拖长，造成燃烧不完全，增加了锅炉热损失。尤其是锅炉低负荷时，由于炉膛热强度低，还容易引起锅炉灭火或烟道二次燃烧。

184. 处理球磨机满煤时，为什么要间断启停磨煤机？

因为磨煤机满煤后，钢球与原煤的混合物随筒体一起旋转，没有钢球下落的高度，因此原煤很难磨碎，煤粉也难以抽走。当磨煤机启动、停止瞬间，将钢球和煤粉翻起来，在此瞬间能将部分煤粉从钢球间隙中抽走，反复启停数次（但应遵守电动机运行规程规定的启停间隔时间），将磨煤机内的煤粉抽走，直至磨煤机正常为止。所以磨煤机满煤后处理时应间断启停磨煤机。

185. 在哪些情况下应紧急停止制粉系统运行？

遇有下列情况之一时，应紧急停止制粉系统运行：

（1）制粉系统着火、爆炸时；

（2）设备运行异常危及人身安全时；

（3）制粉系统附件着火，危及安全时；

（4）轴承温度上升很快或过高，经采取紧急措施无效，并超过规定值时；

（5）润滑油中断（油压过低、油管破裂等），轴承有损坏危险时；

（6）磨煤机电流突然增大或减小时；

（7）电气设备发生故障时；

（8）设备发生严重振动，危及设备安全时；

（9）锅炉紧急停炉时。

186. 运行中的球磨机满煤后，其电流为什么反而小？

正常运行的磨煤机内是不允许全部充满煤和钢球混合物的。因此当磨煤机转动时，煤和钢球混合物中心是偏向一方的，即产生一个与磨煤机大罐旋转方向相反的偏心矩，电动机主要是克服这个偏心矩做功。当磨煤机满煤后，偏心矩越来越小，虽然大罐加重了，可电机克服偏心矩所需功率却减小了，两者相比，后者影响电流大。因球磨机大罐的轴承是滑动摩擦，其摩擦系数是很小的，对电动机电流影响很小。因此，当球磨机满煤后，它的电流反而小。

187. 转动机械轴承温度高的原因有哪些？

（1）轴承中油位过低或过高；

（2）油质不合格、变质或错用油号；

（3）油环不转或转动不良而带不上油；

（4）冷却水不足或中断；

（5）机械振动或窜轴过大；

（6）轴承有缺陷或损坏。

188. 粗粉分离器堵塞有哪些现象？如何处理？

粗粉分离器堵塞的现象有：

（1）回粉管锁气器动作不正常或不动作，手摸外表温度较低。

（2）系统风压指示摆动大。

（3）磨煤机进出口负压减小，粗粉分离器出口负压增大。

（4）严重时排粉机电流下降。

处理方法：

（1）减少或停止给煤，开大粗粉分离器折向门挡板，必要时，增加系统风量，并注意维持磨煤机出口温度。

（2）设法活动锁气器，如锥体脱落堵住回粉口时，应将其取出，使回粉正常。

（3）若回粉管被杂物堵塞，应设法疏通。

（4）如果堵塞严重，经处理无效时，应停止制粉系统运行，打开人孔门，进行内部清理杂物，但注意应做好安全措施。

189. 旋风分离器堵塞有哪些现象？如何处理？

旋风分离器堵塞的现象：

（1）煤粉仓上部筛子向外喷粉。

（2）细粉落粉管锁气器不动作。

（3）旋风分离器入口负压减小，出口负压增大。

（4）排粉机电流变化，燃烧不稳。

（5）煤粉仓粉位下降。

处理方法：

（1）检查并消除细粉筛子上的杂物和积粉。

（2）停止给煤机、磨煤机运行，减小系统通风量。

（3）消除锁气器故障，并活动锁气器，疏通落粉管。

（4）若堵塞严重，对燃烧影响太大时，可停止排粉机运行，再行疏通。

190. 对运行中的球磨机大牙轮应注意什么？

球磨机大牙轮所用的润滑油大部分是沥青和机油制成，它粘度大，在低气温时，容易冻结，在高温或大、小牙轮摩擦振动太大时会变稀，如牙轮里面进入灰尘、煤粉等杂质或润滑油长期使用会变质变干，这样会使大牙轮得不到很好的润滑，造成温度升高。因此，在磨煤机运行中，应做到：保持大牙轮附近清洁，防止灰、煤粉、水等物进入大牙轮；经常检查润滑情况；按时加油；定期清齿；防护罩及密封圈经常保持完好；检查盖应盖好，防止杂物落入。

191. 中储式制粉系统应选择何种运行方式来降低制粉电耗？

对中储式制粉系统来讲，球磨机启停次数较多。在启停过程中，必须经过一段时间低负荷运行，而球磨机磨煤电耗高的主要原因就是低负荷运行。所以运行中应尽可能保持球磨机满负荷运行。对 400t/h 以上容量的锅炉一般采用 2～4 套制粉系统。若通过绞龙倒粉均衡各粉仓粉位，应始终保持一套或两套制粉系统处于备用状态，就可以减少球磨机低负荷运行时间，降低制粉电耗。

192. 什么是乏气送粉的中间储仓式制粉系统？对制粉系统通风量有何要求？

原煤从原煤斗下来经给煤机后进入磨煤机，磨制成煤粉经粗粉分离器分离后，将合格的煤粉随空气流送入细粉分离器，而不合格的煤粉则送回磨煤机重新磨制。细粉分离器出来的煤粉通过换向挡板送入煤粉仓或通过螺旋输粉机送至其它粉仓，而分离出来的磨煤乏气（内含约 10％左右的煤粉）由排粉机吸出升压后一部分送回磨煤机作再循环风用，其余大部分进入一次风管道输送给粉机下来的煤粉至炉膛燃烧。所以，利用磨煤乏气输送入炉煤粉的系统，称为乏气送粉的中间储仓式制粉系统。

乏气送粉一次风温难于提高，一般多用于烟煤。乏气送粉的制粉系统的通风量是作为一次风送入炉膛的，所以对其通风量应严格控制，其大小应满足一次风量的要求，否则对煤粉的着火将产生不利的影响。

五、事 故 处 理

1. 什么是锅炉事故？

锅炉运行中，锅炉参数超过规定值，经调整无效；锅炉主辅设备发生故障、损坏，造成少发电和少供汽或人员伤亡，叫锅炉事故。

根据具体情况，锅炉事故分为：锅炉爆炸事故、重大事故、一般事故。

2. 发生锅炉事故的主要原因是什么？

发生锅炉事故的主要原因：一是人为责任造成；二是由于设备缺陷和故障造成。

人为责任方面：

(1) 运行人员疏忽大意；

(2) 操作技术水平低，设备系统不熟悉、误判断、误操作扩大事故；

(3) 不执行操作规程，违章作业，"二票三制"执行不严格。

设备缺陷和故障方面：

(1) 设备老化；

(2) 设备有缺陷、带病运行；

(3) 设备维护不当，不定期检修或检修质量差；

(4) 备品管理混乱，错用材质和材料等。

3. 事故处理总的原则是什么?

锅炉运行中,随时都可能发生事故。当事故发生时,事故处理总的原则是:

(1) 沉着冷静、判断准确并迅速处理;

(2) 尽快消除故障根源,隔绝故障点,防止事故蔓延;

(3) 在确保人身安全和设备不受损坏的前提下,尽可能恢复锅炉正常运行,不使事故扩大;

(4) 发挥正常运行设备的最大出力,尽量减少对用户的影响。

4. 锅炉运行中遇到哪些情况应紧急停炉?

遇到下列情况之一锅炉应紧急停炉:

(1) 汽包水位低于极限值(根据制造厂规定或运行经验,经电厂总工程师批准的数值);

(2) 汽包水位高于极限值(根据制造厂规定或运行经验,经电厂总工程师批准的数值);

(3) 锅炉所有水位计损坏时;

(4) 炉管爆破,经加强给水和降低负荷仍不能维持汽包水位;

(5) 主给水、蒸汽管道发生爆破,无法切换,威胁到设备或人身安全时;

(6) 主汽压力超过安全阀动作压力,而安全阀不动作,向空排汽门无法打开时;

(7) 再热蒸汽中断;

(8) 锅炉灭火时或燃油炉燃油调节阀后的压力降到不允许程度时;

(9) 所有的引、送风机或回转式空气预热器故障停止时;

（10）炉膛内或烟道内发生爆炸，使设备遭到严重损坏时；

（11）锅炉房内发生火警，直接影响锅炉的安全运行时；

（12）锅炉尾部发生再燃烧时。

5. 锅炉严重缺水，为什么要紧急停炉？

因为锅炉水位计的零位一般都在汽包中心线下 $150\sim200$mm 处，从零位到极限水位的高度约为 $200\sim250$mm，汽包内径是定值，故当水位低至极限水位时，汽包内储水量少。易在下降管口形成漩涡漏斗，大量汽水混合物会进入下降管，造成下降管内汽水密度减小、运动压头减小，破坏正常的水循环、造成个别水冷壁管发生循环停滞；若不紧急停炉会使水冷壁过热，严重时会引起水冷壁大面积爆破，造成被迫停炉的严重后果。

部颁规程规定：锅炉严重缺水，应紧急停炉。

6. 锅炉严重满水为什么要紧急停炉？

锅炉严重满水，指其水位已上升达到极限。此时汽包内的蒸汽清洗装置已被水淹没；另外减少了汽水在汽包内的分离空间，造成蒸汽大量带水、蒸汽品质恶化、蒸汽含盐量增加。若这部分蒸汽流经过热器，会造成管壁结垢，影响传热，最终导致管壁超温烧坏。若是带水的蒸汽进入汽轮机，会导致汽轮机轴向推力增加、损坏推力瓦，同时还会使汽轮机叶片承受很大的冲击力，严重时会使汽轮机叶片折断。一般高温高压锅炉的蒸汽在主汽管的流速是 40m/s 左右，若锅炉满水，在极短的时间，带水蒸气即进入汽轮机，严重威胁机组的安全。

部颁规程规定：锅炉严重满水则应紧急停炉，同时汽机紧急停机。

7. 所有水位计损坏时为什么要紧急停炉？

仪表是运行人员监视锅炉正常运行的重要工具，锅炉内部工况都依靠它来反应。当所有水位计都损坏时，水位的变化失去监视，调整失去依据。由于高温高压锅炉，汽包内储水量相对较少，机组负荷和汽水损耗又随时变化，失去对水位计的监视，就无法控制给水量。当锅炉在额定负荷下，给水量大于或小于正常给水量的 10% 时，一般锅炉在几分钟就会造成严重满水或缺水。所以，当所有水位计损坏时，要求检修或热工人员立即修复，若时间来不及，为了避免对机炉设备的严重损坏，则应立即停炉。

8. 过热蒸汽管道、再热蒸汽管道、主给水管道发生爆破时，为什么要紧急停炉？

电厂高压管道内工质温度最低的给水管道，其给水温度也在 200℃ 左右，并且高压管道内工质压力都在 9.8MPa 以上，此高参数的工质足以将人烫伤或致死。再者厂房的楼板负载一般允许值在 10000N/m²，即允许承受的压力为 0.01MPa，比高压管道内工质的压力要小 1000 倍，所以一旦高压管道爆破，管道内工质吹扫到楼板上，会造成楼板倒塌，设备损坏。

高压管道爆破还会在厂房内引起爆炸的危险。9.8MPa 以上压力的饱和水变成大气压力下的蒸汽，体积会增大 1600 倍，产生相当大的冲击波，会造成支架损坏，管道脱落，威胁整台锅炉及汽轮机的安全运行。

因此，高压给水、蒸汽管道爆破，无法切换，威胁人身及设备安全时，必须紧急停炉。

9. 锅炉尾部发生再燃烧时，为什么要紧急停炉？

锅炉尾部受热面通常布置有省煤器、空气预热器。省煤器使用的一般都是 20 号钢，使用极限温度为 480℃。空气预热器一般是 A_3F 钢，极限温度为 450℃，大型锅炉空气预热器采用回转式的，在正常运行中，各部受热面的温度都在允许值内。但在烟道再燃烧时，由于烟温急剧上升，管壁温度超过极限值，会使尾部受热面损坏，省煤器爆管，回转式空气预热器变形、卡涩，机械部分损坏，波形板烧毁。

因省煤器一般都采用非沸腾式的，管径都比较小，如果尾部再燃烧，将使省煤器工质汽化流动阻力增加，进水困难，导致缺水。如果省煤器的沸腾度过高，会使汽包、下降管入口处供水欠焓大大降低，使下降管带汽，则下降管与上升管内工质密度差降低，水循环运动压头降低，造成水循环故障。另外省煤器一般采用水平布置，如果管内汽水两相并存，水平管上部是汽，因汽比水的换热系数小，会造成上壁超温。

尾部烟道内积有可燃物，当温度和浓度达到一定值时会发生爆炸，造成尾部受热面和炉墙严重损坏，故发现锅炉尾部受热面发生再燃烧时，要紧急停炉。

10. 为什么再热蒸汽中断时要紧急停炉？

因为再热器管系多布置在锅炉的水平烟道或尾部烟道中。在额定负荷下，此处烟温大致在 500～800℃ 左右，而再热器钢材，高温段采用 HT-7，允许极限在 650℃，有的采用 $12Cr_2MoWVTiB$ 允许壁温 600℃，在中低温段则采用

12Cr1MoV 和 20 号钢,允许温度分别是 580℃和 480℃。在有蒸汽流通的情况下,管壁温度都在允许范围内。如果再热蒸汽一中断,则管壁温度就接近烟气温度,大大超过了钢材的极限允许值,造成管壁蠕胀及超温爆管。如果在再热蒸汽中断后用降低燃烧,在时间和操作上都是来不及的。为了防止再热器大面积超温,故规程规定再热器蒸汽中断时要紧急停炉。

11. 为什么压力超限,安全门拒动,要采取紧急停炉?

锅炉设备是通过强度计算而确定选用钢材的,为了有效的利用钢材,节省费用,所选的钢材安全系数都较低。安全门是防止锅炉超压,保证锅炉设备安全运行的重要装置。当炉内蒸汽压力超过安全门动作压力值时,安全门自动开启将蒸汽排出,使压力恢复正常。如压力超过安全门动作压力,安全门拒动,则锅炉内汽水压力将会超过金属所能承受的压力值,造成炉管爆破事故。另外锅炉压力过高,对汽轮机也是不允许的。所以必须紧急停炉。

12. 引、送风机液力偶合器为什么在运行中出现超温现象?

原因是:

(1) 冷却水质不良。因冷却水量比较大,有些电厂采用循环水作冷却水,循环水内杂质较多,造成冷油器铜管堵塞,冷却能力降低。

(2) 冷却水回水受阻。为节约用水,采取回水作冲灰水或除尘水用,接到冲灰泵或除尘泵进口管路,当该泵停运时,没开相应的联络门,无法回水。

（3）液力偶合器内工作油油质不好或油量过少。

（4）转速过低，蜗轮内进油量少。

（5）机械部分故障。

13. 锅炉灭火时为什么要紧急停炉？

因为炉膛灭火时如不及时停止一切燃料，则大量可燃物会滞留于炉膛和烟道内。在炉内高温余热的作用下，当可燃物达到着火浓度时，便会产生炉膛爆炸事故。因此炉膛内灭火时要紧急停炉，并进行充分通风，防止炉膛内存积燃料引起再燃烧和爆燃。

14. 炉膛或烟道内发生爆炸，使设备遭到严重损坏时，为什么要紧急停炉？

炉膛或烟道内发生爆炸，使设备遭到严重损坏时，对人身和设备安全威胁很大，如不紧急停炉有可能把事故扩大，如造成炉墙进一步损坏，锅炉内大量的热辐射使炉架钢梁烧红；因炉墙开裂，大量冷空气进入使燃烧不稳；助燃油停不掉，火焰和高温烟气外冒，造成热工仪表测点和电缆烧坏；因水冷壁受热不均，严重时使水循环破坏，造成水冷壁爆破；若冷灰斗倒塌不能除灰和出焦，更要严重威胁锅炉运行。因此炉膛内或烟道内发生爆炸，使设备遭到严重损坏时，应紧急停炉。

15. 炉管爆破，经加强进水和降负荷，仍不能维持汽包正常水位时，为什么要紧急停炉？

锅炉在正常运行中，炉管突然发生爆破，经降负荷和加强进水仍不能维持汽包水位时，说明炉管爆管面积大，如不立即停炉便会造成烧干锅，引起更大的设备事故，同时还有下列危害：

（1）蒸汽充满整个炉膛和烟道，使炉内负压变正，炉内温度降低，造成燃烧不稳。

（2）部分蒸汽冲刷炉管，使炉管损坏加剧。

（3）单元机组汽压会大幅度下降，威胁汽轮机安全；影响并列运行锅炉汽压的稳定。

（4）炉管爆破面积大，汽压下降极快，还会使汽包壁温差增大，造成汽包弯曲、变形。

（5）采取加强给水，会降低给水母管压力，使邻炉进水困难，造成抢水，影响其它运行炉的正常工作。还会造成除氧器水位过低，给水泵入口汽化。

因此，炉管爆破时，经加强进水和降低负荷仍不能维持锅炉汽包水位时，应紧急停炉、防止事故扩大。

16. 锅炉严重缺水后，为什么不能立即进水？

因为锅炉严重缺水后，此时水位已无法准确监视，如果已干锅，水冷壁管可能过热、烧红，这时突然进水会造成水冷壁管急剧冷却，锅水立即蒸发，汽压突然升高，金属受到极大的热应力而炸裂。因此锅炉严重缺水紧急停炉后，只有经过技术主管单位研究分析，全面检查，摸清情况后，由总工程师决定上水时间，恢复水位后，重新点火。

17. 回转式空气预热器故障停运后如何处理？

一台回转式空气预热器停运后，如果是减速机构或电动机部分故障，应立即切换备用驱动装置运行；如果无备用装置，在跳闸前无异常现象，可强行送电一次，若强送无效，应降低锅炉负荷，进行人工盘车，控制故障侧预热器入口烟温，调整两侧引、送风机出力，根据燃烧工况及时投油助燃。若转动部件故障，盘车不转，应进行抢修；故障短时间无法消除，应请示停炉；两台预热器同时故障停运时，则按停炉处理，若预热器入口有烟道挡板，故障时立即关闭。

18. 单引风机或单送风机跳闸停运后如何处理？

单台风机停运后引起锅炉灭火时，按锅炉灭火处理，并立即复归跳闸风机。检查跳闸原因，设法消除故障。如在跳闸前无电流过大或机械部分故障，同时锅炉也未灭火，可立即复归该电机控制开关，再合闸一次，如重合闸成功，恢复正常运行工况。如合闸不成功，立即按减负荷处理，同时应提高运行风机出力，调整燃烧工况，尽可能保持较高负荷运行。

19. 如何预防水冷壁管爆破？

预防水冷壁管爆破的措施有：

（1）保证给水和锅水质量合格，以减少水冷壁管内的结垢和腐蚀。

（2）防止水冷壁管外部磨损。打焦时打焦棍不要直接打在管子上；燃烧器附近容易被煤粉气流冲刷的管子可加装防套管；调整好燃烧，使火焰均匀充满炉膛；不偏斜、不结焦、不冲刷管子。

（3）防止水循环故障，避免锅炉长期在低负荷下运行；在正常运行时汽压、水位、负荷变化幅度不可太大、太快；启停过程中严格控制升降负荷速度；调整好燃烧，避免水冷壁受热不均而引起水循环故障；定期排污量不可太大、并控制排污时间。

（4）保证制造、安装、检修质量良好，尤其是焊接质量。

（5）严格进行水冷壁膨胀监视和检查。

20．如何预防过热器爆破？

预防过热器爆管的措施有：

（1）锅炉启动和停运过程中，应及时开启过热器向空排汽门或一、二级旁路系统，使过热器得到充分冷却。

（2）锅炉启动时，应严格控制升温、升压速度，严禁关小排汽和疏水赶火升压。

（3）锅炉启动期间，应控制过热器出口的蒸汽温度低于额定的温度，高压锅炉至少低 $50\sim60℃$，以免个别蛇形管的管壁温度超过允许数值。

（4）做好运行调整工作，使燃烧中心不偏斜，烟气两侧温差不大，保持稳定的蒸汽温度，严禁超温运行。

（5）正确使用减温器。在运行中减温水量要稳定，避免忽大忽小，在启动初期，尽量少用和不用减温水。

（6）保持良好的锅水和蒸汽品质，以防过热器内部结垢。

（7）给水温度应在额定值。在高压加热器解列时，应降低负荷运行。

（8）检修中应对过热器进行详细检查。

（9）保证制造、安装、检修质量良好，尤其是焊接质量。

（10）做好防磨、吹灰工作，正确使用吹灰器。

（11）严禁超负荷运行。

21．如何预防再热器爆管？

预防再热器爆破基本与过热器相同，但再热器有它的特殊性。再热蒸汽压力低、密度小，传热性能差，为避免阻力过大采用流速较低，另蒸汽比热容小，因此对热偏差较敏感，所以，极易过热，加上它受外界变化影响较大，所以还应做到：

（1）在锅炉启、停过程中应及时投入一、二级旁路，汽机二级旁路不能用时，开启再热器向空排汽。

（2）锅炉启动时，再热器进口汽温≯450℃，否则控制入口烟温低于再热器金属允许的极限温度。

（3）汽机中压联合汽门关闭后，应立即开启二级旁路与再热器向空排汽门。

（4）汽机高压加热器解列时，应控制再热器进口压力和温度，降低再热器出口汽温运行。

（5）采取一定的防磨措施。

22. 如何预防省煤器爆破？

（1）在运行中应尽可能保持给水流量和温度的稳定，避免给水流量骤变。

（2）在启动初期和低负荷时，应尽量做到连续进水，在停止进水时应开启省煤器再循环门。否则应控制省煤器入口烟温≯480℃。

（3）运行中应经常注意省煤器两侧烟温有无偏差。发现偏差应查明原因，予以消除。如由于省煤器管泄漏引起的烟温偏差，应尽快停炉处理，以免损坏其它管子。

（4）保持合格的给水品质，防止省煤器的氧腐蚀和其它腐蚀。

（5）停炉放水应全部放尽省煤器积水，烘干可采取带压放水。

（6）运行中应注意减轻省煤器的磨损，尽量做到：保持较细的煤粉细度；不超负荷运行；保持两侧烟气流量均匀；做到两侧引、送风量一致；堵塞锅炉各处漏风；保持适当的过剩空气量，防止烟气速度过高。

（7）对于省煤器易磨损的管子采取防磨措施。

（8）保证制造、安装、检修质量良好。

23. 锅炉灭火时，炉膛负压为何急剧增大？

锅炉炉膛灭火负压骤增是由于燃烧反应停止，烟气体积冷却收缩而引起的。

因为煤粉燃烧后，生成的烟气体积比送风量增加很多，因此，引风机出力比送风机出力大。一旦锅炉发生灭火，炉膛温度下降，原来膨胀的烟气也会冷却收缩，此时送引风机还是保持原来的出力运行，则必然产生负压急剧增大的现象。

24. 锅炉灭火处理不当，为什么会发生炉膛打炮？发生炉膛打炮会产生什么危害？

锅炉灭火后，往往由于没有及时发现或处理错误，继续往炉内供应燃料，而造成炉膛打炮。由于燃料不能继续呈悬浮状态积存于炉膛内，当风粉混合物中煤粉的浓度达到 0.3～0.6kg/m^3 时，在高温的炉膛内使风粉的混合物温度逐渐升高，氧化反应不断加速，当煤粉的温度达到着火点后，煤粉会在 1/60～1/100s 内突然着火燃烧而形成爆燃。由于煤粉的燃烧爆炸，使烟气体积发生急剧膨胀，烟气压力猛增至 0.22～0.25MPa。爆炸所产生的冲击波以每平方米 200 多 kN 的巨大力量，以 3000m/s 的极高速度向炉膛周围进行猛烈冲击，将造成炉墙、钢架及受热面的严重损坏。

25. 为防止炉膛爆炸应采取哪些措施？

防止炉膛爆燃的措施是：

(1) 锅炉设备状况良好，发现缺陷要及时处理。

(2) 严密监视炉膛燃烧情况，及时调整燃烧，使燃烧稳定，尽量避免锅炉灭火。

(3) 发现锅炉灭火后，要立即停止一切燃料的供应，进行充分通风；禁止关小风门，继续供应燃料使其爆燃。

(4) 安装火焰监视器和大量程炉膛风压表。

(5) 安装灭火保护装置。

(6) 提高来煤质量，在煤种杂、质量差别较大时，要采取混煤措施。严格燃料管理。

(7) 提高运行人员的技术水平，严格考核办法。

26. 如何判断锅炉"四管"泄漏？

判断锅炉"四管"泄漏的方法有：

(1) 仪表分析。根据给水流量、主汽流量、炉膛及烟道各段烟温、各段汽温、壁温、省煤器水温和空气预热器风温、炉膛负压、引风量等的变化及减温水流量的变化综合分析。

(2) 就地巡回检查。泄漏处有不正常的响声，有时有汽水外冒。省煤器泄漏，放灰管处有灰水流出，放灰管温度上升。泄漏处局部正压。

(3) 炉膛部分泄漏，燃烧不稳，有时会造成灭火。

(4) 烟囱烟气变白，烟气量增多。

(5) 再热器管泄漏时，电负荷下降（在等量的主蒸汽流量下）。

27. 厂用电中断如何处理？

厂用电分高压、低压两部分。

（1）高压厂用电中断的处理：如高压厂用电中断一半，而锅炉未造成灭火时，根据单组引、送风机所能维持的负荷，迅速调整好燃烧，及时投油助燃，控制好各参数，保持运行稳定。如高压厂用电源全部中断或锅炉已经灭火，则按锅炉灭火处理。待高压厂用电源恢复后重新点火带负荷。事故期间回转式空气预热器失电后应投入盘车装置，保持其转动状态。

（2）低压厂用电中断的处理：如低压厂用电源中断一半，而锅炉未造成灭火时要及时调整好锅炉燃烧，保持参数稳定，待电源恢复后恢复正常运行。如低压厂用电全部中断，扩大到锅炉灭火，应按灭火处理。待低压厂用电源恢复后，重新点火带负荷，事故期间，回转式空气预热器应投入盘车装置，保持其转动状态。

28. 热控及仪表电源中断如何处理？

将各自动切换至手动。如锅炉灭火，应按锅炉灭火处理；如锅炉尚未灭火，应尽量保持机组负荷稳定，同时监视就地水位计、压力表，并参照汽轮机有关参数值，加强运行分析，不可盲目操作。迅速恢复电源，若长时间不能恢复时或失去控制手段，应请示停炉。

29. 锅炉受热面积灰的原因是什么？

飞灰颗粒尺寸是不均匀的，一般都小于 $200\mu m$，相当一部分为 $10\sim30\mu m$。对于小于 $3\mu m$ 的灰粒，分子引力比本身重量还大，当这些细小灰粒与金属表面接触时，粘附在表面上。含灰烟气流动时，烟气中灰粒会因静电感应而带电，带电荷的灰粒与管壁接触，当静电引力大于灰粒本身重量时，灰粒就吸附在管壁上，形成积灰。沉积在受热面上的灰粒都是 10～30μm 以下的细灰粒。由于烟气流过管子时流线发生变化，并在管子背面产生涡流区，使管子背后积灰严重。同时背后的积灰又不易被较大颗粒的飞灰冲刷掉，因此管子背面积灰最厚，管子正面（迎风面）积灰较少。如果烟气流速降低，这部分积灰将增加，但当气流速度提高后，由于较大颗粒飞灰的冲刷，积灰将减少，特别是正面的积灰将大大减轻。因此要求在额定负荷时，烟速不能低于 6m/s，低负荷时烟速不得低于 3m/s，以免发生积灰堵塞。

30. 锅炉受热面积灰有哪些现象？

锅炉受热面严重积灰可在仪表上反映出来，积灰受热面的烟道压差增大，由于受热面严重积灰后，吸热量减少，因此部分受热面的工质出口温度降低，烟气出口温度上升。锅炉积灰最严重的受热面一般是空气预热器。由于热风温度下降，排烟温度将升高，引风机电流上升，引风量不足，严重时只能降低出力运行。

31. 为什么要安装锅炉灭火保护装置？

锅炉运行时，由于锅炉负荷过低、燃料质量下降、风量突增突减以及操作不当等原因，都容易造成锅炉灭火。灭火不仅有甩负荷、炉膛"放炮"的危险，对直流锅炉还有高压水冲入汽轮机的危险。因为锅炉由灭火到放炮往往只经历几十秒钟，甚至只有十几秒，在这么短的时间内，运行人员要作出正确的判断并及时处理是相当困难的，因此锅炉燃烧系统必须装设可靠的灭火保护装置。

32. 锅炉灭火保护装置应具备哪些主要功能？

锅炉灭火保护装置应具备以下功能：

（1）炉膛火焰监视；

（2）炉膛压力监视及保护；

（3）灭火保护；

（4）炉膛吹扫；

（5）声光报警信号；

（6）跳闸原因显示和打印输出。

33. 灭火保护装置中各主要信号如何取得？

灭火保护装置按信号获取的方式有：

（1）火焰信号利用探头（即光电转换装置）取得；

（2）炉膛压力信号，利用取样筒从炉膛取得，经缓冲罐送至压力开关；

（3）燃料信号取给粉机或排粉机跳闸继电器接点信号。燃油信号取跳闸阀行程开关信号或油压表信号。

34. 炉膛正、负压保护作用是什么？如何定值？

炉膛正、负压保护是防止锅炉灭火放炮，保护炉膛不受严重破坏的一道可靠屏障。

正负压保护定值应由炉墙和烟道的强度来定，要考虑一定的安全裕度。如负压保护的定值，定得过小会导致保护误动；定得过大，则起不到保护作用，因为灭火后负压值不会无限上升，到一定的极限将返正。根据国产锅炉经验，正负压保护定值最大不应超过±1500Pa。

35. 灭火保护装置中炉膛压力系统为何要加缓冲罐？

由于炉膛负压在正常运行时波动较大，另外还有可能出现局部区域不稳定的压力脉冲。有了缓冲罐可以将这些假信号滤掉，防止装置误动，另外也可作为灰尘过滤器，以免堵死压力开关。

36. 火焰监测器从原理上可分为哪几种类型？

火焰检测器从原理上可分为下列五种类型：

（1）温度开关式；

（2）差压开关式；

（3）火焰棒式；

（4）光学类型：

a. 紫外光敏管式（UV）；

b. 光敏电阻式（红外线和可见光）；

c. 光电池式（硅光电池和光电二极管）；

d. 摄像管式（工业电视）；

（5）声学和其它方式。

37. 火焰监测装置是由哪些部件组成的？其工作原理是什么？

火焰监测装置一般由探头、电源、电压放大器、检测屏、逻辑屏等部件组成。

其工作原理是：由探头探测燃烧火焰的强度和脉动频率，并将探测到的火焰信号转换为电源信号，传送到信号处理中心，只有当燃烧火焰的强度和频率同时满足时，探测到的火焰才是真实的火焰，发出有火信号。

对于切圆燃烧锅炉，一般采用分层检测进行全炉膛火焰监视。在每层火焰检测中取"2/4"火焰信号，作为该层的火焰信号；各层均发出"无火"信号并有给粉机"开"信号证实时，才发出"炉膛灭火"信号。若这时保护投入，"灭火信号"发出时，装置将切断进入炉膛的所有燃料。

38. 炉膛火检探头有哪几种布置方式？

炉膛火检探头的布置一般有全炉膛方式和单火嘴方式。如国产的 MFSS-C 型灭火保护装置其火检探头的布置为全炉膛方式；美国福尼公司生产的 AFS-1000 型灭火保护装置其火检探头的布置则采用单火嘴方式。

39. 为什么要定期擦拭火焰探头？

由于锅炉本身灰尘较大，尽管探头有冷却风吹扫，但难免探头表面积灰（有时吹扫风本身也含有较多灰尘），探头积灰后就难以准确监测炉膛火焰信号，很容易使探头误发"灭火"信号，从而使灭火保护装置出现误动。因此要定期擦拭火焰探头。

40. 火检探头的冷却风有何作用？如何提供？

因为火检探头的工作环境温度高、灰尘大。冷却风的主要作用就是改善火检探头的工作环境，冷却风可使探头得到适当的冷却降温，不使其温度过高；另外冷却风的吹扫也起到了清洁探头的作用。

一般冷却风可由送风机出口提供或由专设冷却风机提供，如 MFSS-C 型灭火保护装置其火检探头的冷却风由送风机出口提供；福尼公司的 AFS-1000 型装置的火检探头冷却风则由专门冷却风机提供。

41. 什么是炉膛爆燃现象？

炉膛爆燃是指在炉膛中积存的可燃混合物浓度过大，遇明火时瞬间着火燃烧，从而使烟气侧压力突然升高的现象。

42. 锅炉炉膛发生爆燃的条件是什么？

炉膛发生爆燃要有三个条件：

（1）有燃料和助燃空气的积存；

（2）燃料和空气的混合物达到了爆燃的浓度；

（3）有足够的着火热源。

以上就是通常所说的爆燃三要素，只有符合以上三种情况，才有可能发生爆燃。

43. 炉膛内发生可燃混合物积存而产生爆燃常有哪几种情况？

（1）锅炉燃烧煤种多变，燃烧不稳。

（2）燃料、空气或点火能源中断，造成炉膛内瞬时失去火焰，从而形成可燃物积累而接着再点火或火焰恢复时。

（3）在燃烧器正常运行时，一个或多个燃烧器突然失去火焰，从而造成可燃物堆积。

（4）整个炉膛灭火，造成燃料和空气混合物积聚，随后再次点火或有其它点火源存在使这些可燃物点燃。

（5）停炉检修中，燃料漏进炉膛。

（6）排粉机或给粉机供粉不均匀，时断时续造成火焰瞬时消失又重新点火，造成爆燃。

（7）设备缺陷，如燃烧器布置不合理、油枪雾化质量差等。

（8）燃料中含有大量不可燃杂质，如油中含水，煤中含石引起火焰瞬时消失而产生爆燃。

44. 锅炉点火前为什么要进行吹扫?

锅炉点火前进行吹扫的目的是为了清扫积聚在炉膛及管道内的没有燃烧的残余燃料和可燃气体,防止炉膛点火时发生爆燃。

45. 锅炉灭火保护装置中常用的跳闸条件、吹扫条件有哪些?

锅炉灭火保护装置中常用的跳闸条件有:

(1) 炉膛熄火。

(2) 炉膛正压越限。

(3) 炉膛负压越限。

(4) 失去燃料。

(5) 手动MFT(主燃料跳闸)动作开关和按钮。

(6) 失去引风(即引风机都不运行)。

(7) 失去送风(即送风机都不运行)。

(8) 失去一角火焰。

常用的吹扫条件为:

(1) 炉膛熄火。

(2) 任一台引风机运行且挡板不关。

(3) 任一台送风机运行且挡板不关。

(4) 所有一次风门关闭。

(5) 所有二次风门不关。

(6) 风量适当。

(7) 主燃料跳闸(MFT)未复归等。

46. 锅炉灭火保护装置动作后如何处理？

锅炉灭火保护装置动作后将自动关闭燃油速断阀，切断给粉机电源或停运所有的排粉机，关闭所有的一次风门。此时运行人员应作如下处理：

（1）应立即查明跳闸原因，有消除可能时，应及时消除。

（2）应立即通知值长，联系电气、汽机甩负荷到零，发电机可不解列，并迅速关闭所有的减温水电动门，防止汽压与汽温大幅度下降。

（3）迅速转入"炉膛吹扫"。

（4）吹扫完毕，复位主燃料跳闸继电器、油燃料跳闸继电器。

（5）按点火操作程序重新点火，逐步恢复。

六、调整与试验

1. 什么叫锅炉燃烧调整试验？

有计划地改变某些可调参数及控制方式（即燃料供给方式及配风方式），对燃烧工况做全面的调整并测出某些单项指标值，然后将取得的结果进行科学分析，从经济性、安全性诸方面加以比较，确定出最佳的运行方式并校整设备的运行特性，这样的试验、测量和分析研究工作，为锅炉燃烧调整试验。

2. 锅炉燃烧调整试验的意义和目的是什么？

锅炉燃烧调整试验旨在摸索锅炉的运行特性和规律，通过试验确定锅炉在现有设备和燃料性质条件下的安全经济运行方式。通过较全面的燃烧调整试验，可以获得锅炉在最佳运行方式下的技术经济特性（包括燃料、空气、烟气、和汽水工质的运行参数及锅炉效率、厂用电指标等），为加强电厂技术管理、掌握设备性能、制定运行规程、投入燃烧自动调节系统以及做好全厂的经济调度提供依据。

燃烧调整试验的目的就是掌握锅炉运行的技术经济特性，确定锅炉燃烧系统的最佳运行方式和各种影响因素变化的规律，从而保证锅炉机组的安全、经济运行。

3. 按反平衡法进行锅炉热平衡试验时，基本测量项目有哪些？

（1）燃料的元素分析；

（2）入炉燃料采样及工业分析；

（3）飞灰和炉渣采样及其可燃物含量的测量；

（4）排烟温度；

（5）炉膛出口（过热器后）处及排烟处的烟气分析数据等。

4. 大修后锅炉炉膛冷态动力场试验都包括哪些测试内容？

包括一次风速标定、二次风速标定、三次风速标定、调平，炉膛速度场及假想切圆直径测定，炉膛出口速度场测定等。

5. 锅炉大修后热态需要进行哪些项目试验？

（1）煤粉细度的调整试验；

（2）制粉电耗的调整试验；

（3）空气预热器的漏风率试验；

（4）除尘器效率试验；

（5）燃烧调整及锅炉效率试验；

（6）改进后的各类风机（或泵）的流量、压头、功率、效率试验。

6. 如何判断炉膛空气动力场的好坏？

煤粉炉炉膛运行的可靠性和经济性在很大程度上取决于燃烧器性能及炉膛内的空气动力工况。良好的炉膛空气动力工况主要表现在以下三个方面。

（1）从燃烧中心区有足够的热烟气回流至一次风粉混合

物射流根部，使燃料喷入炉膛后能迅速受热着火，且保持稳定的着火前沿。

（2）燃料和空气的分布适宜。燃料着火后能得到充足的空气供应，并达到均匀的扩散混合，以利迅速燃尽。

（3）炉膛内应有良好的火焰充满度，并形成区域适中的燃烧中心。这就要求炉膛内气流无偏斜，不冲刷炉壁，避免停滞区和无益的涡流区；各燃烧器射流也不应发生剧烈的干扰和冲撞。

7. 进行炉内冷态空气动力场试验有几种观察方法？

主要有以下几种：

（1）飘带法；

（2）纸屑法；

（3）火花法；

（4）测量法。

8. 对于固态排渣煤粉炉，燃烧调整的目的是什么？

（1）保证达到正常稳定的汽压、汽温和蒸发量。

（2）着火稳定，燃烧中心适中，炉膛温度场和热负荷分布均匀，避免结焦和燃烧器损坏，保证过热器的运行安全性，燃烧公害小。

（3）使运行达到最高的经济性。

9. 对于固态排渣煤粉炉，控制与调整的主要对象有哪些？

锅炉燃烧系统包括风、煤、烟三大方面，影响燃烧工况的参数很多，控制调整的主要对象有：

（1）炉膛的风量和出口处过量空气系数。

（2）燃烧器一、二、三次风的出口风速和风率。

（3）煤粉细度。

（4）各燃烧器间的负荷分配和投停方式。

（5）磨煤机组合运行方式。

（6）二次风和周界风的配比。

（7）燃烧器的倾角。

10. 锅炉燃煤性质是从哪几方面进行评价的？

锅炉燃煤特性评价主要从以下几方面：

（1）煤的发热量；

（2）煤的挥发分含量；

（3）灰分的熔融性；

（4）煤的焦结性；

（5）煤的可磨性；

（6）煤的磨损性。

11. 在锅炉试验中，为什么要采取烟气样品进行成分分析？

（1）为了确定向炉膛的送风量（即炉膛出口过量空气系数）。

（2）为确定锅炉的排烟热损失，需要计算排烟处的过量空气系数。

（3）为确定可燃气体未完全燃烧热损失，需要测量烟气中的可燃气体成分含量（CO、H_2CH_4）。

12. 什么叫直接测量？什么叫间接测量？

被测量直接与标准量比较而得到测量值的测量方法，叫直接测量。

已知被测量与某一个或若干个其它量具有一定的函数关系，通过直接测量这些量值，用函数式计算出被测量值的测量方法，叫间接测量。

13. 测量误差有几类？

测量误差绝大部分是在各参数变化的直接测量过程中产生的。按其数字性质，直接测量误差可分为三类：

(1) 偶然误差；

(2) 系统误差；

(3) 疏失误差。

14. 通过锅炉燃烧调整试验，可得到哪些经济运行特性？

通过锅炉燃烧调整试验，主要可取得下列运行技术经济特性：

(1) 确定燃煤对燃烧设备最适宜的可调参数（如煤粉细度——对于煤粉炉；入炉煤粒度及水分——对于链条炉及抛煤机炉），求出该参数对燃烧经济性的影响；

(2) 在不同负荷下，燃料及空气的安全合理的供给方式，求出过量空气系数及一、二次风率的变化对燃烧经济性的影响；

(3) 不同负荷下各级受热面前后的参数，如烟气温度、负压、受热工质（蒸汽、空气）的温度、压力等；

(4) 不同负荷下炉膛的工况特性，如热强度、温度场、结焦情况等；

(5) 不同负荷下锅炉主蒸汽及再热蒸汽参数的变化特性，

如汽压、汽温及其调节特性；

（6）不同负荷下汽水系统的压降和风、烟道的阻力特性；

（7）锅炉在不同负荷下的各项热损失及锅炉效率指标，锅炉的经济负荷范围；

（8）锅炉及其辅助设备的汽耗、耗电率、以及在不同负荷下的自用电、自用热及煤耗指标。

此外，通过辅助性的漏风测定试验，可以取得炉膛及烟道的漏风率。

15. 对旋流式燃烧器调试的主要要求是什么？

（1）各燃烧器间的风煤配比均匀，以便在相近的过量空气系数下工作。在锅炉运行之前，需要调整各段风管及煤粉管道的阻力，使各燃烧器风粉速度分布均匀。

（2）通过调试使由于燃烧器的运行条件不同，在燃烧器出口仍会产生的风粉不均匀现象加以消除或降低至最低限度。

（3）旋流式燃烧器的阻力系数 ζ 取决于燃烧器的形式、加工安装质量及运行条件。调试的目的就在于保证燃烧稳定，使燃烧器具有较小的阻力。

（4）各只燃烧器的配合要能得到较高的炉膛充满度，使得能充分利用炉膛容积，燃料有足够的停留时间，减少不完全燃烧热损失。一般可用冷态示踪法和速度场测量等来判定。

（5）对所用的煤种，旋流燃烧器能否保证稳定地着火，取决于是否有恰当的高温烟气回流，合理的一、二次风配比和混合点、足够的空气预热温度和一定的气粉混合物流速。所有这些要求，都可以通过调试旋流燃烧器的空气动力场来达到。

（6）为了使旋流式燃烧器能保证锅炉安全运行，不烧坏设备、不引起炉内结渣，要求燃烧器的气流扩散角不能太大，尽量避免产生开式回流区及飞边现象和过短的旋转气流射程，以防止火炬碰壁。

由此可见对旋流式燃烧器的要求主要是获得良好的空气动力结构。

16. 根据相似原理，进行炉内冷态等温模化试验时应遵守的原则是什么？

（1）模型与原形需几何相似；

（2）保持气流运动状态进入自模化区（$Re > Re_{lj}$）；

（3）边界条件相似。

17. 四角布置直流燃烧器常见的调整试验项目有哪些？

为解决实际问题的调整试验是各式各样的，常见的调整试验项目有如下几个：

（1）投产前或大修后的冷态调整试验；

（2）四角配风均匀性试验；

（3）煤粉分布均匀性试验；

（4）煤粉细度对燃烧影响的试验；

（5）炉内过量空气系数的调整及一、二次风配比试验；

（6）四角布置直流燃烧器的投停方式试验；

（7）单个直流燃烧器的热态试验调整；

（8）过热汽温的调整。

18. 炉渣的收集、称量和采样应注意哪些问题？

（1）对火床炉，收集炉渣开始和结束的时间应考虑到炉渣行程所需要的滞后时间。

（2）采用经标定合格的磅秤进行称量，同时采样送实验室分析测定其含炭量。

（3）采样量按下列规定：

a. 火床炉：为试验期间总炉渣量的 1/20，且不少于 100kg；

b. 火室炉：总采样量可视炉膛内结构、排渣方式而定，一般不应少于 10kg；

（4）采样应在整个试验期间连续或等时间间隔进行，以保证样品的代表性。取样时间可视具体方法而定，但采样次数应不少于 10 次。

（5）炉膛炉渣的采取视炉底结构和排渣装置不同可从渣流中连续接取，或定期从渣槽（池、斗）内掏取，但此时应特别注意保证样品具有代表性，每次取样量应相同。

（6）全部样品被破碎到粒度 25mm 以下，充分混合后，按四分法缩制成两份各 7.5kg 的样品。如样品不足 15kg，则将全部样品破碎至粒度 3mm 以下充分混合，制成两份各 0.5kg 的样品。

（7）缩制后的两份样品，一份送实验室供分析，另一份保留，直至所有试验结果经审查被认可为止。当需要进行灰平衡时，应在称量同时进行取样，注意防止样品水分散失，称量结果后尽快缩制及分析。

19. 介质流动平均速度的测量方法有哪些？

按流速分布测量流量时，一般用网格划分原则：

（1）等截面法；

（2）对数—线性法（Log-Linear）；

（3）对数—切比雪夫法（Log-Tshebychoff）。

20. 什么叫理论空气量？什么是过量空气系数？

根据燃烧反应推导出的 1kg 燃料完全燃烧所需要的空气量，称作理论空气量。

实际供给的空气量与理论空气量之比，称为过量空气系数。

21. 某电站锅炉，其燃煤特性 RO_2^{max} 为 19.5%，在完全燃烧时测得炉膛出口处 RO_2'' 为 15.5%，求此时炉膛出口的过量空气系数 α_1'' 是多少？

根据燃煤锅炉在完全燃烧时 $\alpha = RO_2^{max}/RO_2$

则　　　　　$\alpha_1'' = RO_2^{max}/RO_2'' = 19.5/15.5 = 1.258$

22. 在完全燃烧时，测得某燃煤锅炉低温空气预热器前烟气中的 $O_2' = 5.33\%$，出口氧量 $O_2'' = 6\%$，求此空气预热器的漏风系数 $\Delta\alpha_{ky}$。

根据燃煤锅炉在完全燃烧时 $\alpha = 21/21 - O_2$

则　　　　$\alpha_{ky}' = \dfrac{21}{21 - O_2'} = \dfrac{21}{21 - 5.33} = 1.34$

$$\alpha_{ky}'' = \dfrac{21}{21 - O_2''} = \dfrac{21}{21 - 6} = 1.40$$

$$\Delta\alpha_{ky} = \alpha_{ky}'' - \alpha_{ky}' = 1.40 - 1.34 = 0.06$$

23. 什么叫风机效率？风机内部损失有哪些？

风机的有效功率与风机轴功率之比，称为风机效率。

风机内部的损失主要有：机械损失、容积损失及流动损失。

24. 火力发电厂风机试验大致分为几类？

（1）冷态试验：以常温空气为介质，测量风机在其管路系统中的性能。

（2）热态试验：测量风机在管路系统中的运行参数，作为经济性评价和改进的依据。

（3）验收试验：验证技术协作书中保证的风机空气动力性能，并作为产品鉴定的依据，故此试验要求比较严格。

25. 什么是风机的全特性试验？

风机的全特性试验就是测出风机在单独或并列运行条件下的节流和调节特性，并绘制出其特性曲线。它包括风机出力从零到最大值的一些试验工况，一般是冷态时完成。

26. 风机热试验的目的是什么？

校验风机在工作条件下的运行情况，获得风机在工作系统中的调节特性、烟风道阻力特性、风机的单位电耗和评判所装风机的适用性能。还可以确定风机的经济运行方式，为风机改造设计提供依据。

27. 风机热态试验测量的项目有哪些？

风机流量（动压）、静压、密度、转速、轴功率、风机前后的 RO_2、工质温度、效率。

28. 流量测量截面的选择有什么要求？

测量截面应位于直管段，气流基本上是轴向的、对称的，且无涡流或逆流的区域。即排除弯头、突然扩张或收缩段、障碍物或风机自身所引起的流动干扰的区域。直管段的长度至少应为风道水力直径的两倍。若在风机进口，应距进口 $1.5D$ 处；若选择在出口，则应为距风机出口 $5D$ 处。

29. 风机的轴功率如何测量？

现场试验中无法直接测量风机的轴功率，只能测出电动机的输入功率，再推算出风机的轴功率。常用的方法有：

（1）功率表法：采用两只单相功率表测量，按下式计算电动机输入功率 P_e：

$$P_e = R_I R_u C \ (w_1 + w_2) \ \times 10^{-3} \quad kW$$

式中 R_I，R_u——电流、电压互感器比值；

$\qquad C$——功率表系数；

$\quad w_1$、w_2——两只单相功率表的读数，W。

（2）电度表法：测量现场装设的电度表在一定时间内转盘的转数，按下式计算：

$$P_e = 3600 \ \frac{n R_I R_u}{Kt} \quad kW$$

式中 $\quad n$——在 ts 内电度表转盘的转数；

$\qquad K$——电度表常数，每 $1kW \cdot h$ 电度表转盘的转数；

$\qquad t$——测试时间，s。

（3）电流表法：用电流、电压、功率因数表的测量值也可以算出电动机输入功率：

$$P_e = \sqrt{3} \ IU\cos\varphi \times 10^{-3} \quad kW$$

式中 $\quad I$——电动机线电流，A；

$\qquad U$——电动机线电压，V；

$\quad \cos\varphi$——功率因数。

轴功率：$P_{sh} = \eta_c \eta_d P_e \quad kW$

直联时：$\eta_c = 1$；

式中　η_d——电机效率，由生产厂提供的效率曲线查得。

30. 目前除尘器试验采取灰样的方法有哪几种？

（1）预测流速法：就是预先用毕托管测出烟道采样点处的速度，并按所选用的采样嘴内径计算出等速情况下各点所需的采样流量，然后根据测量的烟气状态参数，把采样流量换算到流量计标定状态参数下的抽气量值。

（2）压力平衡法：采用特殊结构的采样器采样。采样时能同时反应出采样管内外压力变化情况，只要调节采样流量，保持采样管内外压力平衡，就能达到等速采样。

31. 除尘器效率如何计算？

除尘器效率 η_{cc} 用下式计算：

$$\eta_{cc} = \frac{G_1 - G_2}{G_1} \times 100\%$$

式中　G_1——进入除尘器的飞灰量，kg/min；

　　　G_2——经除尘器后烟气中的飞灰量，kg/min。

G_1、G_2 按下示公式计算：

$$G_1 = \frac{A' g_1}{1000 T f_{on}} \quad kg/min$$

$$G_2 = \frac{A'' g_2}{1000 T f_{on}} \quad kg/min$$

其中　A'、A''——除尘器入口、出口取样点处烟道截面积，m^2；

　　　g_1、g_2——除尘器入口、出口取样总重量，g；

T——取样累计时间，min；

f_{on}——取样嘴入口有效截面积，m^2。

32. 除尘器一般试验测量项目有哪些？

经过除尘器的烟气流量、除尘器效率、除尘器阻力、各部位烟速、除尘器漏风、蒸发水量、烟尘的排放量、烟尘的排放浓度。

33. 中间储仓式制粉系统调整试验的目的是什么？

一般是为了确定制粉出力、制粉系统单位电耗以及制粉系统各种最有利的运行参数。其内容包括确定最佳钢球装载量、磨煤机电耗和磨煤机出力；最佳磨煤通风量以及制粉电耗；煤粉经济细度和粗粉分离器调节挡板开度等。

34. 直吹式制粉系统调整试验的目的是什么？

在直吹式制粉系统中，锅炉负荷的调节直接与磨煤机的负荷调节相关，制粉量在任何时间均等于锅炉燃料消耗量。风煤比不仅应满足磨煤机本身的空气动力特性要求和原煤干燥的需要，并保持送粉管道内具有一定的流速，以确保煤粉气力输送的可靠性之外，还必须适应锅炉燃烧器的要求。测定制粉电耗和煤粉经济细度。其调整试验内容除上述之外，对中速磨的调试，尚应进行碾磨压力或磨煤面间隙调整试验；风环间隙的调整试验等。

35. 制粉系统如何通过粗粉分离器调整煤粉细度？

粗粉分离器的型式不同，煤粉细度的调整方法亦不相同。离心式分离器可用改变其通风量或调节挡板位置来调整煤粉细度,也可以改变其出粉套筒位置的高低来调节煤粉细度。气粉混合物在惯性分离器中,气流转弯时,煤粉由于惯性而具有离开气流的趋势,煤粒越粗,惯性越大,就有可能脱离气流而分离出来。若改变调节挡板(折向门)的角度,可以改变气流转弯的强烈程度,以得到所需要的煤粉细度。重力分离器中煤粉细度随着通风速度增加而变粗,而在同样的通风速度下,由于煤质不同,在竖井中获得碾磨细度也不同,煤质愈软,煤粉愈细,因此重力分离器可根据煤质改变风量风速调整煤粉细度。回转式分离器通常是由一些叶片组成笼形的百叶窗,借助传动装置旋转,而且其转速可以调整。当煤粉、空气流经过百叶窗时,由于叶片的撞击粗粉被分离出来,转速越大,煤粉越细,借此以保证一定的煤粉细度。

36. 粗粉分离器的效率是如何计算的?

为了正确判定分离器的工作特性,分离器的效率既应表示细粉的分离程度,也应包括表示粗粉的分离状况(即出口煤粉中粗粉量的比例)的指标。为此,可用下式来定义分离器的效率:

$$\eta = \frac{(100 - R''_{90}) \cdot B''}{(100 - R'_{90}) \cdot B'} - \frac{B''R''_{90}}{B'R'_{90}}$$

式中　B'——分离器进口煤粉量,t/h;

　　　B''——分离器出口煤粉量,t/h;

　　R'_{90}——分离器进口煤粉细度,%;

　　R''_{90}——分离器出口煤粉细度,%。

37. 何谓分离器的循环倍率?

分离器的循环倍率是指进口煤粉量与出口煤粉量之比。

38. 粗粉分离器的回粉量是如何计算的？

已知回粉时间、回粉管内径和 A、B 间的距离，即可求出粗粉分离器的回粉量：

$$B_{h} = \frac{V_{h}\rho_{h}}{t_{h}} \times 3600 \quad t/h$$

折算到原煤水分时的回粉量：

$$B_{h·m} = B_{h} \frac{100 - W_{h,ar}}{100 - W_{ar}} \quad t/h$$

这样也可以求得磨煤机分离器系统中的循环倍率：

$$K = \frac{B + B_{h·m}}{B}$$

式中 V_{h}——回粉管 A—B 段体积，m^3；

    ρ_{h}——回粉密度，t/m^3，取 $\rho_{h}=0.9t/m^3$；

$W_{h,ar}$、W_{ar}——回粉及原煤水到基水分，%；

    t_{h}——回粉充满 A—B 段的时间，s；

    B——磨煤机出力，t/h。

39. 制粉系统电耗及影响因素？

制粉系统电耗主要由两部分组成：磨煤电耗和通风电耗。此外，附属机械（如给煤机、给粉机、螺旋输粉机等）也需要少量的电耗。

影响因素：燃料的种类、磨煤机的类型、磨煤机的构造特性、钢球磨中所装的钢球大小比例和钢球装载量、运行方式，设备系统的运行情况等都影响磨煤机的电耗。

40. 钢球磨煤机制粉系统的调整试验有哪些测量项目？

进行制粉系统试验时首先要确定测点位置，试验时一般需进行下述测量：

(1) 按原煤计算的磨煤机出力；

(2) 原煤和煤粉平均试样的水分和灰分；

(3) 风粉管道各处的温度和负压；

(4) 磨煤机前的通风量（干燥剂量）；

(5) 烟气成分分析（用炉烟作干燥剂时）；

(6) 耗电量（磨煤机和排粉机的电耗）；

(7) 煤粉细度等。

41. 制粉系统的经济运行方式是如何确定的？

根据试验数据综合分析，并通过锅炉燃烧调整试验得出最佳煤粉细度，从而得出最佳通风速度、磨煤机出力、制粉系统电耗和应有的粗粉分离器挡板开度，然后确定存煤量压差的控制数值。最佳通风速度可通过排粉机挡板开度的调整、粗粉分离器挡板开度的调整来获得，相应取得存煤量压差最佳值，在调整时将对煤粉细度进行鉴定，视其是否符合要求，并对照各项运行指标，以获取制粉系统的最经济运行方式。上述内容可编制成"运行卡片"，作为运行人员调整和投入制粉系统自动控制时的依据。

42. 试述最佳钢球装载量的计算及影响因素。

最佳钢球装载量的计算：$G_{zj} = 4.9 \psi_{zj} V$　t；

式中　ψ_{zj} 即通过试验确定的最佳充球系数，一般为 $0.15 \sim$

0.3。充球系数 ψ 按下式计算：

$$\psi = \frac{G}{\gamma_{gq} V};$$

上两式中 γ_{gq}——钢球的堆积密度，取为 4.9t/m³；

V——筒的体积，m³；

G——钢球装载量，t。

影响钢球装载量的因素有所磨煤质、磨煤机型号及规范、钢球直径大小、配比等。

43. 什么是煤的可磨性系数？如何表示？

煤的可磨性是表示煤研磨难易程度的特性系数。它是指风干状态下，将相同质量的标准煤和试验煤，由相同的粒度破碎到相同的细度时所消耗的能量之比，以 K_{km} 表示。

目前常用的有哈氏可磨系数 K_{km}^{Ha} 及全苏热工研究所（ВТИ）法可磨系数 K_{km}。

七、直流锅炉

1. 什么是直流锅炉？

在给水泵的压头作用下，给水一次顺序通过加热、蒸发、过热各个受热面生成具有一定压力及温度的过热蒸汽的锅炉，称为直流锅炉。

直流锅炉的循环倍率 $K = G/D$ 等于1，也就是在稳定流动时给水量（G）等于蒸发量（D）。

2. 直流锅炉的工作原理如何？

由于直流锅炉没有汽包，所以汽水通道中的加热区、蒸发区、过热区各部分之间无固定分界线，只是根据沿管道长度上的工质状态变化情况，定有假想的"分界线"。其工作过程如下：

给水经给水泵送入锅炉，先经过加热区，将水加热至饱和温度，再经过蒸发区，将已达到饱和温度的水蒸发成饱和蒸汽，最后经过热区，把饱和蒸汽加热成过热蒸汽后，送入汽轮机做功。

3. 直流锅炉具有哪些特点？

（1）由于没有汽包等部件构成自然循环回路，故蒸发部分及过热器阻力也必须由给水泵产生的压头克服。

（2）水的加热、蒸发、蒸汽过热等受热面之间没有固定的分界线，随着运行工况的变动而变动。

（3）在蒸发受热面内，水要从沸腾开始一直到完全蒸发（即蒸汽干度从 0 到 1），这种状况对管内水的沸腾传热过程有很大影响，在热负荷较高的蒸发区，易发生膜态沸腾。

（4）由于没有汽包，蓄热能力大为降低，故对内外扰动的适应性较差，一旦操作不当，就会造成出口蒸汽参数的大幅度波动。

（5）一般不能排污，给水带入锅炉的盐类杂质，会沉积在锅炉受热面上或汽轮机中，因此，直流锅炉对给水品质的要求较高。

（6）在蒸发受热面中，由于双相工质受强制流动，特别是在压力较低时，会出现流动不稳定和脉动等问题。

（7）由于没有厚壁汽包，启动、停炉速度只受到联箱以及管子和联箱连接处热应力的限制，故启动、停炉速度可大大地加快。

（8）由于不需要汽包，其水冷壁可采用小管径管子，故直流锅炉一般可比汽包锅炉节省钢材 20%～30%。

（9）不受压力限制，受热面布置灵活。

4. 直流锅炉按蒸发受热面的结构和布置方式的不同可分为哪几类？

目前国内外直流锅炉按蒸发受热面即水冷壁的结构和布置方式的不同主要分为三类：

（1）水平围绕管圈型（拉姆辛式直流锅炉）。它的水冷壁是由许多根平行并联的管子组成的管圈自下往上盘绕而成。如上锅厂生产的 220t/h 高压直流锅炉和 400t/h 超高压直流锅炉。

（2）垂直上升管屏型（本生式直流锅炉）。它的水冷壁管由许多垂直管屏组成，在具体结构上，又分为多次串联上升管屏和一次垂直上升管屏两种，通常称一次上升的垂直管屏型直流锅炉为"UP 型锅炉"，如国产 1000t/h 直流锅炉就属于一次上升管屏型的直流锅炉。

(3) 多弯道管带型（苏尔寿式直流锅炉）。它的水冷壁是由许多根平行并列的管子组成的管带围绕炉膛连续上升下降而成，一般在单相工质区是水平管带，在双相工质区为垂直管带。

5. 一次上升管屏的直流锅炉为什么要把管屏分成许多独立的回路？为何用小口径水冷壁管？

在一次垂直上升的管屏中，各管屏的受热总是不均匀的。当个别管屏的热负荷较大时，工质热焓及平均比容增大，水阻力增加，该屏流量减少，而该屏中流量的减少又进一步增大工质的热焓和比容，使热偏差达到相当严重的程度，发生膜态沸腾，这种不正常的工况容易导致该管屏金属温度剧增而使管子爆破。如果把管屏的宽度减少，即减少同一管屏的并联管数，则在同样的炉膛温度场分布情况下，可减少各屏或同屏各管间的热力不均，因而可减少热偏差，所以一次垂直上升管屏的直流锅炉都是沿炉膛四周把管屏分成许多独立的回路，然后在各回路入口前装节流调节阀，并根据炉壁上热负荷的分布情况，对进水量作相应的调节，使各个管屏的管壁温度大致一样。

当锅炉工况变动时，在并联工作的管子间，可能出现脉动现象，由于直流锅炉各受热面之间并无固定分界，脉动将引起流量、蒸发量及出口汽温的周期性波动。消除脉动最有效的方法是在加热区段进口加装节流阀（或节流圈），使进口压力提高，减小汽水比容差。当蒸发开始点产生的局部压力升高时，对进口工质流量影响减小。因节流阀易被侵蚀，一般在加热区采用较小直径的管子，以提高该区段流动阻力，来防止脉动。另外，采用较小直径水冷壁管，在相同的炉膛和管子中心节距时，可提高质量流速，有利于水动力特性的稳定，又可防止沸腾传热恶化。

6. 大容量直流锅炉为什么在炉膛高温负荷区采用内螺纹管？扰流子起何作用？

当锅炉工作压力升高时，炉膛受热面热负荷也增高。由于直流锅炉循环倍率低（$K=1$），处于高热负荷区的水冷壁管最容易出现传热恶化现象，此时，沸腾管内侧放热系数将急剧降低，使管壁温度升高。为了防止传热恶化，如 1000t/h 直流锅炉在下、中辐射区的高热负荷区采用了内螺纹管。由于内螺纹管增强了管内流体的扰动，将水压向壁面而迫使汽泡脱离壁面被水带走，使传热恶化推迟，如推迟到沸腾区的出口端，则该处热负荷已较低，管内汽水流速也较高，则管壁温度已不致因传热恶化而飞升了，从而使管壁温度显著降低。

在锅炉沸腾管内加装扰流子也是推迟传热恶化的有效方法之一，扰流子就是塞在沸腾管内扭成螺旋状的金属片，加装扰流子后，流动阻力有所增加，但截面中心及沿管壁的流体因受到扰动而混合充分，这样可使传热恶化得以推迟。

7. 直流锅炉为什么要设置启动旁路系统？

直流锅炉的单元机组启动中，由于启动初期从水冷壁甚至过热器出来的只是热水或汽水混合物，不允许进入汽轮机，为此必须另设启动旁路系统，以排走不合格的工质，并通过旁路系统回收工质和热量。同时，利用启动旁路系统，在满足进入汽轮机的蒸汽具有一定过热度的前提下，建立一定的启动流量和启动压力，改善启动初期的水动力特性，防止脉动、停滞现象的发生，保证启动过程顺利进行。

8. 直流锅炉水冷壁设置了炉外混合分配器的作用是什么？为何有的用二级、有的用三级？

直流锅炉水冷壁设置了炉外混合器的目的是减少由于水力不均和热力不均引起的热偏差。混合器装在汽水混合物的流程中，汽水混合物进入混合器后，在其中得以充分混合，通过分配管送到下一级管组进口联箱，使工质进入下一级时焓值趋于均匀，从而使热偏差减少。

增加中间混合次数愈多，最后热偏差虽愈小，但使锅炉结构愈复杂，流动阻力损失也愈大，工质流速降低，还会产生流量分配不均。所以在设计时，根据流动阻力损失和热偏差的大小，有的锅炉用二级混合，有的用三级混合。

9. 直流锅炉启动有哪些主要特点？

（1）点火前必须对汽水受热面进行循环清洗以确保受热面清洁，直到水质合格后才能点火。

（2）点火前要在汽水受热面中建立一定的启动流量和压力。其目的是：①点火后冷却受热面；②保证水动力的稳定性，防止产生脉动现象；③防止垂直上升管屏中发生工质的停滞、倒流现象。

（3）在工质升温过程中，工质状态不断变化、产生膨胀。如对膨胀过程控制不当，将会引起锅炉超压和启动分离器满水、超压的危险。

（4）在直流锅炉中装设有启动旁路系统，用以建立启动流量，回收工质和热量，保护再热器。

（5）因为没有汽包，不受汽包壁温差的限制，启动速度快。

10. 直流锅炉启动程序如何？

以 1000t/h 直流锅炉冷态启动为例，其程序如下：①冷态循环清洗；②建立启动压力和启动流量；③启动吸、送风机，锅炉点火；④工质升温；⑤节流管束出系；⑥包覆升压；⑦过热器、再热器、蒸汽管道通汽；⑧热态清洗；⑨汽轮机冲转；⑩发电机并网；⑪锅炉渡过膨胀阶段；⑫低负荷暖机；⑬切除启动分离器；⑭过热器升压，开启"低出"；⑮升负荷。

11. 什么是热态启动？直流锅炉冷、热态启动主要区别在哪里？

直流锅炉启动，按汽轮机汽缸壁温高低分为冷态启动和热态启动。如 1000t/h 直流锅炉把汽轮机高压缸调节级处的下缸内壁温度在 200℃ 以上的启动称为热态启动。

热态启动程序和冷态启动基本相同，主要区别有两点：

（1）由于停炉时间短，热态启动一般可不进行热态清洗。

（2）冷态启动时，在锅炉工质膨胀前冲转汽轮机；热态启动，渡过工质膨胀前段应根据当时汽温及汽机汽缸壁温度的情况，决定在汽轮机冲转前或后进行，以适应汽轮机对蒸汽参数的要求。

12. 直流锅炉为什么要建立启动压力？启动压力的大小

与哪些因素有关？

由于压力低，汽水比容差增大，在锅炉蒸发受热面管屏中形成水动力不稳和脉动，为了保证工质的稳定流动，必须使给水的压力提高。所以，在点火之前就要建立一个足够高的启动压力（指启动分离器系统前的受热面内的压力）。启动压力的大小主要与下列因素有关：

(1) 水动力稳定性。直流锅炉蒸发受热面内的水动力特性与其工作压力有关，为改善或避免水动力不稳定性，减轻或消除管间脉动，启动压力不宜太低。

(2) 工质的膨胀量。启动压力大小对工质的膨胀量有很大影响，如启动压力高，汽水比容差小，因而可使膨胀减轻。启动压力愈低、工质膨胀量愈大。

(3) "分调"阀的磨损。"分调"阀前为启动压力，阀后为分离器压力，若启动压力愈高，则阀前后的压差愈大、愈易磨损。另外、启动压力高，还会增加给水泵的电耗和汽动泵的汽耗。

13. 直流锅炉为什么要建立一定的启动流量？

直流锅炉建立启动流量的目的就是为了冷却水冷壁受热面，并满足汽轮机启动所需要的蒸汽量的要求。为了确保直流锅炉受热面启动时的冷却，要求有足够的流量，以消除水动力不稳定、汽水分层及膜态沸腾等不安全因素；但启动流量过大，启动中的工质和热量损失就大，而且工质的膨胀量也大，还会使启动时间增长，同时过热器和再热器管壁还可能超温。所以，直流锅炉启动流量一般取额定蒸发量的 30% 左右。

14. 直流锅炉点火前为什么要进行冷态清洗？

在直流锅炉中，由于进入锅炉的给水一次蒸发完毕，锅炉本体及系统中的金属氧化物及沉积的盐垢和硅酸盐等化学成分，或沉积在锅炉管子内壁，或被蒸汽带往汽轮机，对锅炉和汽轮机的安全有极大的危害性。因超高压以上参数锅炉的水冷壁管径较小，如果受热面中结垢，会引起流量偏差，甚至发生管子堵塞；由于管子的结垢导致受热面传热恶化，引起水冷壁超温爆管。因此，在点火前，直流锅炉必须建立一定的流量，对受热面进行清洗，直到水质合格后才允许点火。

15. 直流锅炉点火前要清洗哪些设备？何时才算合格？

点火前需要循环清洗的设备是凝汽器、凝结水泵、从凝结水泵到除氧器所有经过的设备和管道、除氧器、给水泵、高压加热器、锅炉本体、启动分离器等。

循环清洗过程中，当启动分离器内水中含铁量大于 $1000\mu g/L$ 时排入地沟；小于 $1000\mu g/L$ 时排入凝汽器；当省煤器进口含铁量小于 $50\mu g/L$，导电率小于 $1\mu S/cm$ 时，循环清洗才算合格。

16. 直流锅炉为什么要进行热态清洗？怎样才算合格？其程序如何？

直流锅炉因为不能排污，因此，对给水品质要求很高，但给水尽管经过深度除盐，仍难免有部分杂质带入锅炉受热面内，水经蒸发后，盐类就会沉积在受热面上产生盐垢，引起传热恶化，导致受热面超温爆管。

锅炉点火后，水温在 $260\sim290℃$ 时去除氧化铁的能力最强（超过 $290℃$ 时氧化铁开始在受热面上发生沉积），若这时清洗，能有效地排除水中氧化铁。因此，当分离器进口水温在260～290℃时进行锅炉的热态清洗，直到锅炉进入启动分离器的水中含铁量小于$100\mu g/L$时清洗才算合格，才允许锅炉继续升温升压。

如1000t/h直流锅炉热态清洗程序：控制低温过热器出口工质温度在260～290℃，开大"分调2"（低过至启动分离器进口调节阀），关小"分调1"（包覆管出口至启动分离器进口调节阀），首先对低温过热器进行清洗，清洗合格后，再控制包覆过热器出口工质温度在260～290℃，开大"分调1"，关小"分调2"，对包覆过热器系统进行清洗直到合格。

17. 影响汽轮机冲转参数的因素有哪些？

从运行角度考虑，影响汽轮机冲转参数主要因素有下列三点：

(1) 燃料量及给水温度的大小。燃料量愈高，主蒸汽和再热蒸汽温度就愈高,有时主蒸汽及再热蒸汽温度偏高时,降低燃料量是有困难的，因为燃料量还受其它工况要求的限制（如工质膨胀最低燃料量等）。若提高给水温度可以降低燃料量，故在启动过程中应尽可能投运高压加热器，用以提高给水温度，这样不但可以降低燃料消耗，还可以降低主蒸汽及再热蒸汽温度。

(2) 燃烧调整。若投用靠近炉膛出口的上层燃烧器，将使过热器、再热器处烟温升高，吸热量增加，主蒸汽及再热蒸汽温度随之上升。若适当增加炉膛过量空气系数，会使炉膛辐射传热降低，对流传热增加，过热器及再热器的吸热量也将增加，主蒸汽和再热蒸汽温度也随之上升；反之，主蒸汽和再热蒸汽温度将下降。

（3）汽机旁路的通流量。汽机冲转前，过热器和再热器的通流量主要取决于汽机旁路的通流量。分离器压力愈高，旁路通流量愈大，对主蒸汽温度具有一定的调节作用。汽机冲转后，应及时调整大旁路的通流量，以维持主蒸汽压力正常，将冲转参数控制在比较合适的数值。

18. 在锅炉工质膨胀前冲转有何优点？

（1）能符合汽轮机冷态冲转参数的要求。在工质膨胀前，锅炉处于热态清洗阶段，燃料量低，蒸汽温度也较低，能符合汽轮机冷态冲转参数的要求。如 1000t/h 直流锅炉，在工质膨胀前，主蒸汽压力 $p=2.0$ MPa 左右，主蒸汽温度 $t=300\sim 400℃$，基本上符合汽轮机冷态冲转参数 $p=1\sim 1.5$ MPa，$t=300\sim 350℃$ 的要求。

（2）可防止低温再热器冷端壁温的超限。工质膨胀后，燃料量要增加，此时汽轮机如尚未冲转，则由于再热器通流量较小，不足以冷却低温再热器冷段管壁（材料为 20A），而使再热器冷端管壁超温（部分锅炉低再冷端材料已换成 15CrMo，以减轻管壁超温）。当汽轮机冲转后，再热器通流量逐步增加，冷却管壁能力随之加强，就可以防止再热器冷端管壁超温。

（3）缩短启动时间。在工质膨胀前汽轮机冲转，可使热态清洗、工质膨胀等操作和汽轮机升速、暖机同时或交叉进行，缩短了总的启动时间。

（4）机炉蒸汽流量平衡。在工质膨胀前汽轮机冲转，可使启动分离器产汽量和汽轮机用汽量基本接近，减少热损失。

19. 在锅炉工质膨胀后对汽轮机冲转有何优缺点？

优点：

适合汽轮机热态启动。汽轮机热态启动时，汽缸壁温较高，一般在300～400℃左右，汽轮机冲转参数要求高于汽缸壁温。工质膨胀后，燃料量增多，汽温必然升高，可适应汽缸的加热要求。如1000t/h直流锅炉工质膨胀后的主蒸汽温度一般在450～480℃之间，再热蒸汽温度可提高至400℃以上。

缺点：

(1) 机炉汽量平衡差。如1000t/h直流锅炉工质膨胀后，启动分离器产汽量约90～100t/h，大大超过汽轮机开始冲转时的汽耗量，增加了启动热损失。

(2) 低温再热器冷段管壁容易超温。

20. 工质膨胀量大小与哪些因素有关？"低出"门布置在系统中哪个位置最合理？为什么？

影响工质膨胀量大小的因素：

(1) 锅炉本体受热面中贮水量的大小。锅炉本体中贮水量愈多，膨胀量就愈大。

(2) 燃烧强度增加的速度。投入燃料量的速度，其值愈大，膨胀开始时间愈早。

(3) 启动压力影响。启动压力较低时，对应压力下的饱和温度也较低，使沸腾点出现于受热面较前的部位。此外，汽水比容差也是随着压力的降低而增大的。因此，启动压力愈低工质膨胀量愈大。

(4) 给水温度影响。当锅炉给水温度较高时，在相同的传热条件下，工质进入膜式水冷壁时焓值增加，使膜式水冷壁中加热水至沸腾点的受热面减少，即工质沸腾点的位置前移，使其后的受热面增大，故膨胀量增大。

（5）启动流量的影响。启动流量增大，投入燃料量也相应增多，在膨胀过程中，膨胀量的绝对值增加。

锅炉"低出"门布置在系统中的哪个位置，决定于启动分离器前受热面的贮水量的大小，对膨胀量大小有直接影响。如 1000t/h 直流炉，"低出"门布置在前屏过热器之前，启动分离器前受热面的贮水量较小，因而该炉在启动过程中工质膨胀量较小。

21. 如何控制锅炉膨胀量？

在一定的启动压力和启动流量下，工质膨胀主要与燃料量增加的幅度及速度有关，当燃料量增加的幅度及速度较大时，往往会使燃烧器附近（即炉膛下辐射管屏部分内）的工质首先达到沸点，并在膨胀过程中逐步向上扩展。反之，在靠近炉膛上部，甚至在包覆管出口处的工质首先达到沸点，随后再逐步向下扩展。前者，膨胀较猛烈，膨胀量也较大，直至包覆出口处达到沸点时，膨胀才由高峰转入结束。后者膨胀较弱，膨胀量较小，当下辐射达到沸点时，膨胀也就结束了。因此，在锅炉渡膨胀时，应控制好燃料量增加的幅度及速度，避免工质膨胀量过于猛烈和过大。

对于 1000t/h 直流锅炉，由于炉膛断面负荷分布不均匀，所以通常不是所有上升管屏中的工质都同时达到沸点，而是有先有后，快慢不一。因此，若燃料量增加的幅度及速度控制较好，可以有效地减轻膨胀现象。

22. 1000t/h 直流锅炉应选择何时渡膨胀为最佳？

由于 1000t/h 直流锅炉在启动过程中工质膨胀量较小，

分离器产汽量大（如包覆出口温度为310℃时，启动分离器产汽量能供给汽轮机带8MW负荷），所以该炉在冷态启动中采用发电机并网带负荷至低负荷暖机结束后再进行膨胀的方式。这个方案可使汽量平衡合理，避免大量蒸汽排入凝汽器，造成较大的热量损失；另外，还防止了低温再热器冷段的超温。

23. 什么叫"等焓"切分？如何实现"等焓"切分？

切除启动分离器是直流锅炉启动过程中的一个重要阶段。在切分过程中，既要防止主蒸汽温度的大幅度下降，又要防止前屏过热器的超温，以免危及机组的安全。为防止切分过程中汽温大幅度波动，就必须在切分的整个过程中始终保持"低出"（低过至屏过的隔离阀）或"低调"（低出的旁路调节阀）阀门前后工质焓值相等，故称为"等焓"切分。

要使"低出"或"低调"前后工质的焓值相等，可以通过以下两个途径来达到：

（1）增加燃料量，提高"低出"或"低调"阀门前工质的焓值。

（2）调节关小"分调2"，使低温过热器的通流量减少，从而达到"低出"或"低调"阀门前工质焓值的升高。

但如片面采用增加燃料量的方法，必然会导致前屏过热器管壁的超温，如仅采用关小"分调2"的方法，则会使等焓切换的余量减少，不利于切除启动分离器过程中各参数的控制，因此，在切分过程中，应把两者结合起来进行。

24. 直流锅炉怎样从旁路系统过渡到纯直流锅炉运行？

直流锅炉设置启动旁路系统，是为了建立锅炉水循环冷却水冷壁受热面，把锅炉产生的蒸汽通入过热器和再热器受热面，使之得到冷却。

启动旁路系统一般是按直流锅炉额定蒸发量的30%设计的。在启动初期，过热器由启动分离器供给饱和蒸汽，锅炉处于带启动分离器的运行方式，待启动分离器压力升到额定值，汽轮发电机组带到一定负荷时，由于受到启动旁路容量的限制，若继续增加负荷则不可能。因此，就必须进行切除启动分离器，即使过热器的蒸汽由启动分离器供汽变为水冷壁直接供汽，锅炉转入纯直流运行。

25. 如何防止切分过程中主蒸汽温度下降？当汽温迅速下降时如何处理？

在切除启动分离器过程中，为防止主蒸汽温度下降，应做到：

（1）切分前应先将"低出"阀门前后的管道的积水放尽。

（2）切换过程中应力求做到等焓切换。

（3）减温水应保持有一定的调节余地，但减温水量不宜过大，否则会引起水冷壁管超温。

如在切分过程中发生主蒸汽温度迅速下降时，应采取如下措施：

（1）关小减温水，必要时关闭减温水隔绝门；

（2）关小"低调"，减少经过"低调"的流量，必要时关闭"低调"，恢复启动分离器供汽的方式；

（3）开启低温侧的疏水阀或"过排"，减少对汽轮机的影响。

26. 切分过程中增加燃料量应注意些什么？

在工质膨胀结束后，要逐步增加燃料量，为切除启动分离器作准备。由于该阶段燃料量的增加数值较大，故应注意如下方面：

（1）由于受大旁路通流能力的限制，为尽量增加过热器的通流量，在增加燃料量时应逐步开大汽轮机调节汽门，"分凝汽"（启动分离器汽侧至凝汽器的阀门）尽量不开。

（2）为防止炉内燃烧不稳及热负荷分配不均匀而造成水冷壁及屏式过热器局部壁温的超限，在增加燃料量时应尽量增加燃烧器只数并力求分布均匀和对称。

（3）燃料量增加后，风量应及时调整但不宜过大，以免影响炉膛辐射传热和对流传热的比例，不利于切除分离器过程中参数的控制。

27. 过热器升压过程中主蒸汽温度变化如何？

在过热器升压过程中，主蒸汽温度的变化受到三个因素的影响：

（1）传热因素。在过热器升压过程中，随着压力上升，蒸汽比容减小，工质在管道内的流速降低，蒸汽侧的放热系数也随之下降，使传热效果变差，传热量减小，结果造成主蒸汽温度下降。

（2）金属蓄热因素。水蒸气在相同的焓值下压力愈高，过热器汽温也愈高，故在升压过程中，随着压力的上升，过热器进口蒸汽温度也随之上升。另一方面，金属管壁温度随着汽温上升而上升，使金属蓄热增加，促使主蒸汽温度有所下降。

（3）主蒸汽焓值的变化。过热器压力升高，相同温度的过热器焓值就降低，假若过热器焓值不变，则升压结束将使主蒸汽温度升高，这个因素反应较快，故在升压开始时有时会出现暂时性的汽温升高。

影响主蒸汽温度的主要因素为传热降低，故上述诸因素综合的结果，在过热器升压过程中主蒸汽温度将呈下降趋势。为了使汽温保持稳定，升压过程中应适当增加燃料量。

28. 1000t/h 直流锅炉升压采用哪种升压方案？

1000t/h 直流锅炉过热器升压采用定负荷升压的方法。升压时，给水流量不变，适当增加燃料量以维持汽温；汽轮机调节汽门逐步关小，过热器和锅炉本体压力随之上升，与此同时逐步调节开大"低调"，保持锅炉本体压力 16MPa 不变；"低调"逐步开大，又促使过热器压力进一步上升，当汽轮机调节汽门的开度为 110mm，"低调"开足时，过热器压力约 15MPa 左右，此时"低出"阀门前后的压差已达 1MPa，便可开启"低出"，同时过热器压力继续升高至额定值。在升压过程中应注意，关小调节汽门和开大"低调"的操作应尽可能交叉进行；调节汽门的关小应缓慢，否则将造成过热器压力突升，负荷大幅度下降，以及汽轮机调节级后汽温的严重跌落，危及机组的安全运行。

29. 在启动过程中过热器和再热器吸热量大小与哪些因素有关？

（1）再热器受热面积及启动分离器后的过热器受热面积愈多，吸热量就愈大。

（2）在其它条件相同时，燃料量愈多，主蒸汽和再热蒸汽温度就愈高。

（3）投运靠近炉膛出口的上层燃烧器，将使过热器，再热器处烟温升高，吸热量增加。

（4）炉膛过量空气系数 α 增大，将使炉膛辐射传热降低，对流传热增加，因此，过热器、再热器的吸热量将增加。

（5）应密切注意汽轮机冲转前后汽量的合理分配及主蒸汽压力的稳定。流入过热器和再热器的工质流量小，吸热量就小，过热器和再热器的管壁可能超温。

30. 热态启动提高再热器汽温有哪些方法？

在热态启动过程中，主蒸汽温度容易达到汽机冲转的要求，但再热器汽温由于受Ⅰ级旁路容量的限制，往往不容易达到要求值，为了提高再热汽温，一般可采取如下措施：

（1）尽量提高分离器压力，开足Ⅰ级旁路。必要时应适当调整关小大旁路，以增加再热器及再热蒸汽管道的暖管汽量。

（2）尽量开大汽轮机的联合汽门前疏水。

（3）适当增加风量，提高过量空气系数，增加再热器的对流吸热量。

（4）必要时可间断性地开关再热器向空排汽阀，以提高再热蒸汽管道的暖管汽量。

（5）若汽轮机缸壁温度较高，经采取上述措施后，再热汽温仍无法达到冲转要求时，则应及时增加燃料量，使工质膨胀提前进行；但燃料量不宜增加过多，当达到冲转参数要求时，便应立即冲转，以免引起低温再热器冷段壁温的超限。

31. 如何保证直流锅炉的过热器和再热器在锅炉启停过程中的安全？

在锅炉点火初期，启动分离器的"分出"门（启动分离器至前屏过热器进口隔离门）还未打开，或产汽量很小时，过热器和再热器基本上处于干烧的状态。因此，应特别注意防止其管壁超温：

（1）调整好燃烧，使火焰中心适中，不要偏上，严格控制高温过热器后烟温。

（2）尽量缩短开"分出"的时间，或缩短在低负荷下运行的时间。

（3）运行中要监视屏式过热器壁温和再热器壁温不应超过该受热面金属的允许温度，否则应采取相应的降温措施。

如 1000t/h 直流锅炉前屏过热器材料为 ∏11 和 12Cr1MoV。12Cr1MoV 的最高允许温度为 580℃，低温再热器冷段材料为 20A，最高允许温度为 500℃，考虑到沿炉膛宽度方向的烟温偏差，在高过后烟温接近 450℃时必须对过热器通汽冷却。在高过后烟温接近 500℃时，必须对再热器通汽冷却，以防止管屏过热。在保护再热器时，可开启高压缸旁路，主蒸汽经减温减压后进入再热器冷却其受热面，然后再从再热器出口的向空排汽阀排出。保护过热器时，开启大旁路，蒸汽冷却过热器受热面后，经减温减压阀排入汽轮机凝汽器中。

32. 为什么要特别注意直流锅炉低负荷运行及启动时的水冷壁温度？

在 1000t/h 直流锅炉中，由于该炉水冷壁采用小管径一次上升的管屏。这种管屏的水动力特性对炉室燃烧工况的反应比较敏感，如果水冷壁局部热负荷过高，对受强热的管子，流经的汽水反而减少，使其传热恶化，壁温升高。另外该炉水冷壁采用较高的质量流速，质量流速越高，流动稳定性越好，传热也越好，越安全；反之，流动稳定性差，传热偏差大。当锅炉在低负荷运行时，水冷壁中工质的质量流速按比例下降，但受热面的热负荷降低的比例较小；同时，降低负荷又要减少一部分燃烧器，使水冷壁负荷分布的不均匀性比较高负荷时增大。在锅炉启动时，水冷壁中工质的质量流速很低，燃烧器投运少，同时炉膛温度低，燃烧工况也不够好，热负荷分布的不均匀性更大，所以要特别注意锅炉低负荷运行和启动时的水冷壁温度工况，防止水冷壁传热恶化。

33. 直流锅炉有几种停炉方式？

直流锅炉的停运可分为"投入启动分离器"的正常参数停运；"投入启动分离器"的滑参数停运；"不投启动分离器"停运三种。其中第一种停炉方式用得较为普遍；第二种停炉方式一般适用于汽轮机需开缸检修时；第三种停炉方式一般仅在旁路系统故障时才使用。

34. 1000t/h直流锅炉正常停炉程序如何？

(1) 定压降负荷至100MW；

(2) 关闭"低出"；

(3) 过热器降压；

(4) 投入启动分离器；

(5) 发电机解列和汽轮机停机；

(6) 减少燃料量停炉。

35. 直流锅炉定压降负荷是如何进行的？

直流锅炉定压降负荷是锅炉按一定比例逐步减少燃料和给水量，同时逐步关小汽轮机调节汽门来进行的。

在定压降负荷过程中，过热器出口压力始终是维持不变的，锅炉本体压力是随着负荷降低而随之降低的。

36. 直流锅炉在停运过程中需要注意什么问题？

（1）对于单元机组，机炉紧密相关，互相影响，因而在停机过程中也必须随时注意与汽机操作相适应。

（2）按规定的速度降低蒸汽参数和汽轮机负荷，滑停时也要使蒸汽过热度保持 50℃ 以上，防止水冲击事故。

（3）严格控制好煤水比，特别是在较低负荷，容易出现水冷壁管屏温度严重超限现象。

（4）严禁在熄火之前停止给水或低于启动流量，这会引起锅炉辐射受热面和过热器严重损坏或过热。

（5）在事故情况下紧急停炉，当汽轮机自动主汽门突然关闭时，为保护再热器，应迅速开启 I 级旁路。

37. 直流锅炉汽压调节与汽包锅炉有何区别？

在汽包锅炉中，汽压调节是依靠改变锅炉燃料量来达到的。当汽压降低时，只要增加炉内放热量，便能达到提高汽压的目的；反之只需减弱燃烧，减少炉内放热，便能使汽压下降。整个调节过程与给水量无直接关系，给水量只影响汽包水位。

在直流锅炉内热量的改变，将直接影响到各段汽温的变化，但对锅炉蒸发量只起到暂时突变的作用。当参数在新的工况下稳定时，锅炉的蒸发量并未改变，只有当给水量改变时，才会引起锅炉蒸发量的变化。也就是说，如果只改变给水量或只改变燃料量，最终都将会造成汽温的变化。因此，直流锅炉在调节汽压时，必须使给水流量和燃料量同时按一定的比例进行调节，控制适当地煤水比，才能保证汽温的稳定。

38. 影响直流锅炉汽压变化的因素有哪些？

对于单元制直流锅炉，影响汽压变化的因素主要是负荷和燃料量的扰动以及给水量的扰动。如直流锅炉在正常运行中，由于某个原因使给水量增加，而燃料量未变，则主汽流量必然增加，若此时外界负荷未变，即汽轮机调节汽门开度未变，则势必造成锅炉出口汽压升高。

39. 直流锅炉汽温调节与汽包锅炉有何区别？

汽包锅炉的过热汽温调节一般以喷水减温为主，它的原理是利用给水作为冷却工质，直接冷却蒸汽，以改变蒸汽的焓增量，从而改变过热蒸汽的温度。

直流锅炉的加热、蒸发和过热各区段之间无固定的界限，一种扰动将对各被调参数产生作用，加上直流锅炉的蓄热能力差，汽温变化的时滞时间短，且工况变动时汽压的变化较为剧烈，这又给汽温的调节带来困难，因此，直流锅炉的汽温调节比汽包锅炉要复杂。为了能使过热器出口汽温在稳定工况、变工况以及各种扰动下保持稳定，首先要通过给水量和燃料量的比例来进行粗调，再辅以喷水减温进行细调。

40. 影响直流锅炉汽温变化的因素有哪些？汽温高低有何危害？

锅炉运行过程中，过热蒸汽和再热蒸汽温度随着锅炉蒸发量、给水温度、燃料质量、燃烧器空气动力工况，以及受热面结渣、积灰等的变化而有较大的波动。汽温过高，将引起过热器、蒸汽管道和汽轮机高压部分金属的损坏；而汽温过低，则影响热力循环的效率，并使汽轮机末级蒸汽湿度过大。再热汽温的变化太大，使汽机中压缸的转子与汽缸之间发生相对变形，甚至可能引起汽机剧烈振动。因此，要求汽温尽可能保持稳定，一般要求在 70%～100%负荷范围内汽温变化与额定汽温的偏差值不超过±5℃。

41. 什么是直流锅炉的动态特性？对锅炉运行调整有何帮助？

直流锅炉的动态特性是指锅炉在突然受到内、外扰动时，汽水通道各参数（汽温、汽压、流量等）随时间的变化规律。

外部扰动是指汽轮机功率扰动；内部扰动是锅炉本身燃料量和给水量的扰动。

根据锅炉这些变化规律，就可以了解锅炉在运行中参数对扰动的响应，可以确定在各种不同扰动下操作的极限允许值。因此，掌握动态特性，对提高锅炉运行水平，分析处理异常工况，以及合理设计和运用热工调节系统都有很大意义。

42. 直流锅炉在内外扰动下各参数的变化规律如何？

（1）外扰——功率扰动：汽轮机功率突然增加，锅炉蒸发量暂时增大，若给水量未变，蒸发量以后又降至原值，过热器出口压力下降，过热器出口温度下降，但下降不大。所以，功率扰动时主要受到影响的是蒸汽压力。汽轮机功率减小时，锅炉的动态过程相反。

（2）内扰：

a. 给水量扰动。锅炉在稳定运行方式下突然增大给水量时，锅炉蒸发量增大，过热器出口汽温下降，汽压上升，当汽温下降，容积流量减小时，又有所降低，最后稳定在稍高水平；给水量减少，其动态过程相反。

b. 燃料量扰动。在功率和给水量不变的情况下，燃料量增加时，锅炉蒸发量在一段时间内增大然后又恢复，过热器出口汽压相应地上升随后稳定在稍高的水平；过热器出口汽温上升。燃料量减少时，其动态过程相反。

c. 燃料量和给水量同时扰动。两个扰动量同时扰动的动态特性是它们单独扰动的动态特性的叠加。当燃料量和给水量按一定比例变化时，锅炉蒸发量将随着煤水比的变化稳定在一个新的数值上，而过热器出口汽温维持不变。这种成比例的复合扰动的重要特性，可用来满足外界负荷扰动的要求。如果煤水比失调，则蒸发量、汽温、汽压都将发生很大波动而破坏锅炉的正常运行。

43. 直流锅炉的过热汽温如何调整？

直流锅炉主蒸汽温度是根据燃料和给水的适当比例，控制中间点温度作为基本调节，喷水减温作为辅助调节来完成的。

中间温度应维持微过热，其过热度控制在 $10\sim20℃$，以防止水冷壁管屏工质温度超限。当锅炉负荷较高中间温度点过热度较小时，应参照中间温度的变化来调整燃料和给水比例，控制主蒸汽温度正常。

44. 直流锅炉的再热汽温如何调整？

再热汽温调节常用的方法有：烟气挡板、摆动式燃烧器以及喷水减温等。

如早期的 1000t/h 直流锅炉再热汽温的调节采用烟气再循环为主，喷水减温为辅的调节方式，由于燃煤锅炉再循环风机的磨损相当严重，一直未投用，所以该炉的再热汽温的调整首先从燃烧方面着手（如改变上、下燃烧器出力；调整一、二次风的配比；调整过量空气系数；受热面吹灰、除焦等），再辅以减温水微调。

45. 直流锅炉的汽温、汽压联合调节是如何进行的？

（1）汽温、汽压都高或都低的调整：

如果是由于外扰——汽轮机功率突然降低或增加，即蒸汽流量突然降低或增加引起的汽温、汽压都高或都低，立即相应减少或增加给水和燃料与之相适应即可。

如果是由于内扰——燃料量或风量的突然变化而引起的汽温、汽压同时上升或下降，应立即根据高过后烟温、给粉机下粉情况、排粉机电流以及烟气含氧量来确定是减少（汽温、汽压高时）或增加燃料量或风量（汽温、汽压低时）。

（2）汽压高而汽温低的调节：

当给水压力增加时，给水量和喷水量同时相应增加。在燃料量不变时，因为加热和蒸发段增长，而过热段减少，蒸汽流量增加即出现压力升高而汽温降低。此时应适当减少给水量和喷水量。

（3）汽压低而汽温高的调节：

给水压力降低后，给水流量和喷水量都减少。在燃料量不变的情况下，引起汽压低而汽温高。此时应适当增加给水量和喷水量。

总之，汽温、汽压的调节已总结出这样一条操作经验，即：给水调压，燃料配合给水调温，抓住中间点，喷水微调。

46. 1000t/h 双炉膛直流锅炉在启动初期两侧汽温偏差的原因有哪些？

1000t/h 双炉膛直流锅炉两侧汽温偏差主要表现在启动初期。造成汽温偏差，除司炉控制时甲乙炉膛燃料量和给水量以及二次风量的使用不一致外，主要还是启动过程中过热器中有积水，如过热器通汽压力太低，流量太小，部分蛇形管中的积水无力排除，两回路的汽温即产生偏差。所以，在过热器通汽时，要保证具有一定的通汽流量和温度。

47. 1000t/h 直流锅炉为什么要选择包覆出口温度作为中间点温度？

当燃料或给水开始扰动到过热器出口汽温在新的工况下稳定，需要一段时间，这称为"时滞"，由于"时滞"现象存在，所以如果直接根据过热器出口温度的高低来控制过热器汽温，必然会造成调节上的延迟。为了维持锅炉出口温度的稳定，直流锅炉汽温调节必须采用超前信号，中间点温度就是作为这种超前信号而设置的。1000t/h 直流锅炉中间点温度选择在包覆出口处，是由于该处工质为微过热状态，对燃料与给水比例的变化有较高的灵敏度，当燃料与给水量之间的比例不适当时，首先会在中间点温度的变化上反映出来，在运行中只要维持该点温度的稳定，就可保持过热器出口温度的稳定。因此，选择包覆管出口温度作为中间点温度。

48. 何谓煤水比？怎样正确调整煤水比？

在稳定工况下，过热器出口蒸汽所具有的热焓可用下式表示：

$$h''_{gr} = h_{gs} + B/G(Q_{ar,net}\eta)$$

式中　h''_{gr}、h_{gs}——分别为过热器出口蒸汽和给水焓，kJ/kg；

　　　　B、G——分别为燃料量和给水量，t/h；

　　　　$Q_{ar,net}$——燃料的收到基低位发热量，kJ/kg；

　　　　η——锅炉效率。

从上式可见，如果锅炉率 η，燃料的低位发热量 $Q_{ar,net}$，给水热焓 h_{gs} 保持不变，则过热器出口蒸汽焓只决定于燃料量和给水量的比例 B/G。如果 B/G 保持一定，那么 h''_{gr} 就能保持不变，在蒸汽压力保持不变的情况下，主蒸汽出口温度也就保持不变。反之，B/G 的变化则必将造成过热汽温的波动。B/G 即所谓直流锅炉的煤水比。在直流锅炉中，主蒸汽温度的调节主要是通过调节给水量和燃料量的比例来达到。所以，在调整主蒸汽温度过程中，燃料量和给水量的比例应始终保持不变。

49. 锅炉负荷对中间点温度产生什么影响？

中间点温度的控制，与锅炉的负荷有着密切的关系。锅炉负荷较低时，由于锅炉本体部分工质的焓增较大，中间点温度较高，过热度较大，变化亦灵敏；当锅炉负荷较高时，锅炉本体部分工质的焓增减少，中间点温度则要相应降低，并有可能接近甚至达到饱和温度，使之变化迟钝。中间点温度变化迟钝时，要以中间温度代替中间点温度作为超前信号。所以，在进行过热器出口汽温调整时，不仅要监视好中间点温度，还要控制好中间温度。

50. 锅炉负荷对中间温度产生什么影响？什么时候作为超前信号监视为最好？

在较低负荷时，由于低温过热器受热面内工质的焓增减少，中间温度和中间点温度的差值减小。当负荷较高时，中间点温度变化迟钝，在同样的燃料量或给水量扰动下，中间温度变化的幅度要比中间点大一倍左右。虽然中间温度的时滞时间比中间点温度要大，但与过热器出口温度相比，时滞要小得多。所以，在较高负荷中间点温度变化迟钝时，中间温度比中间点温度更能有效地判断过热器出口温度的变化。

另外，中间温度所反映的数值亦即前屏过热器进口工质温度，从这个意义上讲，在机组启、停或正常运行调整中，若能监视好，并确保中间温度在正常范围内，不但能保证过热汽温稳定，而且还能有效地防止前屏进水或前屏管壁超温，避免造成设备损坏事故。

51. 监视双面水冷壁出口工质温度有什么意义？

锅炉在启动、停止及正常运行中，双面水冷壁出口工质温度都必须严格控制低于对应压力下的饱和温度，以保证进入四周膜式水冷壁的工质为单相水，达到水冷壁各屏工质的流量分配均匀，这是减少水冷壁下辐射区域的热偏差，保障其运行安全的重要措施。

52. 监视包覆过热器出口压力有什么意义？

直流锅炉在本体上（启动分离器前后受热面）一般都未

装有安全阀，切除分离器前，当包覆出口压力突然升高时无泄压手段，锅炉本体就有可能超压。当包覆压力过低时，双面水冷壁出口压力相应降低，该处工质的饱和温度亦降低，如果压力降低过多时，则有可能使双面水冷壁出口工质发生汽化，影响膜式水冷壁工质的正常均匀分配，水冷壁换热工况恶化。所以，监视包覆过热器出口压力对防止炉本体受热面超压和防止水冷壁换热工况恶化具有很大意义。

53. 控制水冷壁管壁温度有什么意义？

锅炉的水冷壁是蒸发受热面，工质在其中沸腾汽化，只要管内工质流动正常，管壁的金属温度一般总是低于钢材的极限允许温度。但是，直流锅炉炉膛受热面的热负荷大，工作压力高，循环倍率低（$K=1$），很可能在热负荷高的区域发生水冷壁管屏传热恶化现象，以致使管屏因壁温超限而损坏。因而对直流锅炉运行来说，必须严格控制水冷壁管屏的壁温工况，及时进行必要的调整，使其在安全温度范围内工作。

54. 燃烧工况对水冷壁管壁温度影响如何？

燃烧过程组织和调整的好坏，对水冷壁管壁温度有直接影响。如：

（1）各角给粉机出力保持一致，风量均匀，可以使炉膛热负荷分布均匀，防止水冷壁局部区域壁温急剧上升。

（2）在相同的热负荷下，燃烧器投入层数和只数越多，火焰充满程度越好，炉内热负荷越均匀，水冷壁的壁温水平将会有所下降。因此，在70％以上负荷时，投入燃烧器的数量应尽量多，这样有利于水冷壁的安全运行。

（3）炉膛的过量空气系数对水冷壁壁温水平的反应也很

敏感。降低炉膛的过量空气系数会使炉膛的辐射吸热量增加，水冷壁热负荷升高，壁温也随之增高。反之，提高炉膛的过量空气系数，水冷壁壁温水平就会降低。

（4）火焰冲刷管屏，说明炉内燃烧不佳，对水冷壁的安全十分不利，严重时往往会出现局部地区壁温过高的现象。所以，锅炉在运行中，必须经常检查燃烧器的运行情况，炉内燃烧切圆应适中，不冲刷水冷壁。

55. 影响水冷壁安全运行的因素有哪些？

（1）管屏流量分配偏差。如流量偏小的水冷壁管，其传热效果差，工作越不安全。

（2）炉膛四周水冷壁热负荷不均匀。如热负荷偏高的水冷壁管，汽水流量又少，容易发生传热恶化。

（3）锅炉负荷变动。锅炉负荷变动容易引起水冷壁管壁温度产生较大的波动，使水冷壁形成热疲劳损坏。

（4）锅炉工作压力变化。工作压力变化将引起锅炉的给水量和减温水量同时发生变化，导致水冷壁工质温度波动。

（5）水冷壁结焦。水冷壁结焦后会使热力偏差增大，局部管壁超温。

56. 直流锅炉各级减温水的作用是什么？运行中各级减温水应如何合理分配调整？

直流锅炉的过热汽温，都是采用以燃料与给水的比例作为粗调，并辅以喷水减温作为细调的方式。如1000t/h直流锅炉采用了二级减温，分别位于后屏进口与高温过热器进口之间。距过热器出口近的Ⅱ级减温，对过热汽温的调节灵敏度较高。Ⅰ级减温水位于低过出口与屏过进口之间，距离过热器出口较远，减温效果与Ⅱ级相比差些，时滞较长，但比用给水来调温要快得多。另外，Ⅰ级减温还能起到降低屏过工质温度的作用，对防止屏过超温具有积极意义。

在正常运行时，使用Ⅱ级减温调整过热器蒸汽温度时，应同时投用Ⅰ级减温，这样不但增加了喷水减温的调节余地，而且在Ⅱ级减温失去调节余地时，亦可通过调节Ⅰ级减温仍保持过热汽温的稳定。因此，温度调节时，以Ⅰ级减温作为粗调，而用Ⅱ级减温作为细调手段，合理分配减温水量。

57. 什么是直流锅炉的水动力特性？水动力特性不稳定有何危害？

水动力特性是指在一定的热负荷下，强制流动的受热面管圈中工质流量与压差之间的关系，也就是管圈进出口压差 Δp 与流经该管子的工质流量 G 之间的关系。

如果对应一个压差 Δp 只有一个流量 G，这样的水动力特性是稳定的。例如过热蒸汽在过热器内的流动，水在省煤器内的流动就属于这种情况。如果对应一个压差在并联的管子中出现两个或三个流量时，这样的水动力特性就不稳定。因为它会使并联各管道出口的工质状态参数产生较大变化，有时出口是汽水混合物，有时是过热蒸汽，有时可能是未饱和水。

发生不稳定性流动时，通过管道的流量经常发生变动，蒸发点也随之前后移动，这将使蒸发点附近的管屏金属疲劳损坏。并联蒸发管中发生多值性流动时，部分流量小的管道出口工质温度可能过高，管壁可能超温而烧坏。

58. 如何防止直流锅炉水动力的不稳定性？

（1）提高锅炉压力，使汽和水的比容差减小，管中汽、水混合物的平均比容变化减小，水动力工况就越稳定。

（2）提高蒸发管进口水温，以稳定蒸发点。当管圈进口水温接近于饱和温度时，若热负荷不变，蒸汽产量不变、比容变化小，使水动力特性稳定。但管圈进口不能是汽水混合物，否则会引起管圈进口流量的分配不均。

（3）增加热水区段的阻力。如1000t/h直流锅炉在水冷壁进口联箱前加装节流调节阀。

（4）采用分级管径管圈。加热区采用小直径管以增大其阻力，往后逐级放大管径。如1000t/h直流锅炉下辐射、中辐射区采用 $\phi 22 \times 5.5$ 管子，上辐射区采用 $\phi 25 \times 6$ 的管子。

（5）加装多级混合器及呼吸箱。

59. 什么叫直流锅炉的脉动现象？有何危害？

在直流锅炉的蒸发受热面中，并联管圈中流量发生周期性的波动现象，称为直流锅炉的脉动。

脉动又分为整炉脉动、屏间脉动和管间脉动三种，而以管间脉动居多。整炉脉动时，整个锅炉的蒸发量和给水量都发生周期性波动；管间脉动时，管屏进出口联箱压差基本不变，整个管屏的给水量和蒸汽量也无变化，但管屏并联各管的工质流量发生周期性波动；其中一些管子的工质流量增大时，另一些管子的流量即减少；当这种脉动在一个管屏与另一个管屏间发生时，就称为屏间脉动。

由于直流锅炉各受热面之间无固定分界，脉动将引起水流量、蒸发量及出口汽温的周期性波动。流量的忽多忽少，使加热、蒸发、过热区段的长度发生变化，因而不同受热面交界处的管壁交变地与不同状态的工质接触，致使该处的金属温度周期性的波动，产生交变热应力使金属疲劳损坏。

60. 什么是直流锅炉的热偏差？有何危害？

直流锅炉的蒸发管布置在高温的炉膛中，由于管圈结构、在炉膛内的受热面情况以及工质的流动等各方面因素的影响，并联各管中工质出口的焓增是不同的，这种现象就称为热偏差。

由于受热和工质流量不同，某些管圈出口的工质温度及热焓比管屏平均数值大，我们称这种管子为偏差管。如果在炉膛中热偏差较大，偏差管管壁可能因壁温超过允许值而烧坏；也可能发生工质的脉动和水动力不稳定。所以运行中应尽力降低水冷壁管热偏差。如 1000t/h 直流锅炉膜式水冷壁规定相邻各管间工质温度偏差不超过 50℃。

61. 影响直流锅炉热偏差的因素有哪些？

影响热偏差的主要是热力不均和水力不均两个综合因素。

（1）热力不均。炉膛中温度分布不论从深度或高度方向来看都是不均匀的。锅炉的结构特点、燃烧方式和燃料种类不同，则热负荷不均匀程度不同。一般情况下，垂直管屏的热负荷不均匀程度大于水平管圈，燃油炉大于燃煤炉。锅炉运行工况，如火焰偏斜，炉膛结渣等，也会产生很大的热偏差。

（2）水力不均。由于并联各管的流动阻力不等、重位压头不同及沿进口或出口联箱长度上压力分配特性而引起的流量分配不均匀。水动力不稳和脉动也是水力不均的原因。热力不均又会导致水力不均，引起更大的热偏差。

62. 如何减少直流锅炉的热偏差？

在运行操作上应保证火焰中心不偏斜，烟气不冲刷水冷壁，受热面避免积灰和结渣。

在结构设计上采取下列措施：

（1）采用较高的质量流速。

（2）加装中间混合联箱，使工质流动中进行多次混合。

（3）将沿炉膛四周的水冷壁划分成许多并联的回路，减少同一管屏的并联管子根数和管屏的宽度。

（4）在下辐射区水冷壁进口前加装节流调节阀。

63. 如何避免在炉膛高热负荷区发生膜态沸腾？

根据直流锅炉的工作原理，具有一定欠焓的水进入水冷壁受热面吸热蒸发，离开炉膛时已经是微过热蒸汽。因此，在蒸发受热面中发生膜态沸腾是不可避免的。为了防止管子超温损坏，应设法使开始发生膜态沸腾的地点避开高热负荷区，或者设法提高膜态沸腾区的放热系数，确保管壁不致超温损坏。如 1000t/h 直流锅炉在设计上已采取了提高质量流速和高热负荷区域的水冷壁管采用内螺纹管的办法。但是，在实际运行中，特别是在启、停炉过程中，炉膛热负荷较高的燃烧器区域，仍有可能出现膜态沸腾，所以，在运行中还应采取下列措施：

（1）在总燃料量不变的情况下，沿炉膛高度方向尽可能多投火嘴，以分散热负荷，调整好燃烧切圆位置，严防火焰偏斜。

（2）尽量避免低负荷下长时间运行，并经常对水冷壁温度进行监视。

64. 什么是直流锅炉的沸腾换热恶化？有何危害？

在锅炉蒸发受热面中，水被加热，在管内壁上产生汽泡，这些汽泡被水冲刷到管子中心随水向上流动；当继续增大热负荷时，管内含汽率也随之增加，流动状态便成为中心汽流夹带水滴，管壁上附有一层水膜的环状流动，也称为核态沸腾。当热负荷增大到某一数值，蒸发管内的含汽率进一步增大，附壁水膜逐渐减薄，当水膜被撕破，管壁被一层蒸汽膜覆盖，这时从管子内壁到工质的放热系数急剧下降，传热恶化，壁温剧烈升高，这种现象就称为沸腾换热恶化。

蒸发受热面中若在炉膛高热负荷区（燃烧器区）出现膜态沸腾时，管壁温度飞升，壁温严重超限，常会引起爆管。

65. 什么叫水冷壁的热敏感性？直流锅炉水冷壁的热敏感性为什么比汽包炉强？

水冷壁热敏感性是指在炉内产生燃烧火炬中心偏斜时，促使水冷壁各段出口焓值和温度产生偏差的敏感程度。

UP 直流锅炉为满足质量流速的要求，取用较小内径的管子作为水冷壁，它的单位受热面水容积仅为同容量的汽包炉的 11%～12%，从而具有较大的敏感性。在锅炉启动过程和低负荷运行时，水冷壁出口工质温度往往出现较大的波动。

66. 导致水冷壁热敏感性增强的因素有哪些？

（1）热负荷过于集中在燃烧区。如低负荷下，燃料比较集中于下层燃烧器，加上油煤混合燃烧，增加了该区域水冷壁的吸热，工质汽化快，含汽率增大，下、中辐射区管屏内实际含汽率可能超过设计值而增强热敏感性。

（2）启停过程中及低负荷下炉内热负荷偏差过大。

（3）下辐射区入口节流阀节流度太大。

（4）各屏流量偏差。锅炉水动力调整选取70%负荷作为基准调整负荷。在低负荷下会存在一定的水动力偏差。

67. 冷态水动力调整的目的是什么？

由于炉膛热负荷分布不均和各屏水冷壁的阻力特性不完全相等，都会影响到水冷壁各屏回路进水量的分配不均，致使下部各屏水冷壁出口工质干度差异增大，引起局部回路和管段传热恶化、水动力不稳等严重后果。因此，为了保证水冷壁安全可靠工作，在锅炉投运前，需进行冷态水动力调整，即对水冷壁各回路的进水量进行合理分配。冷态水动力调整试验的方法是：首先根据锅炉实际运行情况，结合锅炉的具体结构特点，对下辐射区上部区域炉内断面热负荷的分布进行分析，拟定水动力分布曲线（即各屏流量分配系数）。然后以70%负荷作为基准按拟定曲线对各屏流量进行整定。

68. 水动力流量分配曲线是根据什么依据制定的？

拟定水动力流量分配曲线是根据炉内热负荷分布曲线来制定的，流量的分配曲线对应于热负荷分布曲线，即热负荷高的区域配以较大的进水流量，反之亦然。由于大容量锅炉燃烧室截面大，炉内动态切圆普遍增大，喷嘴相对动量减弱，又考虑到锅炉较低负荷时投油助燃，油火焰较短，局部热负荷容易增大。所以，拟定合理的流量分布曲线对水冷壁的安全运行十分重要。

69. 直流炉水冷壁泄漏和爆管大致有哪些原因？

（1）管材缺陷。主要是管子经冷拔后个别管子产生的内外纵向裂纹，一次水压试验未能完全暴露，一经点火受热，几次冷热交变和压力交变后促使隐患裂纹扩大，产生泄漏或爆管。

（2）焊口缺陷。主要是对接焊口和鳍片纵缝。对接焊口大多是未焊透和太大的焊接内瘤；鳍片纵缝主要是扁钢与光管壁间的咬边，产生过大的应力集中、经多次冷热和压力交变从咬边处产生裂纹再扩张引起爆管。对接焊口内瘤增大了流动阻力，促使水流量减少，导致管壁过热胀粗爆破。

（3）管内不洁和异物堵塞。管内流动受阻的管子，点火受热后工质流通不畅，冷却不良，管壁过热胀粗爆破。当存在内瘤时，初启动中其它杂物到此受阻积聚。管内异物来自制造、安装及检修过程中的外来残留物，有焊条头、铁屑，焊割渣、现场垃圾、保温材料、酸洗沉积物等。

（4）结构缺陷。如：连接刚性梁的梳形板焊于膜式管壁上，在启停过程中经多次温度交变使梳形板拉裂管壁，燃烧区刚性梁产生明显内弯曲。

（5）人为缺陷。施焊时在膜式壁上留下引弧坑，其它结构部件焊于管壁，运行中膨胀受阻，还有一些外伤或未发现的点腐蚀，导致运行时发生泄漏。

（6）运行不当。运行不注意燃烧调整，火焰中心偏斜，尤其是启动过程中和低负荷时，煤水比失调等造成炉内较大热力不均，使管壁过热或产生较大的交变热应力使管子损坏。

70. 直流锅炉水冷壁管为什么容易发生横向裂纹泄漏？

水冷壁产生横向裂纹的主要原因是运行过程中由于管壁温度经常大幅度变化，形成了较大的交变热应力，导致了管子的横向疲劳裂纹。1000t/h直流锅炉水动力稳定性较差,炉内热负荷偏差大,特别是在启停过程中及低负荷时更为突出。水冷壁热敏感性增强,容易导致某些水冷壁管发生流量的静态和动态不稳定,使壁温产生较大的波动。所以,直流锅炉容易发生横向裂纹。横向裂纹的主要特征为沿横向由表向里发展,管子基本上没有胀粗减薄现象。

71. 直流锅炉水冷壁进口节流阀压降过大有什么不好?

UP直流锅炉水冷壁是一多管屏并联和各辐射区串联(一次垂直上升管屏)的蒸发回路,要使各并联管屏的进水流量均达到预定值,各管屏入口应有合适的节流度匹配,此节流度大小会影响各管屏流量正确分配;节流度太大无助于水冷壁安全,反而会带来抗热扰动能力下降,增大热敏感性,运行中容易发生水冷壁管屏出口工质温度超限。另外,节流损失太大还会增加给水泵的电耗和汽耗。

72. 节流阀析盐有什么危害?析盐的原因可能有哪些?

节流阀析盐后,节流阀前后压降增大,锅炉汽水阻力上升,给水泵压力提高。当给水压力到顶,水流量上不去,锅炉负荷受限,严重时被迫降负荷运行。

节流阀析盐与给水品质、初投运期管道清洁程度有关。给水中有过量硅铁类杂质时,一旦通过阀芯的流速升高、压力降增大,本来溶解于水中的杂质,由于局部汽化就会析出、沉积,形成坚硬水垢,牢固粘附在阀腔内,使节流阀有效通流面积减小,前后压降增大。

73. 水冷壁的允许温差是如何规定的?

锅炉随着压力的升高，水冷壁汽水双相区域和汽化潜热不断减少，工作条件逐渐变差。直流锅炉下、中辐射区，每侧水冷壁有几百根管子组成，难免出现由于各管屏或单管之间的温差或温度分布不均匀而产生的热应力，以及锅炉多次启、停或负荷变化而引起的热疲劳。若运行中水冷壁最大许可温差降低至 50℃时，许可疲劳次数可达 15000 次，水冷壁可安全运行达十年或更长时间。因此，直流锅炉水冷壁的许可温差一般定为 50℃。但是，如果水冷壁出现水动力不稳。脉动或运行不慎发生热冲击（如紧急停炉）也会引起交变热应力，其交变频率远高于负荷升降和启停中产生温差热应力的交变频率，会加速水冷壁的损坏。

74. 运行中如何减少和防止水冷壁热冲击？

运行中应尽可能稳定燃烧工况防止突然熄火，尽量避免故障而引起紧急停炉。因为突然熄火或紧急停炉都将对水冷壁带来较大热冲击。要特别注意当炉内熄火、管内水流量未变，使水冷壁承受强激冷而损坏。

75. 什么叫炉墙低周振动？有什么危害？

低周振动起源于炉内燃烧振荡，据运行观察和初步分析，主要来自风粉混合器后的压力脉动。这种压力脉动主要是给粉均匀性、连续性较差，进入炉膛经燃烧扩大而成了压力脉动，当刚性梁刚度较小时出现较大振幅。

低周振动，使水冷壁附加弯曲交变应力增大，影响其安全运行。低周振动还将使炉墙密封过早损坏，影响严密性和导致漏油、漏灰，使锅炉房环境卫生和正常工作条件变差。

76. 什么是高温腐蚀？高温腐蚀的危害是什么？

高温腐蚀是燃烧区管子表面存在硫化物及硫酸盐等腐蚀剂，当管壁附近出现还原性气氛时，腐蚀剂与管壁金属发生化学反应引起的腐蚀。它的腐蚀程度与管壁温度、清洁度、硫化物及硫酸盐浓度、还原性气氛强弱有关。

水冷壁发生高温腐蚀后，管壁减薄，机械强度下降，最后导致爆管。

77. 改善或防止高温腐蚀的措施有哪些？

(1) 提高金属的抗腐蚀能力。如采用耐腐蚀的高铬钢或表面渗铝、渗铬管，或管外涂敷碳化硅涂料等。

(2) 组织好燃烧。在炉内创造良好的燃烧条件，保证燃料迅速着火，及时燃尽；防止一次风冲刷壁面，使未燃尽煤粉尽可能不在结渣面上停留；合理配风，保持合适的炉膛出口氧量；防止壁面附近出现还原性气体，定期吹灰，保持水冷壁清洁等。

(3) 在易出现高温腐蚀区设置挡板、增加贴壁风等。

78. 水冷壁和过热器管内结垢有什么坏处？

如果水冷壁管和过热器管结了一层薄薄的水垢，由于水垢的导热系数很小(1mm 厚的水垢就相当于 40mm 厚的钢板热阻)，使导热热阻大大增加。在一定的热负荷下，管壁平均温度就要升高，严重时导致管壁超温甚至爆管。另由于通流截面积减少，流动阻力增加，使过热蒸汽压力下降。

79. 影响过热器壁温的因素有哪些？

(1) 蒸汽侧放热热阻的影响。对过热器再热器来讲，蒸汽侧的热阻比烟气侧的热阻小,因此管壁温度接近蒸汽温度。要改善过热器金属的工作条件,首先要降低蒸汽侧的热阻,即提高蒸汽侧的放热系数,蒸汽侧放热系数与蒸汽的质量流速有关,质量流速越大,金属的冷却效果越好。

(2) 管壁导热热阻和水垢热阻的影响。由于管壁的导热热阻相对于蒸汽侧的放热热阻来说很小,但如果管子内壁结了一层薄薄的水垢,就会使导热热阻大大增加。所以,运行中必须保证锅炉给水及蒸汽的品质。

(3) 并联各管子内蒸汽流量不均匀的影响。在过热器中流进各并联管子的蒸汽流量往往是不均匀的,在蒸汽流量较小的管子中,蒸汽流速低,蒸汽侧的对流放热系数就小,管壁与蒸汽的温差增加,管壁温度升高。

(4) 烟气温度及流速沿烟道分布不均匀的影响。对于大型锅炉(尤其是双炉膛锅炉),炉子很宽,沿炉膛宽度方向的烟温偏差较大,处于烟气温度较高区域的过热器管,对流吸热和辐射吸热量均较大,蒸汽温度较高,促使该处壁温升高。另一方面,烟道中烟气速度分布也是不均匀的,在烟气流速高的地方,烟气侧对流换热增强,管壁容易超温。

在烟气和蒸汽两方面均存在不均匀现象以及管内结有水垢等因素同时存在时,过热器各管间的蒸汽温度偏差更为严重,更容易引起个别管壁温度超温。

80. 直流锅炉安全阀的排放量是如何规定的?起座压力为多少? 安全阀如何布置为合理?

直流锅炉过热器上安全阀的排放量的总和必须大于锅炉最大连续蒸发量。当所有安全阀开启后,锅炉蒸汽压力上升幅度不得超过工作安全阀起座压力的 3%,并且不得使锅炉各部分压力超过计算工作压力的 8％。再热器进、出口安全阀的总排放量为再热器最大设计流量的 100％，启动分离器安全阀的排放量应大于锅炉启动时的产汽量。

直流锅炉的过热器出口控制安全阀起座压力为 1.08 倍工作压力，工作安全阀起座压力为 1.10 倍工作压力，再热器和过热器安全阀的起座压力均为 1.10 倍工作压力。

直流锅炉的过热器出口、再热器进出口、启动分离器必须装有安全阀。一次汽水系统截断阀前一般应装安全阀。

81. 烟气再循环的作用是什么？如何用以调节再热汽温？

烟气再循环是利用省煤器后的一部分烟气，通过烟气再循环风机送入炉膛。根据烟气进入炉膛的位置不同，其作用也不同。如果再循环烟气从炉膛下部的冷灰斗处送入炉膛，可以调节再热汽温，如果从炉膛上部（折焰角下部）送入，可降低炉膛出口温度，防止屏式过热器超温和对流过热器结渣。

再热汽温的调节，主要是利用省煤器后的一部分低温烟气从炉膛下部冷灰斗处送入炉膛，使炉膛温度降低，炉膛辐射吸热量减少，而对流受热面的吸热量却随再循环烟气量增加而增加（一般再循环烟气量每增加 1％，可使再热汽温提高约 2℃）。它用于在低于锅炉额定负荷下提高再热蒸汽的温度，负荷越低，烟气再循环量越多。

82. 如何利用烟道挡板来调节再热汽温？

烟道比例挡板一般平行布置在再热器与过热器的对流部分相互隔开的尾部烟道出口处。

锅炉额定负荷时两烟道的挡板全开，流经每个烟道的烟气量各占 50％，负荷低时，再热汽温也低。因此，关小过热器侧的烟气挡板，使更多的烟气流经再热器，再热汽温上升并维持额定值。挡板开度在 0～40％时最有效，开度较大时，调温作用不明显。为防止挡板变形卡涩，挡板应装在烟温低于 400～500℃的区域内。

83. 什么是滑压运行？对直流锅炉运行产生什么影响？

滑压运行时，汽轮机自动主汽门和调节汽门全开，在汽轮机负荷变化时，不仅蒸汽流量由锅炉来调整，蒸汽压力也随着负荷降低由锅炉来调整降低，而汽温不随负荷变化，这种运行方式就称为滑压运行。

滑压运行对直流锅炉的影响主要有两个方面：①滑压运行时，在不同负荷下，加热、蒸发和过热各区段的焓增相差就较大，如当负荷降低时，主蒸汽压力也降低，要求蒸发吸热量增加，而加热、过热吸热量减少。②在低压力下滑压运行时，蒸汽的比容大，因此，蒸汽和水的比容差增大，在蒸发受热面管屏中易出现水动力不稳和脉动现象，影响蒸发受热面的安全性。所以直流锅炉只能在一定负荷范围内方可采用滑压运行，而在较低负荷时只能采用定压运行方式。

八、其他有关专业知识

1. 什么叫频率？

每秒钟内电流方向改变的次数叫做交流电的频率，以字母：f 表示；单位为赫兹，用符号 Hz 表示，简称赫兹或周/秒。频率与转子的转速和转子磁极的对数有关，即

$$f = \frac{pn}{60}$$

式中　f——频率；

　　　p——磁极对数；

　　　n——发电机转子的转速，r/min。

例如：汽轮机转速为 3000r/min，磁极对数为 1 时，其频率为：

$$f = \frac{1 \times 3000}{60} = 50 \ 1/s$$

2. 什么叫电流？什么叫电压？它们之间有什么关系？

通常我们把电荷有规律的运动叫做电流。用电流强度表示电流的大小。电流强度是指单位时间穿过导体截面的电荷，以字母 I 表示，单位为安培（A）。

电压是静电场或电路中两点间的电位差，其数值等于单位正电荷在电场力的作用下，从一点移到另一点所做的功，以字母 U 表示，单位为伏特（V）。

电压和电流之间的关系可以用欧姆定律表示：

$$I = \frac{U}{R}$$

式中　R——电阻，Ω；

　　I——电流，A；

　　U——电压，V。

3. 什么叫有功功率、无功功率和视在功率？三者单位是什么？三者关系如何确定？

有功功率又叫平均功率。交流电的瞬时功率不是一个恒定值，功率在一个周期内的平均值叫做有功功率，它是指在电路中电阻部分所消耗的功率，对电动机来说是指它的出力，以字母 P 表示，单位为千瓦（kW）。

无功功率：在具有电感（或电容）的电路里，电感（或电容）在半周期的时间里把电源的能量变成磁场（或电场）的能量贮存起来，在另外半周期的时间里又把贮存的磁场（或电场）能量送还给电源。它们只是与电源进行能量交换，并没有真正消耗能量。我们把与电源交换能量的振幅值叫做无功功率，以字母 Q 表示，单位千乏（kvar）。

视在功率：在具有电阻和电抗的电路内，电压与电流的乘积叫视在功率，以字母 S 或符号 P_s 表示，单位为千伏安（kVA）。

有功功率、无功功率、视在功率三者关系可以用功率三角形表示（见图）：

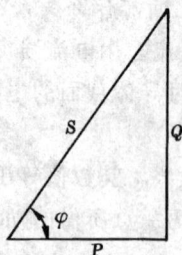

$$S = \sqrt{P^2 + Q^2}$$
$$P = S\cos\varphi = UI\cos\varphi$$
$$Q = S\sin\varphi = UI\sin\varphi$$

4. 在发电厂中三相母线的相序各用什么颜色表示？

在发电厂中三相母线的相序用以下颜色表示：黄色表示 A 相，绿色表示 B 相，红色表示 C 相。

5. 什么是相电压、线电压？什么是相电流、线电流？

三相输电线（火线）与中性线间的电压叫相电压。火线间的电压为线电压，其大小为相电压大小的 $\sqrt{3}$ 倍。

三相输电线每相负载中流过的电流叫相电流。

三相输电线各线中流过的电流叫线电流。

6. 为什么三相电动机的电源可以用三相三线制？而照明电源必须用三相四线制？

因为三相电动机是三相对称负载，无论是星形接法或是三角形接法，都是只需要将三相电动机的三根火线接在电源的三根火线上，而不需要第四根零线。所以，可用三相三线制电源供电。而照明电源的负载是电灯，它的额定电压均为相电压，必须一端接一相火线，一端接零线，这样可以保证各相电压互不影响，所以必须用三相四线制。但严禁用一火一地照明。

7. 试比较交流电与直流电的特点？交流电有哪些优点？

交流电的大小和方向，随时间的变化按一定规律作周期性的变化，而直流电的大小和方向均不随时间变化，是一个固定值。在波形图上，正弦交流电是正弦函数曲线，而直流电是平行于时间轴的直线。

交流电的优点是它的电压可经变压器进行转变。输电时将电压升高，以减少输电线路上的功率损耗和电压损失；用电时将电压降低，可保证用电安全适应不同负荷需要、并可降低设备的绝缘要求；交流电设备的造价也较低。

8. 变压器在电力系统中起什么作用？

它将发电机发出的电压升高，通过输电线向远距离输送电能，减少损耗。又可将高电压降低分配到用户，保证用电安全。从电厂到用户，根据不同的要求，可通过变压器将一种等级的电压转变为同频率的所需要的不同等级的电压。

9. 锅炉自用电压等级有哪几种？电动机电压等级如何选择？

当发电机电压为 6.3kV 时，宜采用 6kV 供电；当发电机电压为 10.5kV 时，常采用 3kV 的高压母线供电。对于燃油锅炉高压电机台数少，厂用电压选用 6kV；410t/h 以上容量锅炉，一般都采用 6kV 母线供电。

低压母线都采用 380/220V（220V 用于照明）。

厂用电动机当采用 6kV 高压供电时，200kW 及以上电动机接在 6kV 母线上；200kW 以下的由 380V 母线供电。当高压为 3kV 时，75kW 及以上的电机采用 3kV 母线供电；75kW 以下的由 380V 母线供电。

10. 什么是操作电源？

在发电厂中，继电保护、自动装置、控制回路、信号回路及其他二次回路的工作电源称为操作电源。

11. 电气设备控制电路中红、绿指示灯的作用是什么？

红绿指示灯的作用有三：一是指示电气设备的运行与停止状态；二是监视控制电路的电源是否正常；三是利用红灯监视跳闸回路是否正常，用绿灯监视合闸回路是否正常。

12. 锅炉信号系统有哪两种？它们的作用如何？

锅炉的信号系统分热工信号系统和电气信号系统。

热工信号（灯光或音响信号）的作用，是在有关热工参数偏离规定范围或出现某些异常情况时，引起运行人员注意，以便采取措施，避免事故的发生和扩大。

电气信号的作用是反映电器工作的状况，如合闸、断开及异常情况等，它包括位置信号、故障信号和警告信号等。

13. 锅炉辅机为什么要装联锁保护？

当运行中的两台引风机或两台送风机同时跳闸后，锅炉熄火，如果不立即停止燃料供应，将发生炉膛爆炸或设备损坏事故。因此锅炉辅机必须装有联锁。当送、引风机故障跳闸时，能自动停止给粉机、给煤机等设备。

14. 制粉系统的联锁是怎样布置的？

制粉系统联锁的顺序是：排粉机→磨煤机→给煤机→冷、热风门。当制粉系统联锁投入；停运排粉机时，则磨煤机、给粉机相继停运，热风门自动关闭，冷风门开启；磨煤机停运时，不能联动排粉机，而给煤机及冷、热风门则相继动作；当给煤机停运时，则热风门关闭，冷风门开启。另外，当磨煤机出口气粉混合物温度过高报警时，冷、热风门也会联动，热风门自动关闭，冷风门自动开启。

油泵联锁：球磨机润滑油高位油箱油位低于一值而报警

时，联锁于甲，甲润滑油泵就自启动。低报警时球磨机拒启动；油位低三值报警，球磨机自动跳闸；高位油报警时，油泵自动停止。

15. 锅炉联锁试验有哪几种方法?

锅炉联锁试验方法有静态和动态两种。

静态试验只送上直流控制电源,转动机械处于静止状态。锅炉总联锁及制粉系统入系,进行试验。

动态试验是交流电和直流电都送上,启动各有关转动机械进行转动,锅炉总联锁及制粉系统联锁入系,给煤机闸板闸死,给粉机另送给粉总电源,各小开关不必分。

16. 何谓同步?何谓异步?异步电动机为什么得到广泛地应用?

当转子的旋转速度与定子旋转磁场的旋转速度相同时,叫同步;不相同时叫异步。

因为异步电动机具有结构简单,价格低廉工作可靠,维修方便的优点,所以在发电厂和工农业生产中得到最广泛的应用。

17. 锅炉常用的电动机有几种? 电动机启动应进行哪些检查?

锅炉常用的电动机有单鼠笼式、双鼠笼式、深槽式、绕线式四种异步电动机和滑差式电动机。

电动机启动时应做如下检查:

(1) 电动机上或附近无杂物,无人工作,电机上无落水现象;

（2）停用 72h 以上的电机，要联系电气测量绝缘；

（3）检查电动机所拖动的机械是否具备启动条件；

（4）电机接地线完好，接线盒及靠背轮防护罩完好；

（5）地脚螺丝紧固无松动；

（6）带有滑动轴承的电机，其轴承油位正常，油质合格；

（7）可盘动的辅机，应手动盘车一周，检查电机转动是否有障碍和摩擦现象；

（8）引风机电机配有冷却空气系统的，应在启动前先启动冷却风机，投入空气冷却系统，以防引风机电机线圈温度不正常地升高；

（9）启动高压电机时，上下联系好，司磨应站在即将启动电机的事故开关附近，以防不测。

18. 什么是电气设备的额定值？

电气设备的额定值是制造厂家按照安全、经济、寿命全面考虑为电气设备规定的正常运行参数。

19. 停止高压电动机时应注意什么？

当电动机停止后，要注意操作开关的红灯是否熄灭，绿灯是否亮，再看电流表的指示是否回到零位。如果电流表指示仍旧不变，说明电动机油开关没有断开，应再合闸一次，并通知电气值班人员处理；如果电流反而增大，说明电动机油开关只断开一相，造成电动机两相运行，此时应立即将开关再合上，然后通知电气值班人员处理，以免烧坏电动机。

20. 电动机运行时应注意什么？

（1）运行中的辅机电动机，值班人员应定期对其巡视，检查其工作状态是否正常。

（2）电流不超过规定值并无异常摆动。

（3）电机运转声音无异常，振动不超过下表所示数值：

额定转速（r/min）	3000	1500	1000	750 及以下
振动值（mm）	0.05	0.085	0.10	0.12

（4）电动机外壳温度一般不超过该电机规定的温度，并经常检查电动机两端端盖温度变化情况，以掌握电动机轴承的运行情况。

（5）电动机出风无焦味，内部无水汽冒出。

（6）运行中电动机出现不正常的情况时，应立即汇报班长，联系电气人员检查处理。

21. 电动机温度升高有哪些原因？

（1）转子和静子发生摩擦，如轴承缺油，轴承被磨损后使转子下沉与静子摩擦。

（2）冷却风道堵塞或进风温度太高，使电动机冷却不良。

（3）冷却风道进入汽或水，使电动机受潮，绝缘降低。

（4）所带的机械过负荷。

（5）电动机两相运行。

（6）电压过低。

22. 电动机的允许负荷电流与环境温度有什么关系？

容量较大的电动机一般装有电流表，要认真监视负荷电流不超过允许值。电动机铭牌上所注明的额定电流，是指周围空气温度 35℃（有些国家新系列电动机规定 40℃）时的，如果周围空气温度超过 35℃（或 40℃），由于电动机绝缘本身温度已较高，如果仍然带额定的负荷电流，势必造成温度升高而超过允许范围，此时必须低于额定电流运行，这样才不致于缩短电动机的正常使用年限。如果环境空气温度低于35℃（或40℃）时，允许温升大，因此负荷电流可以大于电动机的额定电流。

23. 大容量电动机主要有哪些保护装置？它们的作用是什么？

电动机保护装置主要有相间保护、单相接地、过负荷保护及低电压保护等。

（1）相间保护：当定子绕组相间短路时，保护装置立即动作，使断路器跳闸，从而保护了静子线圈，避免电动机烧坏。

（2）单相接地保护：当电动机出现单相接地故障电流时，单相接地保护装置动作，使断路器跳闸，从而保护了电动机。

（3）过负荷保护：电动机过负荷会使温升超过允许值，从而造成绝缘老化以致烧坏电动机，所以当负荷电流超过限额时，过负荷保护装置经过一定的时限发出信号。

（4）低电压保护：当电源电压低于整定限额时，低电压保护装置经过一定的时限，使断路器跳闸，以达到保护的目的。

24. 金属外壳上为什么要装接地线？

在金属外壳上安装保护地线是一项安全用电的措施，它可以防止人体触电事故。当设备内的电线外层绝缘磨损，灯头开关等绝缘外壳破裂，以及电动机绕组漏电等，都会造成该设备的金属外壳带电，当外壳的电压超过安全电压时，人体触及后就会危及生命安全。如果在金属外壳上接入可靠的地线，就能使机壳与大地保护等电位（即零电位），人体触及后不会发生触电事故，从而保证人身安全。

25. 如何改变三相异步电动机的旋转方向？

调换电源任意两相的接线，即改变三相的相序，从而改变了旋转磁的旋转方向，同时也就改变了电动机的旋转方向。

26. 电压低时，电动机将受到哪些影响？对功率有何影响？

当系统电压降低时，电动机的功率也要相应降低，如电压从380V降到360V时，假如电流保持不变，功率则为原功率的94.7%，即：

$$\frac{360}{380} \times 100\% = 94.7\%$$

从上式可以看出电动机的功率约降低了5.3%，这时如果负荷保持不变，那么电流必须增加，以便产生所需要的转矩。如果所需的转矩超过电动机的限额时，可能造成电动机不能带负荷而停机。如长期电压过低，电动机长期在超负荷下运行，则会造成电动机发热而烧坏。

27. 电动机的额定电流是根据什么确定的？

三相电动机的额定电流是根据它的额定容量来决定的，即

$$P = \frac{\sqrt{3} \cdot U \cdot I \cdot \cos\varphi}{1000} \cdot \eta$$

式中　P——电动机的额定容量，kW；

　　　U——额定线电压，V；

　　　I——额定线电流，A；

　　$\cos\varphi$——功率因数；

　　　η——电动机效率。

所以：

$$I = \frac{P \cdot 1000}{\sqrt{3} \cdot U \cdot \cos\varphi \cdot \eta}$$

28. 电动机缺相运行时会有哪些现象？电动机振动的原因有哪些？

当电动机缺相运行时，电动机的电流表指示会增大或到零，电动机过负荷光字牌报警；就地查电动机转动声音异常，外壳温度高。

电动机振动的原因有：

（1）电动机和被带动机械的中心不一致；

（2）轴承损坏或轴颈磨损；

（3）所带动的机械故障；

（4）电动机或机械部分的地脚螺丝松动或断裂；

（5）转子与静子发生摩擦；

（6）转子断线；

（7）静子三相电流不平衡等。

29. 电动机发生着火时应如何处理？

发现电机着火时，必须先切断电源，然后用二氧化碳等干式灭火器灭火；或用消防水喷成雾状灭火，严禁将大股水注入电动机内。

30. 高压电动机跳闸后如何处理？

高压电动机事故跳闸或启动时跳闸，复位后应立即联系电气人员进行检查。如无问题，征得电气值班人员同意后，可重新启动一次。

31. 正常照明与事故照明有什么区别？

正常照明和事故照明都是用220V电源。平时它们都采用交流电，但当发生电气事故交流供电中断时，事故照明电路的继电器动作，自动地把事故照明电源改由220V直流电源供给。凡属事故照明的灯头，一般在其灯罩上有用红漆标上的"☆"记号，以与正常照明相区别。一般在炉控室、锅炉走道及楼梯口都装有事故照明。

32. JZT电磁调速电动机如何组成？具有什么优点？

JZT电磁调速电动机是一种控制简单的交流无级调速电动机，由交流三相异步电动机、涡流离合器（又称电磁转差离合器）和测速发电机所组成。通常与JZT控制器配合后组成一套交流调速驱动装置，装有测速及反馈的自动调节系统能在比较宽广的转速范围内进行平滑的无级调速。在火电厂一般配用于给粉机，被广泛地用于锅炉给粉量的调节。其主要优点如下：

(1) 结构简单，运行安全可靠，使用维护方便（无整流子，无滑环）。

(2) 直接使用交流电源，设备投资少。

(3) 起动性能好。起动力矩大，起动平滑。

(4) 控制功率小，便于自控和遥控。

(5) 调速精度高，与JZT型控制器配合后转速变化率小。

（6）调速范围广。

33. JZT 电磁调速电动机涡流离合器的结构及其基本工作原理是什么？

JZT 电磁调速电动机涡流离合器的结构特点是无滑环，空气自冷，卧式安装，激磁绕组固定不动。

结构型式有两种：单电枢感应子式和单电枢爪式。

其主要部件在整机中的作用简述如下：

（1）导磁体：既是结构件又是磁路的一部分。

（2）机座：在单电枢感应子式中，机座既是结构件又是磁路的一部分；在单电枢爪式中，机座仅起结构件作用。

（3）电枢：电枢直接固定在拖动电动机的轴件上，作恒速运转。在运行中，电枢中感应电势并产生涡流。

（4）齿极：单电枢感应子式为一齿轮形零件；单电枢爪式为两个爪形轮焊在一起。以上两种形式中齿极均固定在离合器输出端上，作变速运动。

（5）激磁绕组：固定在导磁体上。

（6）测速发电机：三相交流同步永磁式，与离合器输出轴共轴。

基本原理：当激磁绕组通入直流电流时，所产生的磁力线通过机座→气隙→电枢→气隙→齿极→气隙→导磁体→机座，形成一个闭合回路（见图 3 虚线所示）。在这个磁场中由于磁力线在齿凸极部分分布较密，而在齿间分布较稀，因此随着电枢与齿极的相对运动，电枢各点的磁通就处于不断的重复变化之中。根据电磁感应定律，电枢中就感应电势并产生涡流，涡流和磁场相互作用而产生电磁力，使齿极和电枢作同一方向旋转，但始终保持一定的转速差，从而输出转矩。

改变激磁电流的大小就可以方便地调节输出转速。

34. 什么叫热工仪表？

用来测量热工参数的仪表叫热工仪表。

35. 评定热工仪表质量主要有哪几项指标？

主要指标有基本误差、精度等级、变差、灵敏度和分辨率等几项。

36. 简述弹簧压力表的工作原理？

被测压力导入圆弧形或螺旋形的弹簧管内，使其密封自由端产生位移，当被测压力大于大气压力作用时向外扩张（当小于大气压力的真空作用时向内收缩），然后再经传动放大机构，经扇形齿轮，小齿轮、带动指针偏转，指示出压力的大小。

37. 简述 U 形管压力计的工作原理？

U 形管压力计是由直径相同的弯成 U 型的玻璃管构成，固定在底板上后，垂直安装，两管之间有刻度标尺，标尺零点在中间位置，连通管内零刻度线以下注入工作液体。进行压力测量时，U 型管的一端引入被测压力，另一端通大气。在被测压力的作用下，管内液柱高度发生变化，根据管内液面上升的高度，便可得出被测压力值。设工作液体密度为 ρ，液柱高度变化为 h，则表压力 $p_{表}=h\rho g$，

$$p_{绝} = p_{表} + B_{大气压力}$$

如被测压力较小，工作液体用密度较小的液体（如水、酒精等）；如被测压力较大，则用密度较大的液体（如水银）。

38. 使用压力表时应注意什么？

（1）应考虑引压管内液柱高度所产生的压力误差，当表计指示不准时，应向热工人员查询。

（2）测量高温介质或蒸汽时，压力表前应装环形管，防止弹性元件与高温介质长期接触而改变弹性。

（3）真空表应保证引压管严密不漏。

39. 仪表面板上标注的 1.5、2.5 是什么意思？

仪表面板上的 1.5 或 2.5 一般称为仪表的精度等级，它表示仪表的基本误差为 ±1.5％ 或 ±2.5％。如果知道仪表的实际量程，即可知道这只表的最大绝对误差。例如：有一块表计，量程上限为 500℃，量程下限为 100℃，精确度为 1.5，它的最大绝对误差：

$$（500-100）\times\pm1.5\%=\pm6℃$$

40. 什么叫仪表的时滞？产生时滞的原因主要有哪些？

时滞是指从被测量值开始变化时起，到仪表反映出这一变化时至所经历的时间。产生时滞的主要原因是仪表的机械惯性、热惯性和阻力。

41. 膜盒式压力计的工作原理是怎样的？

膜盒式压力计主要用来测量空气和烟气的压力，它主要由膜盒和传动机构组成。被测压力引入膜盒后，在被测压力的作用下，膜盒变形使其自由端发生位移，经传动机构使指针发生偏转，在刻度盘上指示出被测压力的大小。

42. 什么叫静压、动压、全压？

静压：与流线垂直方向的压力称为静压。

动压：流体在容器中因流动动能所能产生的压力称为动压。

$$p_{动压} = \frac{v^2}{2} \cdot \rho$$

式中　v——流动速度；

　　　ρ——流体密度。

全压：指某一点上静压与动压的代数和。

43. 常用温度测量仪表有哪几种？

温度测量仪表有三种：膨胀式温度计，热电偶温度计，热电阻温度计。

44. 膨胀式温度计的工作原理是什么？用在何处？

膨胀式温度计是利用物体受热后体积膨胀的性质制成的。根据结构不同，它可分为玻璃管液体温度计、压力式温度计和双金属温度计等三种型式。玻璃管液体温度计适用于就地测量，如引送风机、磨煤机等的轴瓦温度测量；压力式温度计用于温度在−60～550℃的水、蒸汽等工质温度的测量。双金属温度计用于风、烟温度的测量。

45. 简述热电偶温度计的工作原理。用在何处？

热电偶温度计是将两种不同的金属焊接构成的，热电偶工作端插入被测量的设备或介质中，使其工作端感受被测介质的温度，其冷端置于设备或介质外面，并通过补偿导线和导线与测量微电势的测量仪表连接起来构成闭合回路。由于热电偶两端所处的温度不同，就会有电势产生，这种现象称为热电现象，所产生的电势叫热电势。材料确定后，热电势的大小取决于热电偶热端的温度，被测温度越高，热电势就越大。根据热电势的大小，便可测出相应的温度值。热电偶温度计广泛用于测量蒸汽温度，烟气温度和管壁温度。

46. 简述热电阻温度计的工作原理。它都用在何处？

热电阻温度计是基于金属导体电阻的大小随温度变化的特性制成的。它由金属丝绕制而成。它们之间用导线连接起来组成一个完整的电阻测温系统。如将热电阻置于被测介质中，其电阻值随被测介质温度变化而变化，并通过测量仪表反映出来，从而达到测温目的。热电阻温度计常被用来测量给水、排烟、热风等温度较低的介质。

47. 锅炉受热部件管壁温度的测量方法怎样？

因设备和安装的原因，往往是测量炉外不受热部分的管壁温度，它比实际受热部分的管壁温度低 30～40℃。因此，在测得的温度上要增加一个恒定的补偿值，才是实际的管壁温度。

48. 常用的流量测量方法有几种类型？其原理如何？

常用的流量测量方法可归纳为容积法和流速法两大类。

容积法：如果流体以固定的体积从流量计中逐次排出，则对排放次数进行计数即可求得通过仪器的流体总量。如刮板流量计、椭圆齿轮流量计、罗茨流量计等。

流速法：根据一元流动的连续方程，当流通截面积恒定时，通过该截面的流体容积流量与平均流速成正比。直接或间接地测得流体的平均流速，就可求得流量。如涡轮流量计、叶轮流量计、动压测量管、靶式流量计、节流变压降式流量计等。

49. 差压式流量计的工作原理是怎样的？

当流体在管内流动通过特制的节流装置时，在节流装置的前后就产生了差压，这样差压和流量有一定的对应关系。测量出这个差压就可计算出它所对应的流量。

50. 电接点水位计的工作原理是怎样的？

电接点水位计是根据汽和水的电导率不同测量水位的。高压锅炉的锅水电导率一般要比饱和蒸汽的电导率大数万到数十万倍，电接点水位计是由水位测量容器、电极、电极芯、水位显示灯以及电源组成。电极装在水位容器上组成电极水位发送器。电极芯与水位测量容器外壳之间绝缘。由于水的电导率大，电阻较小，当接点被水淹没时，电极芯与容器外壳之间短路，则对应的水位显示灯亮，反映出汽包内的水位。而处于蒸汽中的电极由于蒸汽的电导率小，电阻大，所以电路不通，即水位显示灯不亮。因此，可用亮的显示灯多少来反映水位的高低。

51. 热工信号有哪几种？

热工信号有热工预告信号、热工事故信号、联系信号等三种。

热工预告信号：在热力设备运行过程中，某些运行参数偏离允许范围（第一越限值）时，它能发出灯光和音响信号。

热工事故信号：当因任何原因，热工参数偏离规定值，且超越第一限值而达到第二限值时，热工信号系统发出的报警信号叫做事故信号。

联系信号：联系信号又叫指挥信号。火电厂的主控室和机炉控制室之间，集中控制盘和就地盘之间，要用联系信号来互相传递数量不多但又很重要的运行术语，或者互相通报机组的运行状态。

52. 自动控制装置有哪些基本部件？其作用是什么？

自动控制装置有以下基本部件：①测量部件（变送器）；②运算部件（调节器）；③执行机构（执行器）。

测量部件：用来测量被调量的大小，能把被调量的大小转变成与其成比例的电流或电压信号传送出去。

运算部件　能接收测量部件送来的被测量信号，并把它与定值器送来的信号进行比较，当被调量与给定值有偏差时，产生一个反映偏差方向和大小的信号，同时又按调节器所具有的某种运算规律进行运算，根据运算结果发出调节信号。

执行机构：按照调节器送来的调节信号去控制调节机构，即将阀门开大或关小。

53. 简述主蒸汽温度的自动控制过程。

主蒸汽温度自动控制系统是以主汽温度作为主调信号并以减温器后的汽温作为超前信号来及时调节减温水量，从而达到保证主汽温度稳定的目的。由于减温器后的汽温随喷水量的变化反应很快，如果这一点的汽温能保持一定，该段出口汽温就能基本稳定。所以减温器后汽温的超前作用在这一系统中具有较重要的地位，当汽温变化时，通过温度变送器将信号送往加法器,再经过比例积分调节器,调节喷水量,从而达到稳定主汽温度的作用。

54. 简述燃烧自动控制的任务。

(1) 维持汽压稳定;

(2) 保证锅炉燃烧过程的稳定性和经济性;

(3) 使炉膛负压维持在一定的范围内。

55. 锅炉送风控制系统的被调量是什么?何信号组成单冲量控制系统?

锅炉送风控制系统的任务是保持最佳的燃料—空气配比,保持锅炉的最佳过量空气系数,它可以用炉烟含氧量来表征。因此,炉烟含氧量是送风控制系统的被调量。

运行中燃料—风量的最佳配合可以由炉烟含氧量来监督。因此用氧量信号作为控制系统的控制信号可以组成十分简单而理想的单冲量控制系统,其方框图如下:

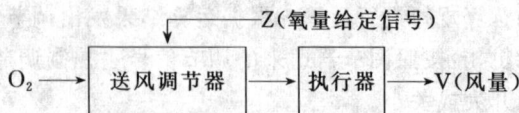

56. 氧化锆氧量计的工作原理是什么?

以氧化锆作固体电解质,根据电解质两面氧的浓差不同组成浓差电池。这种电池一面是空气,另一面是被测烟气,在一定温度条件下,如果两侧电极处在不同氧含量的气体中(氧的分压力不同),在高温下氧分子发生电离,并通过氧化锆,由浓度高的一侧向浓度低的一侧扩散,从而在氧化锆两侧电极间产生氧浓差电势,其大小与两侧气体中氧气的分压力有一定关系。如一侧氧浓度固定，即可通过测量输出电势来测量另一侧的氧含量。

57. 热工仪表指示异常的情况有哪些？

当运行工况正常而仪表指示不正常时，基本上有四种现象：偏大、不动、偏小和到零。

偏大：负压侧泄漏使压差增大，则指示偏大；天气寒冷使仪表管内液体冻结，则指示偏大；二次仪表零位未校准也会使指示偏大。

不动：一次门关闭，仪表管堵塞，造成指示偏小或不动；指针或仪表传动机构卡住。

偏小：差压仪表的正压侧泄漏，使压差减小，指示偏小；仪表管轻微堵塞或泄漏。

仪表指示到零：仪表电源中断；仪表接线开断或短路。

58. 电阻温度计常见故障有哪些？

(1) 电阻温度计的指示值比实际值偏大，说明测温线路上有接触不良的现象；如果表计指针偏大到最大刻度一端或最小，则说明感温电阻烧毁或测温线路有断线的地方。

(2) 指示到"零"说明在线路的某段有短路的地方。

(3) 表计指针来回摆动，则说明在线路某段接触不良，或表计本身振动。

(4) 此种表计的游丝起不到返回"零"的作用，因此当表计失电时，指示可能随意稳定在某一刻度上。

59. 动圈式毫伏温度计常见故障有哪些？

(1) 热电偶温度计指示偏大，说明冷端补偿不正常、线路调整电阻短路、连接导线电阻偏小。

（2）热电偶温度计指示到"零"，说明电路不正常，连接电路中有断线或短路。

（3）指针来回摆动，说明连接导线及切换开关接触不良或补偿电源相互影响。

（4）指示偏小说明切换开关到表的公用线路接触不良或各点线路电阻偏大。

60. 当仪表电源失电时，毫伏表、比率表和电子温度表将发生哪些变化？

当毫伏表的补偿电源失电时，毫伏表的冷端补偿没有电，就起不到补偿作用。因此，它的温度表指示比实际温度低。

比率表是由两个装牢在一起的线圈组成的，它们装在针尖上，绕着铁心的垂直轴在不均匀的永久磁铁磁场中旋转。它的工作原理是测定两个线路中电流强度的比值。这两个线路由共同的直流电源供电。当失电时，作用在运动系统上的两个转矩同时失去，因此它的指针将留在原来位置上不动，这样会造成仪表还在工作的错误印象。所以在比率表上采用特别的电磁复原器，失电时，使它的指示到零。

电子式仪表的结构，如下页图所示，如果失电，放大器就无法将测量系统中发出的微弱信号放大来操纵可逆电动机，因此它的指针停留在原来的位置。

61. 氧化锆氧量计在运行中易出现哪些故障？原因是什么？

（1）指示值误差大，主要原因（不含二次仪表故障引起的原因）：

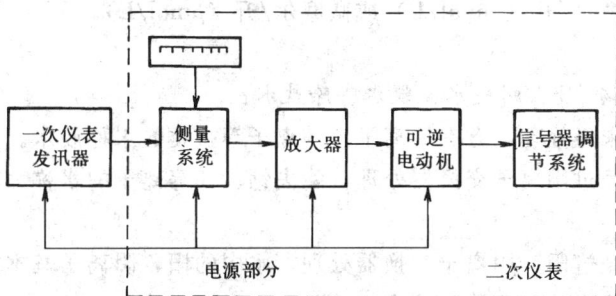

图 25　电子式仪表的结构示意框图

a. 氧化锆封接不好有渗漏现象；

b. 氧化锆本身特性欠佳；

c. 安装位置漏风较大；

d. 氧化锆的工作温度高于 900℃或低于 600℃。

（2）指示值摆动过大，主要原因是：

a. 安装位置不当；

b. 锅炉本身燃烧不稳，风压波动较大，造成烟温及烟气成分含量波动过大。

62. pH 值表示什么意思？

pH 值是一种表示水的酸碱性的水质指标。当 pH 值大于 7 时，水呈碱性，pH 值越大，碱性越强；当 pH 值等于 7 时，水呈中性；当 pH 值小于 7 时，水呈酸性，pH 值越小，酸性越强。

63. 什么叫水的碱度？单位是什么？

水的碱度是指水中含有能接受氢离子的物质的量，单位为毫摩尔/升（mmol/L）或微摩尔/升（μmol/L）。

64. 什么叫硬水、软水、除盐水？

未经处理，含有钙离子、镁离子等盐类的水称硬水。

经过阳离子交换器处理，除去钙、镁等离子的水称为软化水。

经过阳、阴离子交换器处理，水中的阳、阴离子基本上全部除去的水称为除盐水。

65. 什么叫水的硬度？单位是什么？

表示水中含有的结垢物质——钙、镁等离子的总含量的量称为硬度，单位为毫摩尔/升（mmol/L）或微摩尔/升（μmol/L）。

66. 什么叫水的含氧量？

水的含氧量就是在单位容积的水中所含氧气的多少，它是锅炉的水质指标之一。

67. 锅炉给水为什么要进行处理？

如将未经处理的生水直接注入锅炉，不仅蒸汽品质得不到保证，而且还会引起锅炉结垢和腐蚀，从而影响机炉的安全经济运行。因此，生水补入锅炉之前，需要经过处理，以除去其中的盐类、杂质和气体，使补给水质符合要求。

68. 锅内水处理的目的是什么？简述其处理经过。

锅内水处理的目的是向锅内的水加药，使锅水中残余的钙、镁等杂质不生成水垢而是形成水渣。其处理过程是将磷酸盐用加药泵连续地送入锅水（汽包）中，使之与锅水中的钙镁离子发生反应，生成松软的水渣，然后利用排污的方法排出锅炉之外。

69. 炉外水处理的目的是什么？有几种方式？

炉外水处理是除去水中的悬浮物、钙和镁的化合物以及溶于水中的其他杂质，使其达到锅炉补给水的水质标准。

水处理的方式有软化、化学除盐、热力除盐、电渗析和反渗透四种。

中压锅炉一般可采用化学软化水，而高压和超高压以上的锅炉，必须采用经过除盐和除氧处理的给水。

70. 何谓蒸汽品质？影响蒸汽品质的因素有哪些？

所谓蒸汽品质是指蒸汽含杂质的多少。也就是指蒸汽的洁净程度。

影响蒸汽品质的因素有：

（1）蒸汽携带锅水：

a. 锅炉压力对蒸汽带水的影响：压力越高蒸汽越容易带水。

b. 汽包内部结构对蒸汽带水的影响：汽包内径的大小、汽水的引入引出管的布置情况要影响到蒸汽带水的多少，汽包内汽水分离装置不同，其汽水分离效果也不同。

c. 锅水含盐量对蒸汽带水的影响：锅水含盐量小于某一定值时，蒸汽含盐量与锅水含盐量成正比。

d. 锅炉负荷对蒸汽带水的影响：在蒸汽压力和锅水含盐量一定的条件下，锅炉负荷上升，蒸汽带水量也趋于有少量增加。如果锅炉超负荷运行时，其蒸汽品质就会严重恶化。

e. 汽包水位的影响：水位过高，蒸汽带水量增加。

（2）蒸汽溶解杂质：——

高压锅炉的饱和蒸汽像水一样也能溶解锅水中的某些杂质。蒸汽溶解杂质的数量与物质种类和蒸汽压力大小有关。蒸汽溶盐能力随压力的升高而增强；蒸汽溶盐具有选择性，以溶解硅酸最为显著；过热蒸汽也能溶盐。因此锅炉压力越高，要求锅水中含盐量和含硅量越低。

71. 锅炉连续排污和定期排污的作用是什么？

连续排污也叫表面排污，这种排污方式是连续不断地从汽包锅水表面层将浓度最大的锅水排出。它的作用是降低锅水中的含盐量和碱度，防止锅水浓度过高而影响蒸汽品质。

定期排污又叫间断排污或底部排污，其作用是排除积聚在锅炉下部的水渣和磷酸盐处理后所形成的软质沉淀物。定期排污持续时间很短，但排出锅内沉淀物的能力很强。

72. 蒸汽含杂质对机炉设备的安全运行有什么影响？

蒸汽含杂质过多，会引起过热器受热面、汽轮机通流部分和蒸汽管道沉积盐。盐垢如沉积在过热器受热面壁上，会使传热能力降低，重则使管壁温度超过金属允许的极限温度，导致管子超温烧坏，轻则使蒸汽吸热减少，过热汽温降低，排烟温度升高，锅炉效率降低。盐垢如沉积在汽轮机的通流部分，将使蒸汽的流通截面减小、叶片的粗糙度增加、甚至改变叶片的型线，使汽轮机的阻力增大，出力和效率降低；此外将引起叶片应力和轴向推力增加，甚至引起汽轮机振动增大，造成汽轮机事故。盐垢如沉积在蒸汽管道的阀门处，可能引起阀门动作失灵和阀门漏汽。

73. 提高蒸汽品质的措施有哪些？

（1）减少给水中的杂质，保证给水品质良好。

（2）合理地进行锅炉排污。连续排污可降低锅水的含盐量、含硅量；定期排污可排除锅水中的水渣。

（3）汽包中装设蒸汽净化设备，包括汽水分离装置，蒸汽清洗装置。

（4）严格监督汽、水品质，调整锅炉运行工况。各台锅炉汽、水监督指标是根据每台锅炉热化学试验确定的，运行中应保持汽、水品质合格。锅炉运行负荷的大小、水位的高低都应符合热化学试验所规定的标准。